BODO JANSSEN

DIE STILLE
REVOLUTION

FÜHREN MIT SINN
UND MENSCHLICHKEIT

Unter Mitarbeit von Regina Carstensen

ARISTON

Bibliografische Information der Deutschen Bibliothek

Die Deutsche Bibliothek verzeichnet diese Publikation in
der Deutschen Nationalbibliografie; detaillierte bibliografische Daten
sind im Internet unter http://dnb.de abrufbar.

Aus persönlichkeitsrechtlichen Gründen wurden die Namen einiger
Personen, die in Verbindung mit diesem Buch nicht in der Öffentlichkeit
stehen oder standen, verändert, bzw. anonymisiert.

Penguin Random House Verlagsgruppe FSC® N001967

11. Auflage
© 2016 Ariston Verlag
in der Penguin Random House Verlagsgruppe GmbH,
Neumarkter Str. 28, 81673 München
Alle Rechte vorbehalten
Beratung: Stefan Linde
Redaktion: Evelyn Boos-Körner
Umschlaggestaltung: Hauptmann und Kompanie, Zürich
unter Verwendung eines Motivs von Monique Wüstenhagen
Satz: Leingärtner, Nabburg
Druck und Bindung: GGP Media GmbH, Pößneck
Printed in Germany

ISBN 978-3-424-20138-3

Pflicht ohne Liebe macht verdrießlich
Verantwortung ohne Liebe macht rücksichtslos
Gerechtigkeit ohne Liebe macht hart
Wahrheit ohne Liebe macht kritiksüchtig
Erziehung ohne Liebe macht widerspruchsvoll
Klugheit ohne Liebe macht gerissen
Freundlichkeit ohne Liebe macht heuchlerisch
Ordnung ohne Liebe macht kleinlich
Sachkenntnis ohne Liebe macht rechthaberisch
Macht ohne Liebe macht gewalttätig
Ehre ohne Liebe macht hochmütig
Besitz ohne Liebe macht geizig
Glaube ohne Liebe macht fanatisch

VERMUTLICH AUS DEM TAOISMUS

Für meine Frau Claudia und meine Kinder
Julius, Milla und Enna

Inhalt

TEIL III

TEIL I

Hochmut kommt vor dem Fall[1]

---

[1] Die Bibel, Spr. 16,18

1 | Ein Schlag ins Gesicht

Es klopfte an meiner Tür, es war ein Montagmorgen im Januar 2010. »Ich bin da«, sagte Herr Gaukler, ein Mann um die fünfzig mit leicht ergrauten Schläfen, modernem Stoppelhaarschnitt, dennoch kein Jungspund, nichts von allem, was seinen Nachnamen rechtfertigen würde. Stattdessen wirkte er angenehm gesettled, mit ausgeprägt sensiblen Gesichtszügen, seine Statur war eher von kräftiger Natur. Einen solchen Menschen konnte bestimmt nichts so leicht umhauen.

»Bitte, setzen Sie sich«, sagte ich, nachdem wir uns vorgestellt hatten. Ich bugsierte ihn zu einer Sitzecke.

»Dann erzählen Sie doch mal genau, was in den letzten Jahren so alles gelaufen ist«, forderte Bernd Gaukler mich auf, nachdem er tief ins weiche Leder gesunken war.

Ich berichtete über all das Grandiose, über die gute Entwicklung seit meinem Einstieg in das elterliche Unternehmen, schwärmte ihm von kybernetischem Management und Sensibilitätsmodellen vor, von all diesen Dingen, die mit dem Umgang von Komplexität zu tun und uns zu einem einzigartigen Unternehmen gemacht hatten. Zwischendurch blickte ich Herrn Gaukler an. Ich selbst war, wie so häufig, mal wieder hochgradig begeistert von dem, was ich da von mir gab, aber mein Gegenüber schien nicht im Geringsten beeindruckt zu sein. Er guckte mich nur ernst an, dabei war ich es gewohnt, dass meine Zuhörer bei meinen Ausführungen mit glänzenden Augen Zustimmung signalisierten und mir verbal auf die Schultern klopften: »Toll, Herr Janssen!« Oder: »Schön,

Herr Janssen!« Doch nichts dergleichen, Herr Gaukler schaute mich einfach nur emotionslos an und verfolgte weiter meinen Monolog, den ich, ohne mich von seiner Zurückhaltung beeindrucken zu lassen, fortsetzte.

»Wieso bin ich dann da?«, fragte mein Gegenüber schließlich, als ich nach einer halben Stunde sämtliche heroischen Taten meinerseits zum Besten gegeben hatte. »Was soll ich hier, wenn alles so toll ist? Oder ist die Bilanz am Ende doch nicht so positiv? Sie hatten mir am Telefon etwas anderes erzählt.«

»Na ja, es gibt da das eine oder andere, das ich ja bereits angesprochen hatte.« Zähneknirschend musste ich das zu- und ihm damit recht geben. »Und vielleicht ist es möglich, dass Sie sich dieser kleinen Schwierigkeiten annehmen können.«

Obwohl im Unternehmen alles perfekt zu sein schien, hatte sich eine Unruhe in der Firma und auch bei mir eingestellt, die größer und größer wurde. Mitarbeiter kündigten, Mitarbeiter wurden gekündigt, in den Hotels wurde von einer hohen Fluktuation gesprochen, die Zahlen derjenigen, die sich krankmeldeten, waren steil nach oben gestiegen. Parallel bewarben sich immer weniger Leute bei uns und ich hörte aus unserem Umfeld vermehrt, dass wir als Arbeitgeber nicht sonderlich angesehen waren. »Bevor du bei Upstalsboom angekommen bist, musst du schon wieder gehen« – so oder ähnlich lautete die Aussage, mit der die Gangart in unserem Unternehmen charakterisiert wurde. Nicht angenehm. Offenbar hatten wir keinen guten Ruf. Bei damals gut vierhundert Mitarbeitern (heute sind es rund sechshundertfünfzig) war das etwas, was ich nicht einfach ignorieren konnte.

Ich hatte die schlechten Nachrichten ernst genommen. So wie jedes traditionell ausgerichtete Unternehmen sie ernst genommen hätte. Eine Task Force nach der anderen war eingerichtet worden, um auftretende Vakanzen zu füllen. Aber von einer dauerhaften Lösung konnte bei diesem Notfallmanagement keine Rede sein, denn die ständigen Improvisationen zogen eine Dynamik nach sich, die für Hektik sorgte. Es war doch eine absurde Situation, überlegte ich. Da erwirtschaftete ich für unseren mittelständischen Betrieb mit unzufriedenen Mitarbeitern steigende Umsatzzahlen im zweistelligen Millionenbereich; sogar Mitbewerber, größer als wir, waren auf uns aufmerksam geworden. Dennoch konnte ich mir nicht vorstellen, dass diese ungewöhnliche Konstellation auf Dauer tragbar war. Vielleicht brauchte ich mehr Mitarbeiter, die sich speziell um die Belange der Belegschaft kümmerten. Bislang hatte ich dafür eine Halbtagskraft, aber sie konnte die Hundertschar höchstens verwalten. Obwohl ich vorrangig in Zahlen und Systemen dachte, waren Zweifel bei mir aufgetreten. Gut, ja, wir könnten Unterstützung gebrauchen.

»Willst du dich nicht mal mit jemandem austauschen, der sich im Bereich Mitarbeiter gut auskennt?« Einer meiner Führungskräfte, Sergio, den ich von diesem Spagat, den wir da betrieben, sorgenvoll berichtet hatte, gab mir diese Empfehlung.

»Dazu wäre ich sofort bereit, aber ich wüsste nicht, wer dafür infrage käme.«

»Versuch es mit Bernd Gaukler, der ist seit 2002 Personalchef im Hamburger Nobelhotel Atlantic und eine Eminenz in diesem Bereich. Zudem engagiert er sich in der Handelskammer und kümmert sich intensiv und mit hervorragenden Ergebnissen um den Nachwuchs. Wenn einer helfen kann, dann er.«

Ich nahm den Hinweis auf. Am Telefon hatte Bernd Gaukler ruhig und gelassen gewirkt, er hörte aufmerksam zu, als ich ihm von der um sich greifenden Unruhe, der Fluktuation der Mitarbeiter und der rasant gestiegenen Krankheitsquote im Unternehmen erzählte. Er wisse ja selbst am besten, dass die Hotellerie von einem Fachkräftemangel geplagt sei. Anscheinend hätte Upstalsboom überhaupt keine Anziehungskraft mehr für potenzielle Mitarbeiter, und das, obwohl wir inzwischen eine ganz ordentliche Größenordnung erlangt hätten. Die Risse im Personalfundament wären jedoch immer schwerer zu kitten. Am Ende des Gesprächs einigten wir uns darauf, dass er, Bernd Gaukler, nach Emden kommen wolle. Und aus diesem Grund war er jetzt da und saß bei mir im Büro.

Nachdem ich ihm dann »das eine oder andere« ausführlich erläutert hatte, erwiderte er seelenruhig: »Gern werde ich mir ein Bild von den Problemen hier im Unternehmen machen. Als erste Maßnahme kann ich Ihnen Folgendes vorschlagen – ich reise durch alle Hotels und spreche mit den Menschen.«

»Das soll kein Hindernis sein.«

»Aber ich brauche dafür Zeit, viel Zeit. Ich brauche ein halbes Jahr, um mit allen Mitarbeitern sprechen zu können.«

Im ersten Moment war ich empört. So empört, dass ich mich von meinem Platz erhob. Nein, das konnte nicht sein. Wieso will der denn jetzt ein halbes Jahr lang nur mit den Mitarbeitern sprechen, auch noch mit allen, und sonst nichts tun? »Sprechen« fiel für mich damals eindeutig in die Kategorie »nichts tun«. Auch Herr Gaukler wollte sich gerade von seinem tiefen Sitz lösen, als ich mich mit einem Seufzer wieder niederließ. Tat ich das freiwillig? Ein für uns finanzielles Schwergewicht wie Bernd Gaukler ein halbes Jahr fulltime zu bezahlen, das strapazierte eindeutig unsere Verhältnisse. Und dann wollte er in den sechs Monaten nichts anderes tun, als mit den Menschen zu plaudern. Gab es da nicht professionellere Wege? War ich da einem Scharlatan aufgesessen?

Offensichtlich nicht, denn mein erster Impuls, meine Überreaktion, hatte keinen Bestand. Ich selbst hatte das Wort »Innovation« auf meine ostfriesischen Freiheitsfahnen geschrieben.

Wie sollte ich sonst die Unruhe, die Hektik unter den Mitarbeitern in den Griff bekommen, wenn nicht durch ein innovatives Vorgehen? Außerdem: Bernd Gaukler war mir vom ersten Moment an sympathisch. Ein großer Pluspunkt. Und er hatte Vorschusslorbeeren von einem meiner besten Mitarbeiter erhalten, da musste an seinem Vorgehen doch etwas dran sein.

»Gut«, sagte ich, nachdem ich mich von dieser Überraschung erholt hatte, »wenn Sie glauben, dass das das Richtige ist, so stimme ich dem zu. Gehen Sie in die Hotels und sprechen Sie mit den Mitarbeitern. Danach schauen wir, wie es weitergeht.«

Das machte er dann auch. Und so hatte ich einen neuen Mitarbeiter, denn Bernd Gaukler kündigte nach sieben Jahren im Hotel Atlantic Kempinski und fing bei Upstalsboom an. Kurz nach unserem Gespräch verschwand er und unternahm eine Tour durch die Hotels. Viel hörte ich nicht von ihm, ich ließ ihn aber auch in Ruhe, froh darüber, dass es jemanden gab, der sich um die Mitarbeiterprobleme kümmerte. Dadurch brauchte ich mich nicht weiter mit ihnen zu beschäftigen, sondern konnte mich auf meine Zahlen, Daten und Fakten konzentrieren, auf das, was ich nicht nur am liebsten tat, sondern auch als meine Hauptaufgabe betrachtete. Noch war ich der zahlenfixierte und zielmanagementbesessene Betriebswirt, der erst zu der Erkenntnis gelangen musste, dass es die Menschen sind, die den Erfolg eines Unternehmens ausmachen.

Genau ein halbes Jahr später, nach vielen Gesprächen mit über zweihundert Mitarbeitern, stand Bernd Gaukler erneut vor meiner Bürotür. Er klopfte dezent, aber bestimmt. Da wusste einer, dass es besser war, ihn eintreten statt draußen warten zu lassen. Dieses Mal zog er meinen riesigen Schreibtisch mit den Stühlen der Sitzecke vor und setzte sich mir aufrecht gegenüber. Sein Gesichtsausdruck war ernst.

»Herr Janssen, ich habe ein Problem«, begann er.

Mit einem Lächeln erwiderte ich: »Probleme haben wir in der Regel nicht, maximal Herausforderungen, und unter normalen Umständen Aufgaben, die es zu bewältigen gilt.«

»Nein, Herr Janssen, ich habe wirklich ein Problem.«

»Na, dann legen Sie mal los. Was ist denn Ihr Problem?«

»Ich arbeite mittlerweile für zwei Unternehmen.«

Zwei Unternehmen? Ich war völlig von den Socken. »Wieso zwei Unternehmen? Haben wir amerikanische Verhältnisse, geht nun auch bei uns in Deutschland der Trend zu Zweit- und Drittjobs? Verdienen Sie hier nicht genug, dass Sie einen Zweitjob annehmen mussten? Reicht Ihnen das Gehalt nicht, das wir Ihnen bieten?« In Gedanken fügte ich noch hinzu: Das hatten wir nicht vereinbart. Noch eine zweite Beschäftigung! Mit wem hatte ich es da zu tun?

»Herr Janssen, da haben Sie mich wohl missverstanden. Ich brauche keinen Zweitjob. Es ist nicht so, wie Sie gerade denken. Mit meinem Gehalt bin ich zufrieden.«

»Wie ist es denn dann?«, hakte ich nach, noch immer völlig perplex. Ungläubig sah ich ihn an.

Bernd Gaukler zögerte einen Moment, dann antwortete er: »Ich arbeite einmal für ein Unternehmen, wie Sie es mir vor einem halben Jahr beschrieben haben, und dann arbeite ich für ein Unternehmen, wie Ihre Mitarbeiter es mir beschrieben haben. Und das eine hat mit dem anderen nichts zu tun. Sie sprachen von einer hervorragenden Führung und einer tollen Entwicklung, Ihre Mitarbeiter redeten allerdings von einem Unternehmen, in dem sie sich schlecht geführt fühlen und in dem eine miserable Stimmung herrscht.«

Nicht wirklich beeindruckt, kam mir Ralph Waldo Emerson in den Sinn, von dem amerikanischen Philosophen und

Freigeist stammt der Ausspruch: »Für zwei unterschiedliche Geister kann ein und dieselbe Welt den Himmel oder die Hölle bedeuten.« Ich hatte diesen Aphorismus in einem anderen Zusammenhang vernommen, als es um das Finden einer gemeinsamen Grundlage gegangen war. Ich wollte jetzt aber nicht glauben, dass Emersons Erkenntnis auf Upstalsboom zutraf. Nein, das konnte nicht stimmen. Wir befanden uns doch in einer Art Hochstimmung, waren auf einem guten Weg. Und nun kam dieser Typ und erzählte mir etwas von schlechter, nein miserabler Stimmung. Offensichtlich war Gaukler zu einem falschen Zeitpunkt unterwegs gewesen, hatte mit den falschen Leuten gesprochen und die falschen Fragen gestellt. Seine Ansicht, die er mir da präsentierte, konnte ich partout nicht teilen. Dieses Geschwafel hatte auch nicht ansatzweise eine belastbare Qualität. Es schmeckte mir nicht. Es war nicht valide, er hatte mir keine Daten präsentiert, keine Fakten und schon gar keine Zahlen.

Erneut stieg Empörung in mir auf: Was bildet der sich eigentlich ein? Ein halbes Jahr durch die Gegend zu gurken und mit Menschen zu quatschen, um mir dann zu sagen, wie Upstalsboom tickt? Nein, nicht mit mir. An dem, was er mir da präsentierte, war nichts relevant. Doch mein Verhalten war einzig und allein eine Abwehrreaktion, denn mein neuer Mitarbeiter hatte mir, ohne dass ich mir dessen bewusst war, einen Spiegel vorgehalten, mit einem Bild von mir, das ganz anders war als das, das ich von mir hatte. Doch gegenüber meinem Berichterstatter zeigte ich mich aufgeschlossen, beherrscht und verständnisvoll, insgeheim kochte es in mir, ich spürte meinen Puls förmlich rasen.

Bernd Gaukler war aber noch nicht fertig. »Und was mir auch noch aufgefallen ist: Ich habe die Mitarbeiterkultur als angstgeprägt erlebt.«

»Angst bei den Mitarbeitern?« Angst hatte ich bislang nur bei uns in der Geschäftszentrale kennengelernt, als die Angst vor den Shareholdern so vieles gelähmt hatte und wir uns daher so unfrei gefühlt hatten. Aber diese Angst war wohl kaum zu allen Mitarbeitern durchgedrungen, sondern hatte vor allem die Personen der Geschäftsleitung betroffen. »Wovor haben die Mitarbeiter Angst?«, fragte ich reserviert nach.

Der ehemalige Personalchef des Hotel Atlantic räusperte sich. »Da gibt es die Angst, den Job zu verlieren, weil man irgendwo anecken könnte. Dann Angst vor Ihnen und den anderen Führungskräften.«

»Wovon sprechen Sie? Das ist mir zu pauschal, das können nur subjektive und vor allem einzelne Eindrücke sein.« Bernd Gaukler zuckte mit keiner Wimper. »Können wir das Ganze vielleicht valide gestalten?« Ich musste mich sehr zusammennehmen. »Können wir Ihre Behauptung auf eine Zahlen-, Daten-, Fakten-Basis stellen, mit denen wir Ihre Aussagen fundiert belegen? Ich kann doch ohne belastbares Material keine Entscheidungen treffen, geschweige denn Maßnahmen einleiten, die eine Veränderung herbeiführen.«

Gaukler legte bedächtig seinen Kopf zur Seite. »Das lässt sich ganz einfach bewerkstelligen, wir machen eine Mitarbeiterbefragung, digital und anonym. Da haben die Mitarbeiter die Möglichkeit, sich zu äußern, dann haben Sie die Ergebnisse schwarz auf weiß und können sehen, was es mit der Stimmung im Unternehmen auf sich hat.«

Darauf gab es nur eine Antwort, wenn ich nicht völlig die Augen vor dem verschließen wollte, was mir gerade gesagt worden war. »Ist mir recht«, erwiderte ich vorsichtig.

»Der Fisch stinkt vom Kopf her«, das ist eine norddeutsche Redensart, die auch Altkanzler Gerhard Schröder gern benutzte. Er sagte das immer dann, wenn Führungskräfte in der Politik, in Parteien, Verbänden oder in der Industrie Fehler gemacht oder umstrittene Entscheidungen getroffen hatten. Im Kopf sitzt nämlich das leicht verderbliche Gehirn. Mit anderen Worten: Die Führungskräfte einer Organisation oder eines Unternehmens sind verantwortlich, wenn es Probleme gibt, nicht der einzelne Mitarbeiter. Die Mitarbeiter können noch so fleißig sein, die Existenz eines Unternehmens werden sie, wenn es hart auf hart kommt, nicht retten können. Das hatte ich auch in den begrenzten Semestern meines BWL-Studiums gelernt: Ein Unternehmen wird auf allen Ebenen einzig und allein von den Führungskräften geprägt. Aber was sollten diese Gedanken? Bei Upstalsboom gab es keine Probleme, schon gar nicht, was meine Person betraf. Ich hatte doch dafür gesorgt, dass sich das Unternehmen mit meinen zukunftsweisenden und zum Teil aus St. Gallen stammenden komplexitätskompatiblen Managementmethoden seit 2005 gut entwickelt hatte.

Aber Gauklers pauschale Aussage hinterließ bei mir ein schlechtes Gefühl. Traf sie vielleicht einen meiner blinden Flecken? Schon 2006 hatte ich eine Mitarbeiterbefragung gemacht, damals war die Initiative von mir ausgegangen. Das Ergebnis war nicht gut ausgefallen, um es mal harmlos auszudrücken. Im Grunde waren die Ergebnisse so schlecht gewesen, dass eine Veröffentlichung und Konsequenzen in der Praxis zur Verbesserung der Situation für mich nicht infrage kamen. Also ignorierte ich die Mitarbeiterbefragung und meine Nachbearbeitung bestand darin, die gesammelten Werke in der untersten Schublade meines Schreibtischs verschwinden zu lassen.

Aber wieso hatte ich das Gefühl, dass Bernd Gaukler in seinem Kopf eine Idee hatte? Wieso nahm ich ihn überhaupt ernst? Hätte ich ihn nicht mit der Frage »Was wollen die Leute jetzt schon wieder?« abspeisen sollen? Genau. Und hätte ich die schlechte Stimmung bei den Mitarbeitern nicht auch als Gejammer abtun können? Machte ich jedoch nicht. Gab es da womöglich eine Ahnung, dass seit meiner ersten Umfrage kaum eine großartige Verbesserung eingetreten war? So sehr ich versuchte, das Gespräch mit Gaukler zu verdrängen, es klappte nicht. In diesen Spiegel, den er mir vor Augen gehalten hatte und den ich am liebsten zertrümmern wollte, musste ich dieses Mal schauen. Kränkung hin, Kränkung her. Schon einmal hatte ich weggeguckt, und das war im Nachhinein betrachtet krachend in die Hose gegangen. Noch Jahre später haben sich die Mitarbeiter nach den Ergebnissen der ersten Mitarbeiterbefragung erkundigt. Und weil die Ergebnisse in der untersten Schublade meines Schreibtisches lagen, waren diese Fragen sehr unangenehm.

Nach drei Monaten klopfte es abermals an meiner Bürotür, genauso selbstbewusst wie zuvor. Bis auf die Vorbereitungen für die Befragung hatte ich wenig von ihrer Durchführung mitbekommen. Hie und da sah ich Plakate, auf denen die Mitarbeiter dazu eingeladen wurden, an der Befragung teilzunehmen. Ansonsten lief alles sehr geräuschlos ab. Vor dem jetzigen Besuch von Bernd Gaukler hatte ich noch vernommen, dass die Beteiligung mit knapp über fünfzig Prozent der befragten Mitarbeiter normal sei, insbesondere unter Berücksichtigung meines Fauxpas im Umgang mit den Ergebnissen der ersten Mitarbeiterbefragung. Die Hälfte der Mitarbeiter erinnerte sich wohl noch und war der Meinung, dass eine Beteiligung sinnlos sei, da sich anschließend ohnehin nichts ändern würde. Nichtsdestotrotz war ich angesichts der bevorstehenden Kunde der neuen Ergebnisse frohen Mutes. Mein Selbstwertgefühl war so hoch, nichts konnte es erschüttern. Noch nicht.

»Herr Janssen, ich bringe Ihnen die Ergebnisse.« Bernd Gaukler holte nach seinem Eintreten zwei dicke Pamphlete aus seiner Tasche, die ich mit Spannung betrachtete.

»Und?«

»In Schulnoten ausgedrückt, was denken Sie, wie es ausgegangen ist?« Gaukler musterte mich.

»Ich denke«, sagte ich, ohne zu zögern, »dass wir mit einer Zwei bewertet wurden. Unsere Mitarbeiter können dort arbeiten, wo andere Menschen Urlaub machen, wir bezahlen pünktlich die Löhne, und wir sind auf einem Erfolgskurs, dem keiner unserer Mitarbeiter verborgen bleiben dürfte. Auch spreche ich hier und dort mit ihnen, ja, eine Zwei wird es wohl sein.« Gut, dachte ich noch im Stillen, die Arbeitszeiten entsprechen nicht gerade denen eines Büros, die Löhne sind im Vergleich zu anderen Branchen nicht die besten. Es ist wohl auch nicht jedermanns Sache, das ganze Jahr über auf einer Insel zu arbeiten oder im Winter an den dünn besiedelten Küsten der Nord- und Ostsee, denn an ihnen lagen und liegen die meisten unserer Upstalsboom-Hotels. Aber Hotellerie war nun mal Hotellerie, und Menschen begegnen Menschen, allein das macht unsere Branche schon so einzigartig. Abgesehen davon ist jeder unserer Mitarbeiter freiwillig bei uns, und das sicher auch, weil der Hotelalltag im Gegensatz zu Arbeitstagen in Behörden extrem abwechslungsreich und lebendig ist.

Herr Gaukler reagierte nicht auf meine Bemerkung, er hielt mir nur das oberste Blatt des ersten Pamphlets, auf dem die Ergebnisse der geschlossenen Fragen standen, hin.

»Lesen Sie.«

Und ich las: »Die durchschnittliche Zufriedenheit der Mitarbeiter liegt zwischen Vier und Fünf.« Oha, das war überhaupt nicht das, was ich erwartet hatte. Ernüchterung machte sich augenblicklich breit. Aber nicht lange. Denn schnell hatte ich die passenden Ausflüchte parat, um die Ergebnisse wieder zu konterkarieren. Bernd Gaukler hat offensichtlich einen schlechten Zeitpunkt für die Durchführung der Befragung gewählt, im September, am Ende der Sommersaison, da sind alle müde. Und diejenigen, die Upstalsboom klasse finden, werden sowieso nicht geantwortet haben. Nein, die Ergebnisse konnten nicht stimmen, und überdies interessierte mich auch die Vorgehensweise bei der Auswertung. Traue keiner Statistik, die du nicht selbst erarbeitet hast, das war mein Motto. In meinem Unternehmen gärte gar nichts. Wer das behauptete, der musste sich täuschen. Der wollte sich wichtigmachen.

»Das sieht nicht so gut aus«, sagte ich recht einfallslos.

Bernd Gaukler überreichte mir das zweite Pamphlet, auf dem die Ergebnisse der offenen Fragen zusammengefasst waren, auf die die Mitarbeiter zu bestimmten Fragen ihre Antworten frei formulieren konnten, Fragen wie: »Was brauchen Sie, um besser arbeiten zu können? Was möchten Sie ändern? Was müsste sich ändern, damit es besser läuft?«

Zögernd nahm ich die Blätter an mich, nicht weniger zögernd studierte ich die einzelnen Bemerkungen. Manche Antworten waren sehr emotional und der Führung unseres Unternehmens gegenüber recht feindselig formuliert. Dazu gehörten Sätze wie: »Wir werden nicht geführt.« – »Es wird über unsere Köpfe hinweg entschieden.« – »Mein direkter Vorgesetzter ist eine menschliche Null.« – »Es fließen viele Tränen vor Wut, Enttäuschung und aufgrund von unsozialem Verhalten.« – »Wir haben keine Informationen.« – »Wir wissen nicht, wie es um das Unternehmen steht.« – »Wo geht die Reise hin?« – »Unsere Vorgesetzten lassen sich den Zucker in den Arsch blasen, und wir machen uns tagein, tagaus krumm.« – »Die erhalten die Anerkennung, wir den Tritt in den Hintern.« – »Es herrscht absoluter Personalmangel.« Offenbar hatte sich viel Frust angestaut.

In meinem Bauch machte sich ein ungutes Gefühl breit, und als wären die einzelnen Kritikpunkte noch nicht schon schlimm genug, musste ich auf einem der letzten Blätter auf die Frage »Was brauchen Sie, um besser arbeiten zu können?« eine Antwort lesen, die mir mit einer Gewalt den Boden unter meinen Füßen wegzog, dass ich nur dankbar dafür sein konnte, gerade auf meinem Bürostuhl zu sitzen. Die Antwort lautete: »Wir brauchen einen anderen Chef als Bodo Janssen.«

Dieser Satz traf mich wie ein Schlag ins Kontor. Und zwar richtig. Ich war getroffen, benommen und in meinen Grundfesten erschüttert. Ein zweiter Schock. Ein richtiger Schock. Eine absolute Kränkung meines narzisstischen Ichs. Ein großer, ein tiefer Schmerz durchzog meinen ganzen Körper. Innerhalb von neun Monaten hatte ich eine Talfahrt erlitten, von himmelhochjauchzend bis hin zur vollkommenen Ernüchterung, eine Talfahrt vom selbst ernannten, alles könnenden und vor allem alles wissenden Topmanager bis hin zu einem gefühlten Flopmanager. Was ich eben vernommen hatte, das klang nach Vernichtung, es war unmöglich, sich jetzt noch hinter einer rosaroten Brille zu verschanzen. Aber wieso? War ich nicht ein umgänglicher Chef? War mein Blick aufs Ganze so vernebelt? Oder sehen und verstehen die Mitarbeiter einfach nicht, dachte ich, dass ich es gut mit ihnen meine, dass ich mit Leib und Seele an der Zukunftssicherung unseres Unternehmens arbeite und damit auch an der Sicherheit der Arbeitsplätze an sich? Sind sie einfach nur undankbar? Ich hatte das Gefühl, dass ich mich mit Haut und Haaren für unser Unternehmen einsetzte. Bis zu diesem Zeitpunkt war ich mir sicher, dass unsere Mitarbeiter zu schätzen wussten, was sie an Upstalsboom hatten. Hatte ich mich denn so geirrt? Hatten die Mitarbeiter mich vielleicht missverstanden?

Da hockte ich auf meinem »Thron« in der obersten Etage, an meinem riesigen Schreibtisch, im größten und schönsten Büro des Hauses, und fühlte mich wie ein Häufchen Elend.

Ich wusste nicht mehr, wo mir der Kopf stand, und mein Herz schlug bis in den Hals. Eine furchtbare Leere breitete sich in mir aus, und die ersten Fragen gingen mir durch den Kopf: Was mache ich denn jetzt? Wie gehe ich mit diesen Ergebnissen um? Das Unternehmen konnte ich nicht zurückgeben, wegrennen ging nicht. Mein Vater war tot, er war bei einem Flugzeugabsturz ums Leben gekommen. Ich hatte die Verantwortung für Upstalsboom übernommen. Doch was sollte ich tun? Die Daten verschwinden lassen? Wie schon einmal? Das würde nur nach hinten losgehen und die Situation verschlimmern, wie es sich ja schon nach der ersten Mitarbeiterbefragung gezeigt hatte. Nur: So drastisch hatte es 2006 kein Mitarbeiter formuliert. Da hatte man mich wenigstens noch nicht als Chef loswerden wollen. Vielleicht hatten sie mich damals auch gar nicht als einen solchen angesehen, sondern nur meinen Vater, der zu dieser Zeit noch gelebt hatte. Jetzt jedenfalls stand ich mit dem Rücken zur Wand und fühlte mich extrem hilflos. Ganz grundsätzliche Selbstzweifel machten sich in mir breit.

»Was soll ich tun?« Laut wiederholte ich, was ich leise für mich gedacht hatte.

Bernd Gaukler, der mir die Hiobsbotschaft überbracht hatte, hatte bislang schweigend dagesessen, einzig geguckt, mit zurückhaltender Miene, wie es seine Art war, an die ich mich inzwischen gewöhnt hatte. Schließlich sagte er in ruhigem Ton: »Sie sollten die Ergebnisse vor versammelter Mannschaft verkünden. Und Sie sollten sich der Stimmung im Unternehmen persönlich annehmen. Vergessen Sie nicht: Ist die Stimmung bei den Mitarbeitern schlecht, wird auch bei den Gästen keine Urlaubsfreude aufkommen. Denn dann lässt die Belegschaft den Stress an denen aus, und die einzelnen Mitarbeiter reagieren nur noch mit einem mechanischen Lächeln auf das, was die Hotelgäste wollen.«

»Mmmh«, antwortete ich und erinnerte mich an das Zitat eines erfolgreichen Hoteliers, das ich auf einem Kongress gehört hatte. »Die Stimmung in einem Unternehmen ist wichtiger als jedes Wissen oder Kapital.« Klaus Kobjoll hieß der gute Mann, der das gesagt hatte.

»Sie sollten sich der Sache annehmen.« Mein Gegenüber erinnerte mich daran, dass er noch da war und etwas von mir forderte. Zu Recht forderte.

Daran kam ich wohl nicht vorbei.

Doch noch stand ich unter den Nachwehen der niederschmetternden Beurteilungen. Versöhnliche Töne stellten sich erst später ein, jetzt war ich erst einmal trotzig. »Wenn ich das tue, dann aber unzensiert. Dann werden sämtliche Ergebnisse veröffentlicht, auch die Bewertungen, die über die anderen Führungskräfte und Abteilungsleiter abgegeben wurden. Ungeschönt. Mit jedem einzelnen Rechtschreibfehler.« Wenn es diese miese Stimmung unter den Mitarbeitern gab, dann mussten wir das Übel an den Wurzeln packen, dann musste Transparenz auf allen Ebenen geschaffen werden. Der Schock, den ich erlitten hatte, konnte nur durch eine Schocktherapie geheilt werden. Einen Kurswechsel. Davon war ich überzeugt.

2 | Wider den Gehorsam

»Aber nicht nur Tassen und Töpfe fehlen, auch Mitarbeiter«, rief jemand aufgebracht aus der versammelten Runde.

Andere mischten sich ebenfalls lauthals ein: »Mehr Transparenz und Gerechtigkeit bei der Bezahlung wären auch nicht schlecht.«

»Und was ist mit unseren ganzen Überstunden?«

»Wieso dürfen eigentlich nur Führungskräfte zu Schulungen? Das ist doch ungerecht!«

Der Beamer war aufgebaut, der Direktor saß in der ersten Reihe, umgeben von seinen Abteilungsleitern. Es sah aus, als würden sie eine Phalanx bilden. Doch sie hatten sich der versammelten Mannschaft zu stellen, und die hatte sich hinter dem Hoteldirektor und dem mittleren Management platziert. Bernd Gaukler und ich legten zur Verwunderung vieler die Ergebnisse der Befragung offen und ungeschönt dar. Die Ergebnisse unserer Befragung schickten wir den Hoteldirektoren mit der Aufforderung zur Bearbeitung im Vorfeld zu. Deren Aufgabe bestand darin, die Ergebnisse mit den jeweiligen Abteilungsleitern zu bewerten und daraus Maßnahmen abzuleiten, die zur Verbesserung der Situation führten. Ergebnisse und Maßnahmen sollten dann vor versammelter Mannschaft präsentiert werden. Und genau dabei waren wir. Gemeinsam zogen Bernd und ich, inzwischen duzten wir uns, von einem Haus zum anderen.

Interessant war, dass viele von den Führungskräften versuchten, sich zu rechtfertigen und die Schuld nicht bei sich sahen. Auch nicht bei anderen, stattdessen mussten die »Umstände« dafür herhalten. Dieses Verhalten stieß den Mitarbeitern an der Basis wiederum übel auf, sodass sich während der Präsentationen teilweise tumultartige Szenen abspielten. Einige Besprechungen mussten sogar unterbrochen werden, da die Auseinandersetzungen zu hart und zum Teil auch unsachlich wurden. In der Folge kündigten dann sogar einige Führungskräfte, weil sie sich nicht in der Lage sahen, sich der offenen Kritik auszusetzen. Aussagen wie »Ich lass mich doch nicht an den Pranger stellen« waren für einige der Auftakt zu ihrer Flucht vor weiteren Konfrontationen und – wie sich später herausstellte – einer Flucht vor sich selbst.

Beruhigung trat meist erst dann wieder ein, wenn dem Schrecken die ersten Maßnahmen folgten, die wir oder die Hoteldirektoren zur Verbesserung vorschlugen.

»Liegen die Probleme jetzt auch offen auf dem Tisch«, sagte ich, »so heißt das noch lange nicht, dass sie gelöst sind. Sie wollen Veränderungen, ich bin bereit für Veränderungen, aber die sind nur möglich, wenn wir uns an die eigene Nase fassen und gemeinsam lernen und vor allem handeln.«

Zustimmendes Nicken – wenigstens bei einem Teil der Zuhörer. Viele hatten nach wie vor einen Gesichtsausdruck, der mir vermittelte, dass sie das Gesagte erst glauben, wenn tatsächlich Handlungen folgen. Ich atmete tief durch, trotz aller Dramatik und Aufregung machte sich in mir ganz langsam ein befreiendes Gefühl breit. Das, was die Mitarbeiter verärgerte, war nach langer Zeit des Brodelns wie im Inneren eines Vulkans nun in aller Deutlichkeit und mit voller Wucht an die Oberfläche ausgespuckt worden. Es gab keinen Weg mehr zurück. Die Karten lagen auf dem Tisch, und ich hatte den Eindruck gewonnen, dass das gut so war.

»Und was schlagen Sie vor?«, wurde ich nun gefragt.

»Es gibt sehr viel zu tun«, erklärte ich etwas diffus. »Aber das geht nur in einzelnen Schritten.« – »Stappje bi Stappje, Schritt für Schritt«, hätte mein Vater jetzt gesagt. »Und ganz zum Schluss wird dabei herauskommen, dass alle Mitarbeiter wieder gern zur Arbeit gehen, denn letztlich verbringen wir einen Großteil unserer Lebenszeit mit ihr. Und wir können alles dafür tun, dass das eine tolle Zeit wird.«

Grundlage dafür war eine Orientierung nach der Bedürfnispyramide des amerikanischen Psychologen Abraham Maslow, die menschliche Beweggründe und Motivationen in einer hierarchischen Struktur – und die lag bei Upstalsboom, in der Hotellerie überhaupt eindeutig vor – zu erklären versucht. Noch brauchte ich ein solches Modell, noch steckte der Prozess meiner eigenen Veränderung in den Anfängen. Aber Maslow, Begründer der humanistischen Psychologie, hatte sich gesunde, erfolgreiche und glückliche Menschen als Forschungsobjekt vorgenommen. Das hatte mir an seinem Ansatz gefallen. Er war der Meinung, dass der Mensch grundsätzlich als gut anzusehen war, und anhand der Analyse von Persönlichkeiten wie etwa Albert Einstein oder Sigmund Freud war er zu folgendem Schluss gekommen: Waren bestimmte Bedürfnisse befriedigt, also psychologische Bedürfnisse, Sicherheitsbedürfnisse, soziale und individuelle Bedürfnisse, dann strebt der Mensch nach Selbstverwirklichung, wozu auch Individualität, Güte, Selbstlosigkeit oder Gerechtigkeit zu zählen war. Dies war die höchste Stufe in Maslows Pyramide.

Und weil etwas geschehen musste, hatte ich mich daran orientiert, einen anderen Weg kannte ich bislang nicht.

Bis auf die sofortige Einstellung einer ausreichenden Anzahl an Mitarbeitern waren viele Probleme im Bereich der Servicequalität zeitnah zu lösen. Viele waren unzufrieden, weil eben, wie deutlich kundgetan, schlichtweg Löffel, Tassen,

Töpfe oder bestimmte Maschinen fehlten, also das, was sie benötigten, um aus ihrer – berechtigten – Sicht einen guten Job zu machen. Im Grunde waren es kleine Dinge, die aber eine große Wirkung entfalten konnten. Braucht jemand, um es mal zu übertreiben, zwanzig Minuten, bis er alles zusammen hat, um einem Gast einen Kaffee servieren zu können, fühlt der Servicemitarbeiter sich schnell ausgeliefert. Dies wird noch verstärkt, wenn der Kaffeetrinker – zu Recht – meckert, weil es zu lange dauert.

Nachdem Abhilfe bei Tellern, Tassen und sonstigem Material versprochen wurde, kam das heikle Problem der Zahl der Mitarbeiter auf den Tisch. Da brauchte ich gar nicht erst drum herumzureden, es stimmte: Viele waren gegangen, zu wenige nachgekommen.

»In den nächsten Wochen und Monaten werden wir das angehen«, gab ich zu verstehen. »Das wird allerdings am meisten Zeit brauchen, denn mit dem Vertrauen ist es wie mit einem Reh, ein unachtsamer Schritt, ein Knacks, und es ist weg. Und offensichtlich haben wir das Vertrauen vieler Mitarbeiter verloren. Es braucht viel Zeit, bevor es wiederkommt. Was wohl auch damit zusammenhing, dass Einzelne nur an ihre Karriere dachten. Und *carrière* bedeutet auf Französisch die schnellste Gangart eines Pferdes. Da wird viel Staub aufgewirbelt und vieles kaputt getreten. Und nun zum Management.«

»Grauenhaft«, stöhnte jetzt eine Hausdame. »Mit Ihnen und Ihrem systemischen Management hat die Bürokratie Einzug gehalten, das war bei Ihrem Vater anders. Wir sind hier doch nicht auf einer Amtsstube.«

»Genau«, unterstützte sie ein jüngerer Mann, der neben ihr saß. »Diese Standards, diese Checklisten, diese genau einzuhaltenden Prozesse. So viel Zusatzarbeit ist mit Ihnen ins Unternehmen gekommen, alles muss dokumentiert, alles abgesichert werden. Was für ein Aufwand das ist! Fast erstaunlich, dass Sie nicht noch Leute abgestellt haben, die wieder die Dokumentationen kontrollieren. Es geht doch hier um Gastfreundschaft, also darum, Freund zu sein für jemanden, der bei uns im Hause zu Gast ist. Und das hat nichts mit Checklisten zu tun.«

Zustimmendes Gemurmel.

»Haben Sie nicht auch mal gesagt«, meldete sich ein Dritter, »dass die Einführung Ihres Managementsystems unter Beteiligung der Mitarbeiter erfolgen sollte? Das ist aber nicht geschehen. Es wurde uns von den Direktoren vor die Nase gesetzt. Und das passt uns partout nicht. Es ist arrogant zu glauben, dass die Führungskräfte es besser wüssten, wie wir unsere Arbeit zu machen haben. Und wer kann denn schon etwas mit Prozesskennzahlen anfangen? Ich würde gern mehr darüber wissen, was meine wirklichen Kompetenzen sind und wo und wie ich Verantwortung übernehmen muss.«

Auf den Punkt gebracht: Alle, die an der Basis arbeiteten, fühlten sich schlecht geführt und nicht wertgeschätzt. Die Aussagen, die mir Bernd vorgelegt hatte, waren ziemlich real. Die Lorbeeren für den bisherigen Erfolg von Upstalsboom hatten auch nicht sie erhalten, sondern Hoteldirektoren und Abteilungsleiter in Form von Boni und tollen Veranstaltungen, die über das Jahr verteilt waren. Die Mitarbeiter an der Basis waren nicht in Entscheidungen einbezogen worden. Sie waren irgendwelchen Gewalten und einer gewissen Form von Willkür ausgesetzt, Transparenz gab es für sie nicht. Für sie hieß es nur: Dienst nach Vorschrift. Was sollten sie auch tun angesichts dieser Rahmenbedingungen? Etwas wurde angeordnet, und dann hatte man es auszuführen. Das große Ganze war ihnen dadurch nicht präsent: Wohin soll die Reise gehen? Wo stehen wir überhaupt? Und gerade diese Informationen waren für viele sehr wichtig, schließlich gab es 2001 eine

Insolvenz in der Unternehmensgruppe und die Menschen benötigten Informationen, um sich sicher zu fühlen.

Mir fiel in diesem Moment ein Satz von Konfuzius ein, dem chinesischen Gelehrten, der sich in seinen Lehren zentral für die menschliche Ordnung eingesetzt hatte. Diesen Satz hatte ich während meines Sinologiestudiums aufgeschnappt und seltsamerweise nicht vergessen: »Wenn über das große Ganze keine Einigkeit besteht, dann brauchen wir uns über alles andere keine Gedanken zu machen.«

Und über das große Ganze bestand wahrlich keine Einigkeit. Und schon prasselte es abermals auf mich ein.

»Ich habe das Gefühl, hier nur eine Nummer zu sein.«

»Wenn ich etwas tue, was Sie nicht für sinnvoll halten, denke ich immer, dass ich eine Abmahnung bekomme.«

»Wieso reden Sie so selten mit uns?«

»Wir haben den Eindruck, dass Ihnen und den Führungskräften unsere Belange nicht wichtig genug sind, dass es immer nur um sie selbst geht!«

»Entscheidungen auf höchster Ebene werden einfach willkürlich getroffen. Das verstört uns, da sie nicht nachvollziehbar sind.«

Aber auch ich selbst war verstört. Welche Maßnahmen wir uns auch zur Verbesserung der Stimmung ausgedacht hatten, sie alle hatten vordergründig etwas mit Geld zu tun, mit Investitionen. Und vor ihnen scheut sich ein Unternehmer besonders, denn es sind kostspielige Veränderungen, die besonders nach schweren Zeiten, auch wenn die Entwicklung noch so gut war, problematisch sind. Die Mitarbeiter hatten auch monetäre Maßnahmen eingefordert, doch ihr größtes Problem war ein anderes: das Verhalten der Führungskräfte. Und keiner, der an der Ausarbeitung des Maßnahmenkatalogs beteiligt gewesen war, auch ich nicht, war darauf gekommen, dass es auch Veränderungen gab, die ohne oder nur mit geringem Kapitaleinsatz zu bewerkstelligen waren. Und bei diesen Veränderungen ging es um die Entwicklung unseres persönlichen Verhaltens.

Ich stand da wie der Ochs vorm Berg. Damit hatte ich nicht gerechnet. Das war nichts, was wir anhand einer Liste abhaken konnten. Klar, die Mitarbeiter hatten sich einen anderen Chef gewünscht. Einen direkten Vorgesetzten, so hatte ich es für mich interpretiert, der für bessere Bedingungen und mehr Menschlichkeit sorgte. Und das hatte ich mir auch zu Herzen genommen, musste nun aber erkennen, dass das allein nicht reichte. Durch die Aussagen der Belegschaft war mir jetzt klar, dass es auch und vor allem um mich als oberste Führungskraft und mein Verhalten ging.

Mochte ich es vielleicht geahnt haben, dass diese Hoteltour mit Bernd zu solch schmerzlichen Erkenntnissen führen würde, musste ich nun dieser Tatsache ins Gesicht sehen. Bislang hatte ich keinen Anlass gehabt, mich und mein Verhalten zu hinterfragen. Ein Unternehmen zu führen, dazu bedurfte es keines Dompteurs wie im Zirkus. Mit Zuckerbrot und Peitsche die Menschen zu etwas zu bewegen, was sie aus freien Stücken heraus nie tun würden? Darum ging es nicht. Einmal die Arme ausgestreckt, und schon folgten die Dressierten. Ohne den geringsten Widerstand. Jeder, der mitmachte, hatte ja dasselbe Ziel, etwa Leckerli zu bekommen oder die Peitsche zu vermeiden. So simpel schien es beim Thema Führung nicht zu sein. Und deshalb würde ich kaum drum herumkommen: Ich musste mich mit dem Thema Führung beschäftigen. Nicht nur einfach Vorgaben machen. Die Führung, das war ich. Ich brauchte eine neue Qualität, eine Führungsqualität. Doch wie sollte ich das anstellen? Verhaltensentwicklung war Neuland für mich.

Was hieß überhaupt Führung? Wie führe ich ein Unternehmen? Wie führe ich Menschen? Wie hatte es mein Vater gemacht? Er hatte immer von »Mitunternehmern« gesprochen und damit Menschen gemeint, die nicht nur Dienst nach Vorschrift verrichteten. Er hatte dabei Mitarbeiter im Sinn gehabt, die wie ein Unternehmer denken, fühlen und arbeiten. Aber wollte das überhaupt jeder? Wollte sich jeder den Maßstab eines Unternehmers anlegen lassen? Was dabei herauskommt, wenn man die Dinge einzig aus einer eigenen Sicht beurteilte, das hatte ich gerade selbst erlebt. Was war also der Schlüssel? Der Schlüssel zu dem, was in den Menschen steckt, was sie begeistert und wofür sie sich täglich einsetzen wollen? Bei meinem Vater wurde viel mit Boni gearbeitet. War es das, was die Menschen bewegte? Ansonsten hatte ich eher ängstliche als unternehmerisch denkende und handelnde Mitarbeiter in der Ära meiner Eltern und ihrer Geschäftsführer und Direktoren erlebt. Woran lag das?

Ich erinnerte mich daran, dass ich zu der Zeit, als mein Vater mit seinem Flugzeug verunglückte, das Buch *Quellen innerer Kraft* von Pater Anselm Grün gelesen hatte. Der Pater, der neben Theologie und Philosophie auch Betriebswirtschaftslehre studiert hatte − die *FAZ* hatte ihn einmal als »Manager mit Mönchsherz« tituliert −, äußerte in seinem Werk die Ansicht, man solle, um die eigenen Stärken wiederzuentdecken, das eigene Ego in den Hintergrund stellen und mit seiner inneren Quelle in Berührung kommen. Und diese innere Quelle hatte nach Pater Anselm einen Ursprung, dem man nur nachgehen musste. In seinem Buch nahm er auch gern Bezug auf die Kindheit. Sinngemäß schrieb er, wenn wir mit unserem inneren Kind in Berührung kommen und uns mit unserem Verhalten daran orientieren, was wir schon als Kind gern gemacht haben, dann ist das eine gute Grundlage, um authentisch und kraftvoll zu werden. *Quellen innerer Kraft* hatte mir sehr gut gefallen, aber irgendwie haperte es dann bei der konsequenten Umsetzung dessen, was ich gele-

sen und vermeintlich verstanden hatte. Es blieb bei der Formulierung der Frage: »Was hat mich als Kind begeistert?« Zur
Beantwortung war ich anschließend nicht übergegangen, zu
schnell hatte mich die Schwerkraft des Alltags wieder in ihren
Bann gezogen. War mir dieses Thema damals nicht wichtig
genug gewesen?

Und nun? Ging es nun wieder um dieses Thema? Wie gelang es, zu diesen Ressourcen wieder Zugang zu finden und
die Quellen sprudeln zu lassen? Nicht nur für mich, auch für
die Mitarbeiter. Oder ging es um etwas anderes?

Auf jeden Fall schien es einen Unterschied zwischen Führung und Management zu geben. Auch das hatte ich schon
einmal gehört, bevor meine Mitarbeiter mich mit der Nase
darauf stießen. Bei der Führung ging es um Menschen, bei
Management um Prozesse. Ich erinnerte mich an eine Darstellung aus einem Lehrwerk des Unternehmensberaters Cay
von Fournier, in dem die Unterschiede mehr als deutlich geworden waren. Eine Differenzierung, die mich damals beim
Lesen sehr nachdenklich gestimmt hatte, die dann aber ebenfalls aufgrund meines eingeschalteten menschlichen Autopiloten wieder in Vergessenheit geraten war.

Ich dachte daran, dass es nach den »Offenbarungen« in den
verschiedenen Häusern an der Zeit war, beide Bücher noch
einmal zu lesen, insbesondere das von Pater Anselm. Vielleicht waren sie nützlicher, als ich es beim ersten Lesen hatte
erfassen können. Überhaupt hatte ich das Bedürfnis, mich
wieder intensiver mir den Themen des Benediktiners zu beschäftigen.

Nur wenig später gab ich einer Zeitung ein Interview, in
der ich noch die »alte Welt« mit ihren Managementsystemen
und kybernetischen Ansätzen über den grünen Klee lobte. In
diesem Gespräch erwähnte ich aber auch meine gedankliche Auseinandersetzung mit dem Thema Führung und kam

dadurch unweigerlich auf Pater Anselm zu sprechen. Nachdem das Interview beendet war, empfahl die Redakteurin, Elke Birke, die es mit mir geführt hatte, ein Hörbuch: *Spirituell führen,* und wieder war der Autor Pater Anselm, dieses Mal aber in Kooperation mit Friedrich Assländer. Ich hörte es mir an, bei meinen vielen und langen Autofahrten war es eine willkommene Beschäftigung.

Das gemeinschaftliche Unterfangen war der Versuch, Assländers Erfahrungen als Unternehmensberater und Psychologe mit den christlichen Führungstugenden des heiligen Benedikts von Nursia zu verbinden. Damit wurde ein Spannungsfeld zwischen Spiritualität und Führungspraxis eröffnet, um unter Leistungsdruck stehenden Führungskräften eine neue Perspektive zu eröffnen. Die gesprochenen Inhalte zogen mich in ihren Bann. Interessant war, dass es dabei nicht um neue Managementinstrumente und irgendwelche Tricks ging (das hatte ich seltsamerweise anfänglich erwartet), sondern vordergründig um die Führungsperson selbst. Um die Beschaffenheit eines Menschen, der führt. Auch in *Menschen führen – Leben wecken,* einem weiteren Buch von Anselm Grün, ging es um die Führungsperson an sich. Danach kam es bei der Führung weniger auf die Abläufe, Prozesse und Zahlen an, sondern auf die Menschen eines Unternehmens.

Ich wurde immer nachdenklicher. Das traf auch auf mich zu. Die Mitarbeiter hatten keinen Hehl daraus gemacht, dass ich in Sachen Führung ihrer Wahrnehmung nach nicht viel besser als eine Niete war. Meine Managementmodelle waren mein ganzer Stolz gewesen, mit ihnen hatte ich das Unternehmen nach dem Tod meines Vaters in den Griff bekommen. So schlecht konnte gutes Management doch nicht sein, sonst hätte man das schon längst infrage gestellt. Aber Unruhe und Unzufriedenheit in einem Unternehmen ließen sich damit nicht lösen. Das musste ich wohl oder übel anerkennen.

Die gehörten und gelesenen Erkenntnisse wollte ich weiter vertiefen, denn sie hatten mich auf eine noch unbestimmte Weise berührt. Fragen tauchten auf einmal in mir auf, Fragen, die ich mir bislang nie gestellt hatte. Eine davon lautete: Wie kann es gelingen, Führen, Leisten und Leben menschlicher zu gestalten? Darüber hatten Pater Anselm Grün und Friedrich Assländer in den mir bekannten Büchern zu wenig gesprochen. Aber war es dennoch möglich, dass sie mir bei meiner Suche weiterhelfen konnten? Wo war eine Begegnung mit ihnen möglich? Gab es Seminare? Ich wollte diese beiden Männer unbedingt treffen.

Diese Idee hatte sich immer stärker und tiefer in mir eingenistet. Kaum hatte ich einige freie Minuten, recherchierte ich über das Autorenteam. Und war es Zufall, was ich dabei auf der Seite des Teams Benedikt im Internet entdeckte? Im Stadtkloster der Benediktiner in Würzburg boten Pater Anselm und Friedrich Assländer alsbald einen Kurs an, in dem es um ihren Ansatz ging, um spirituelles Führen. In dieser Wortkombination hatte ich noch nie über mein Tun im Unternehmen nachgedacht. Aber es war an der Zeit, dass mein Handeln über das Lesen oder Hören von Büchern hinausging, und ich entschloss mich, einen Kurs im Kloster zu besuchen. Und so kam ich über das Team Benedikt zu den Benediktinern.

3 | Hildegards Disziplin – und die Weisheit hinter den Mauern

Ins Kloster gehen – diese Entscheidung klang erst einmal irritierend. Zwar war ich in irgendeiner Form religiös, aber nicht gerade katholisch. Meine Eltern gehörten einer Baptistengemeinde in Emden an, und ich wuchs im Glauben dieser evangelischen Konfession auf. Ohne mir in meiner Kinder- und Jugendzeit darüber Gedanken zu machen, gehörte für mich die Teilnahme am Gottesdienst irgendwie dazu, auch wenn mir der sonntägliche Besuch in der Kirche nicht selten lästig war. Insbesondere in meiner Jugendzeit waren es sehr praktische Gründe, die für mich gegen eine Teilnahme sprachen. Der Gottesdient passte einfach nicht zu meinem Bedürfnis, samstagabends auch gern einmal länger auf Tour zu gehen und dann sonntags auszuschlafen. Doch ich beugte mich der Erziehung meiner Eltern und wurde so in die Kirche *gezogen*. So wie jemand gezogen wird, damit er einen Weg einschlägt, den er selbst für sich gerade nicht für optimal hält.

Wo Druck aufgebaut wird, entsteht Widerstand. Ich folgte zwar meinen Eltern im Glauben an Gott, verlor aber, je älter ich wurde, den persönlichen Kontakt zur Gemeinde. Erst meine Entführung in noch recht jungen Jahren, über die ich später noch berichten werde, hatte mich wieder für das Thema Religion sensibilisiert. Kurz nach der Entführung ließ ich mich von den Baptisten, die sich als bewusste Christen sehen und bei denen die Erwachsenentaufe im Vordergrund steht, taufen. Ich ging auch in die Stille und habe für mich dabei erfahren, dass ich an Gott glaube, wobei »Gott« für mich eine Bezeichnung für etwas Höheres und Größeres ist, eine Macht, die in uns ist und uns umgibt.

Mehr und mehr wurde die Bibel zu einem wichtigen Buch für mich, auch wenn mich unser damaliger Pastor einmal beschimpfte, als ich bei einem seiner Besuche nicht gleich eine Bibel zur Hand hatte. Für mich steht in der Bibel alles, was ich für ein gelingendes Leben brauche, alles, nach dem ich mich richten kann. Jedenfalls in meinem eigenen Verständnis und nach meiner eigenen Interpretation. Darum geht es ja in der Religion, gleich welcher man angehört, jeder von uns möchte ein glückliches Leben führen. Ich brauche dafür als spirituelle Anleitung Gott und die Bibel, andere benötigen mehr das Göttliche selbst. In meiner religiösen Welt clustere ich nicht in evangelisch und katholisch, mit einer solchen Unterteilung habe ich eher meine Probleme. Hier nimmt jemand für sich in Anspruch, was richtig ist und was falsch, und setzt es damit absolut. Doch wer bin ich, um sagen zu können, was richtig ist und was falsch? Mir ist das zu hochmütig, damit kann ich mich nicht arrangieren.

Ich will mich nicht empören und mich damit nicht über andere und das, was sie für sich als wichtig und richtig erachten, erheben. Ich vergleiche das gern im übertragenen Sinne mit lebensnotwendiger Nahrungsaufnahme. In diesem Fall einer geistigen. In verschiedenen Teilen der Welt essen die Menschen ganz unterschiedliche Speisen, um satt zu werden. Und ich nehme mir doch nicht heraus und beurteile die jeweiligen Gerichte als gut oder schlecht, als richtig oder falsch. Sicherlich, das eine oder andere Gericht bekommt mir nicht. Das ist auch in Ordnung. Es geht doch um ein vorübergehendes Stillen des Hungers, und der eine braucht dafür vielleicht etwas anderes als der andere. Und dieses Stillen bedeutet für mich zweierlei. Zum einen geht es um das Glücklichsein, zum anderen um den Frieden, dessen Voraussetzung meiner Wahrnehmung nach das Leben nach der sogenannten goldenen Regel ist, die sich in allen Weltreligionen auf die eine oder andere Art wiederfindet: »Was du nicht willst, was man dir tut, das füge auch keinem anderen zu.« Und um das zu ermöglichen, bedarf es letztlich eine bedingungslose Liebe. Es geht darum, das Leben an sich und seinen Nächsten zu lieben.

Aus diesem Grund habe ich meinen Glauben – und bin gleichzeitig daran interessiert, wie es in anderen Religionen aussieht. Ganz frei kann ich mir die Liturgie, die religiösen Zeremonien und die Riten aller Konfessionen, aber auch anderer Religionen anschauen. Entscheidend ist allein: Was tut mir gut? Was gibt mir die Ordnung, die Struktur, die ich benötige, um das, was für mich wichtig ist, anzuwenden und zu leben?

Das Kloster wurde, am Ende dann doch kaum verwunderlich, zu einem wichtigen Ort für mich. Gerechnet hatte ich damit aber nicht. Allein der Brief, den ich zur Vorbereitung vom Team Benedikt erhielt, war für mich überraschend, ja sogar ein bisschen mystisch. Da hieß es, ich solle das Handy besser zu Hause lassen und dunkle Kleidung mitbringen, nicht zu vergessen warme Socken. Und weiter stand in dem Schreiben, ich solle die Zeit im Kloster nicht nur nutzen, um zu lernen, sondern auch, um zur Ruhe zu kommen. Es würde um *ora et labora* gehen, also um die alte Benediktinerregel »Bete und arbeite«. Schon im Vorfeld, allein durch diese Ankündigung, war das für mich wie ein Eintauchen in eine andere Welt. Ein Abenteuer.

Frühmorgens, genau um 6:41 Uhr, fuhr ich mit dem Zug von Oldenburg nach Würzburg. Ich wohne in Emden, im nordwestlichsten Zipfel von Niedersachen, und als ich sah, dass der Zug von Oldenburg nach Würzburg nur knapp vier Stunden brauchte, dachte ich, es müsse noch ein anderes Würzburg geben, so nah könne das Kloster in Bayern nicht liegen. Dem war aber nicht so. Es war schon das richtige Würzburg.

Vom Bahnhof lief ich zu Fuß zum Stadtkloster in der St.-Benedikt-Straße 1 – heute wird es leider nicht mehr betrieben, das Zentrum der Benediktiner im Würzburger Raum liegt jetzt in der Abtei Münsterschwarzach, rund zwanzig Kilometer von der Stadt entfernt. Was wird mich erwarten?, überlegte ich. Auf jeden Fall ein Tor und dicke Mauern, hinter denen man im Moment des Betretens verschwand, das war das innere Bild, das ich mit dem Begriff »Kloster« verband.

Der erste Eindruck war dann etwas abweichend von diesem inneren Bild. Das, was ich real vorfand, passte nicht so ganz zu meiner Vorstellung. Ein schweres Tor gab es, auch eine zweite Pforte, die ich passieren musste, aber ansonsten war ich bei dem Anblick des grauen Gebäudes eher ein wenig irritiert. Das Tor wurde zwar um zweiundzwanzig Uhr geschlossen, wie ich einem Schild entnehmen konnte, jetzt, gegen Mittag, war hier aber ein einziges Kommen und Gehen.

Nach dem Einchecken in einem Raum, der mich an die Ausstattung der Klassenräume meiner Grundschulzeit erinnerte, begab ich mich auf mein Zimmer, dazu musste ich den Klostergarten durchqueren, der sehr ursprünglich und unglaublich schön war. Mein Zimmer war einfach eingerichtet, äußerst karg, geradezu nüchtern. Es hatte etwas von einem Einzelzimmer in einer Jugendherberge. Es war jedoch penibel sauber und alles hatte seinen Platz.

Pater Anselm sprach später häufiger von der *stabilitas,* einer festgefügten äußeren Ordnung, die die Voraussetzung für eine innere Ordnung und einer sich daraus erschließenden inneren Ruhe ist. Und das war es auch, was ich zuerst wahrnahm, eine sogar von den Wänden ausgehende Ruhe. Es existierte kaum etwas, das meinen Blick auf sich zog und mir Anstoß für irgendwelche Gedanken gab. Alles schien tatsächlich strukturiert zu sein, nahezu symmetrisch. Diese vorherrschende absolute äußere Ordnung empfand ich auf besondere Art und Weise angenehm, und sie wirkte beruhigend auf mein Gemüt. Augenblicklich hatte ich das Gefühl, angekommen zu sein. Die äußere Hektik der Reise, die vielen Menschen im Zug, die laut telefonierten oder nicht weniger leise mit ihren Sitznachbarn sprachen, sodass ich jedes Wort hatte mithören können, der Stadtverkehr, die vorbeihastenden Menschen, die in verschiedenen Farben blinkenden Ampeln. All das fiel von mir ab, ließ ich hinter mir, und es stellte sich eine Grundruhe ein, die in den folgenden Jahren Teil meiner Persönlichkeit werden sollte.

Da war ich also. Im Kloster. Mein Abenteuer konnte beginnen.

Das erste Kennenlernen der anderen Seminarteilnehmer, ungefähr dreißig Männer und Frauen, fand kurz danach beim Mittagessen im Speisesaal statt. Bruder Isaak hieß uns willkommen. Er erzählte einiges über die Ursprünge und Geschichte der Benediktiner und führte uns in die Struktur und Ordnung des Stadtklosters ein. Nach dem Essen fing der von mir gebuchte Kurs an, unter der Leitung von Pater Anselm und Friedrich Assländer. Ein aufregender Moment. Der Raum war hell, mit einem ebenso hellen Teppich aus Naturfasern. Ansonsten war er vollkommen leer, ohne Tische oder Stühle. Bevor wir ihn betreten durften, mussten wir unsere Schuhe ausziehen. Aha, deshalb war auf die Socken verwiesen worden. Vorne stand, in einem gestreiften Hemd, anthrazitfarbener Hose und mit grauem Haar, Friedrich Assländer, er strahlte eine große Gelassenheit aus. Sofort fühlte ich mich wohl. Pater Anselm, so hieß es, würde später hinzukommen.

»Stellen Sie sich vor, dieser Raum ist Deutschland«, sagte Friedrich Assländer, nachdem er uns begrüßt hatte. »Positionieren Sie sich so, wo Ihrer Meinung nach ungefähr der Ort liegt, aus dem Sie gerade angereist sind.«

Das war kein klassisches Kennenlernen, wie ich es kannte, um einen Tisch herum, oft in der berühmten Hufeisenform.

Es folgten weitere Fragen, die mir fremd waren und dazu dienten, ins Gespräch zu kommen.

»Was ist Ihr Sternzeichen?«

»Wo wurden Sie geboren?«

»Wie alt sind Sie?«

Bei dieser Vorstellung ging es nicht um »Was mache ich?«, sondern darum: »Wer bin ich und woher komme ich?« Die Wassermänner sollten sich untereinander austauschen, ebenso die Stiere oder Fische, um festzustellen, ob es tatsächlich Eigenschaften gab, die man den jeweiligen Sternzeichen zuschrieb. So wurden Gemeinsamkeiten gefunden, Neigungen und Werte ausgetauscht, wurden Persönlichkeitsprofile formuliert.

»Besorgen Sie sich nun eine Sitzgelegenheit«, forderte uns schließlich Friedrich Assländer auf, »und platzieren Sie sich dieses Mal frei im Raum.« Erst jetzt entdeckte ich in einer Ecke kleine Meditationsbänkchen, Sitzkissen, auch einige Hocker und Stühle. »Suchen Sie sich dann einen Partner und stellen Sie sich gegenseitig vor. Später, in der Runde, wird dieser Partner Ihre Vorstellung übernehmen. Und umgekehrt.« Ich fand zu einem Bühnenbauer aus Berlin. In einem Zweiergespräch stellten wir uns gegenseitig vor und versuchten uns dabei das zu merken, was der andere von und über sich berichtete. Anschließend übernahm dann jeder die Vorstellung des anderen in der großen Runde.

Dieser Mensch sprach nun also für mich, erklärte, dass ich ein Unternehmer sei, ein Chef, den seine Mitarbeiter nicht haben wollten. Ein seltsames Empfinden beschlich mich, obwohl er seine Ausführungen mit keinem befremdlichen Unterton versah, keine abwertenden Erkenntnisse über meine Führungsleistungen äußerte. Als ich den anderen Vorstellungen zuhörte, fragte ich mich mehrmals, wo ich denn gelandet war. Ich war davon ausgegangen, mit meinesgleichen zusammenzukommen, mit Unternehmern, Managern, die sich wie ich auf einen neuen Weg begeben wollten. Doch viele der Teilnehmer schienen gar keine Führungskraft zu sein, meinem Verständnis nach. Vom Pfarrer über Ärzte und Arbeitslose waren viele unterschiedliche Menschen vertreten. Ein Arbeitsloser wollte Clown werden, eine Ärztin hatte ihren Beruf satt und strebte eine Ausbildung als Coach an. Auch eine Palliativkrankenschwester war dabei, die in der Lage war, einhundert Kilometer zu laufen, und sich als Ritual nach ihrer Arbeit immer die Füße wusch. Wo war ich bloß gelandet?

Die Vielfalt irritierte mich, und ich wurde mir in dieser Runde schnell meines schubladenhaften Denkens bewusst. Auch wenn ich mich in diesem Kreis von Menschen zunächst nicht besonders wohlfühlte, ließ ich die Dinge auf mich wirken. Das Highlight und der eigentliche Grund meines Besuchs im Kloster sollten ja in Person von Pater Anselm noch kommen. Darauf war ich gespannt, alles andere zunächst Nebensache.

Dann betrat Pater Anselm den Raum. Es war ein besonderer Moment, den Mann zu sehen, mit dessen Worten und Gedanken ich mich in den letzten Wochen so intensiv beschäftigt hatte. Wie aus dem Nichts stand er da, mit seinem grauen Bart, den halblangen Haaren, dem Boden berührenden Habit aus einem schwarzen, glatten Stoff. Er setzte sich auf eine Meditationsbank unmittelbar vor meinem Platz, nie werde ich den ersten Blick in seine Augen vergessen. Diese Augen gaben mir einerseits das Gefühl einer Präsenz, wie ich sie vorher nicht erlebt hatte. Andererseits strahlten sie eine große Tiefe und innerliche Ruhe aus. Wenn ich auch zuvor noch nie das Empfinden hatte, einem Menschen zu begegnen, der absolute Authentizität ausstrahlte, dann war diese Zeit genau in dem Moment vorbei, als Pater Anselm sich in meine unmittelbare Nähe setzte.

Er sprach in einfachen, klaren Worten, in Worten, die mich berührten. Die Metaphern, die er wählte, und die Art, wie er sie interpretierte, zum Teil auch schlicht in die Sprache unserer heutigen Zeit übersetzte, gingen mir durch Mark und Bein und direkt in mein Herz. Immer wieder merkte ich, wie meine Augen feucht wurden und sich ein warmes Gefühl in mir breitmachte, sodass ich mir öfter wünschte, er möge nicht aufhören zu sprechen.

Pater Anselm erzählte eine Geschichte aus der Bibel, die Geschichte der beiden Schwestern Maria und Martha. Sie sind Anhängerinnen Jesu, und als der eines Tages seinen Besuch ankündigt, wollen die Frauen ihm den Himmel auf Erden bereiten. Martha läuft geschäftig hin und her, damit er mit allem versorgt ist, was er gebrauchen könnte. Doch Maria tut dem Augenschein nichts, sie setzt sich zu seinen Füßen und lauscht seinen Worten über Gottes Reich. Jesus kümmert sich anfangs auch nur um Maria, während er sich mit Martha nicht beschäftigt. Schließlich wird es Martha zu viel. Sie fällt Jesus ins Wort und stößt hervor: »Herr, machst du dir nichts daraus, dass meine Schwester die Bedienung mir allein überlassen hat? Sag ihr daher, dass sie mir Hilfe leiste.« Das war deutlich. Martha wollte, so der Pater, dass Jesus Maria die Meinung sagte und sie an ihre Arbeit erinnerte.

Jesu Antwort dürfte Martha überrascht haben, fuhr der Benediktiner fort. Er sagte freundlich: »Martha, Martha, du bist besorgt und beunruhigt um viele Dinge. Wenige Dinge jedoch sind nötig oder nur eins. Maria ihrerseits hat das gute Teil erwählt, und es wird nicht von ihr weggenommen werden.« Dazu erläuterte der Pater: »Wir machen häufig zu viel oder etwas, was andere gar nicht wollen. Wir nehmen etwas vorweg in der Annahme, was ein anderer gebrauchen könnte. Wir entscheiden über seinen Kopf hinweg und fragen gar nicht nach, was wirklich benötigt wird. Wir machen einfach etwas in dem Glauben, dass das, was wir für richtig empfinden, auch für den anderen richtig ist. Doch wir sind nicht alle anderen.«

Die Sätze fielen bei mir auf fruchtbaren Boden, vergessen war meine vorherige Befürchtung, ob ich mit diesem Kurs eine falsche Entscheidung getroffen hatte. Ich spürte, dass die Inhalte mich nicht nur in diesem Moment, sondern nachhaltig »bewegen« würden.

Nachdem Pater Anselm ungefähr eine Dreiviertelstunde gesprochen hatte, sollten wir eine Übung machen, die mich in ihrer Vorgehensweise an das Verhalten des römischen Stoikers Seneca erinnerte. Die Übung wurde von Friedrich Assländer »Dyade« genannt. Wieder sollte sich jeder einen Partner suchen, dieses Mal hatte ich es mit einer Frau zu tun. Wir setzten uns voreinander hin, und unsere Aufgabe bestand nun darin, uns gegenseitig zu fragen, was Führung für einen bedeuten würde. Derjenige, der diese Frage stellte, durfte nur diese äußern, der andere hatte, in der Anlehnung an das Verhalten seines Gegenübers, mit einem Monolog zu antworten. Schweifte der Befragte ab oder wusste nicht weiter, so durfte der andere wieder nur diese eine Frage in den Raum geben: »Was bedeutet für dich Führung?« Die Zeit für den Monolog war auf sieben Minuten festgelegt worden.

Die Übung ging unter die Haut, vom Kopf bis unter die Zehennägel. In meinem Monolog beschäftigte ich mich zum ersten Mal mit dem Begriff »Führung«, und das nicht nur als Unterscheidung von »Management«. Diese sieben Minuten waren so intensiv, dass ich mir sicher war, nichts davon würde versieben.

Neben vielen anderen Begriffen kamen mir Werte wie Vorbild, Verantwortung, Vertrauen, Gerechtigkeit, Klarheit, Entscheidung, Orientierung, Zuverlässigkeit, Vertrauen, Achtsamkeit und Transparenz ins Bewusstsein. Und im Verlauf des Seminars waren es dann zwei weitere Aussagen des Paters, die meinen Führungs- und damit Lebensweg entscheidend beeinflussen sollten. Die erste lautete: »Nur wer sich selbst führen kann, kann andere führen.« Und die zweite: »Führung ist Dienstleistung und kein Privileg.«

Besonders der erste Satz gab mir zu denken. Führte ich mich selbst? Ganz klar konnte ich für mich sagen, dass ich darauf keine Antwort hatte. Oder doch, nach genauerer Überlegung: »Nein, ich führe mich nicht selbst.« Ich hatte bisher versucht, meinen privaten und unternehmerischen Alltag zu managen, nach Zahlen, Daten und Fakten. Ich war der operativen Schwerkraft des Alltags erlegen gewesen, hatte für den einen Bereich einen Dreijahresplan gemacht, für einen anderen einen von fünf Jahren. Aber keineswegs war ich in der Lage, mich selbst zu führen. Ich versuchte, sogar meine Zeit zu managen, dabei meine Termine zu priorisieren. Aber war es nicht besser, seinen Prioritäten Termine zu geben? Das eine war Managen, das andere Führen. Nein, ich führte mich selbst nicht. Wohin überhaupt sollte ich mich führen? Diese Antwort blieb ich mir in dem Moment schuldig, und als Konsequenz dieser unbeantworteten Frage entwickelte sich bei mir die Erkenntnis, dass ich ebenso wenig fähig war, andere Menschen zu führen. Für mich bedeutete dieser Satz, dass ich bisher weder mich noch andere führte. Aber das war es doch, worum es den Mitarbeitern ging.

Klipp und klar gesagt: Nicht die geringste Ahnung hatte ich, wie und wohin ich mich führen wollte. Wohin meine persönliche Reise gehen sollte. Darüber hatte ich mir nie Gedanken gemacht. Und diese Frage konnte ich mir auch in diesem Kurs nicht beantworten. Auch die Fragen nach meinem Talent, also das, was ich an Fähigkeiten habe, um dort hinzukommen, wohin ich möchte, was mir wichtig ist und was ich wirklich kann, das, was mir Freude bereitet, blieben im Raum stehen. Solche Fragen hatte ich mir nie gestellt, und somit hinterließen sie mich ratlos. Aber wenn die Beantwortung dieser Fragen eine Voraussetzung dafür ist, sich selbst führen zu können, war es an der Zeit, sich intensiv damit zu beschäftigen. Letztlich wollte ich Klarheit bekommen. Auch wenn ich noch viele weitere Kurse im Kloster besuchen musste.

Zum Abschluss der drei Klostertage hatte ich ein persönliches, zwanzigminütiges Gespräch mit Pater Anselm. In diesem ging es interessanterweise nicht nur um Führung, sondern auch um das rechte Maß, die Mutter aller Tugenden, insbesondere bei den Benediktinern, und um Disziplin. Hildegard von Bingen, auch eine Benediktinerin, Kirchenlehrerin und große Heilkundlerin des Mittelalters, so hörte ich, hätte den Impuls gegeben, dass Disziplin und Ordnung in manchen Phasen der Entwicklung uns dabei helfen, unsere Trägheit zu überwinden und dauerhaft glücklich zu sein. Von ihr stammte auch das Zitat »Disziplin ist der einzige Weg zum Ständig-glücklich-Sein«, ein Zitat, das mir bis heute immer wieder dabei hilft, meinen »inneren Schweinehund« zu besiegen. Da hatte Pater Anselm einen Nerv bei mir getroffen, denn sowohl mit dem rechten Maß als auch mit der Disziplin hatte ich es noch nie so gehabt, ich war ein Mann der Extreme, der das, was er begonnen hatte, nicht immer zu Ende brachte.

»Ordnung und Disziplin haben in unseren Breitengraden einen negativen Touch«, fuhr Pater Anselm fort, »das hat häufig mit unserer Vergangenheit zu tun. Aber eine äußere Ordnung ist notwendig. Ordnung hilft letztlich, Halt zu finden. Angesichts all der Möglichkeiten, die uns in unserer Gesellschaft offenstehen, ist die Gefahr groß, orientierungslos zu werden. Und wenn wir keine Orientierung haben, keinen Halt, dann können wir uns nicht entscheiden. Wir sehen hundert Türen und wissen dann nicht, durch welche wir gehen wollen. Aber durchgehen können wir immer nur durch eine einzige.«

Ich wiegte, wie ich selbst bemerkte, den Kopf hin und her. »Und wenn ich nicht selbst entscheide, handle ich nicht, sondern werde gehandelt? Werde sozusagen durch eine Tür geführt oder gar geschubst? Ist die Entscheidung, etwas zu tun, dann Voraussetzung dafür, selbst ins Handeln zu kommen? Dafür muss ich aber wissen, was ich tue und vor allem auch, wohin ich möchte.«

Ich erinnerte mich an eine Szene aus *Alice im Wunderland*. Alice kommt an eine Wegkreuzung und fragt den Kater danach, in welche Richtung sie gehen kann. Der Kater antwortet mit der Frage, wohin sie denn möchte, was ihr Ziel sei. Alice erwidert, das nicht zu wissen, worauf der Kater entgegnet, ihr dann auch nicht sagen zu können, wo es langgeht.

Außerdem erinnerte ich mich an Aussagen, die der Neurobiologe und Hirnforscher Gerald Hüther gemacht hatte. Er hatte einmal geäußert, in der deutschen Geschichte hätte es Phasen gegeben, in denen Menschen kaum die Möglichkeiten hatten, sich zu entscheiden. Früher, im Dreißigjährigen Krieg zum Beispiel, mussten sie sich hauptsächlich um ihre Ernährung kümmern, sonst wären sie verhungert. Da existierte nicht viel, zwischen dem sie sich entscheiden konnten.

»Das heißt«, fragte ich weiter, »dieses Korsett aus äußeren Umständen, Werten und Normen erleichtern die Orientierung?«

»Ja, das äußere Korsett war und ist noch eine Entscheidungshilfe. Doch wenn es – aus welchen Gründen auch immer – nicht mehr vorhanden ist, zum Beispiel weil die Möglichkeiten, die sich uns bieten, ins Unermessliche steigen, dann braucht es eine innere Haltung, eine Stabilität, um nicht zwischen all den Möglichkeiten zu zerfließen.«

Doch wie konnte ich eine solche innere Haltung gewinnen? Sicher, der Aufenthalt im Kloster war ein erster Schritt. Es brauchte ein bisschen, aber dann wurde mir mit der Zeit bewusster, was es mit dem Titel dieses Kurses auf sich hatte. *Spirituell führen* heißt auch, authentisch zu führen, und das ist nur möglich, wenn ich mir meiner selbst, meiner inneren Haltung bewusst bin. Wenn ich weiß, was für mich wirklich wichtig ist, wenn ich weiß, was ich will, was mir leichtfällt, wenn ich weiß, was mir Freude bereitet. Und wenn ich dann dieses innere Bild von mir habe, das für mich optimal ist, habe ich gute Voraussetzungen geschaffen, authentischer zu sein.

Als extremer und vor allem freiheitsliebender Mensch tat ich mich – wie sollte es auch anders sein – schwer, ein äußeres Korsett anzunehmen. Leichter schien es, eine Orientierung aus einer inneren Stabilität, einer inneren Haltung heraus zu entwickeln und anzunehmen.

»Mit dem Meditieren habe ich auch meine Probleme«, erklärte ich. »Ruhe ist nicht mein Ding. Ich muss immer in Bewegung sein. Ich kann nicht allein sein. Wenn ich allein bin, muss ich mich stets mit irgendetwas ablenken.«

»Wenn Sie Ihre Ruhe nicht in sich selbst finden, ist es zwecklos, sie andernorts zu suchen. Meditieren Sie weiter, hören Sie nicht damit auf. Versuchen Sie es.«

Nach dem Gespräch begab ich mich in das Zendo, den Meditationsraum, der gegenüber dem Seminarraum lag.

Nach dem Ausziehen der Schuhe verneigte ich mich, so wie ich es in der Einführung zur Meditation gelernt hatte. Ich nahm mir eine Sitzbank, achtete auf das Ein- und Ausatmen, zunächst sprach ich das Herzensgebet, dann begann ich meine Atemzüge zu zählen – und ich tat das, weil ich merkte, dass ich mich in einer völligen Orientierungslosigkeit befand.

Dann dachte ich: Was bedeutet überhaupt das Herzensgebet? »Herr Jesus Christus, erbarme dich meiner.« Und immer diese Anrufung von Jesus Christus! Ja, man hatte mir gesagt, es sei eine Form, seiner Spiritualität Ausdruck zu verleihen, eine Hilfe, um Konzentration zu erlangen und einen gleichmäßigen (Atem-)Rhythmus zu finden, so wie ein Mantra, das auch ständig wiederholt werden soll. Doch von Konzentration konnte bei mir keine Rede sein, zwei Millionen Dinge gingen mir durch den Kopf, und jede Sekunde hatte ich das Gefühl, alles falsch zu machen. Ich überlegte zu viel, ich legte einen Gedanken über den anderen, und irgendwann war der Berg an Überlegungen so hoch, dass ich gar nichts mehr erkennen konnte. In meinem Kopf entstand ein nicht beschreibbares Chaos. Je ruhiger es im Zendo wurde, desto lauter wurde es in meinem Kopf. Ich hatte das Gefühl, die gedankliche Lautstärke der räumlichen Stille nicht ertragen zu können. Es tat richtig weh, und immer wieder flüchtete ich aus der Situation, indem ich die Augen öffnete – um zu schauen, was die anderen Teilnehmer so machten.

Doch langsam, aber sicher und mit der im Gespräch mit Pater Anselm angesprochenen Disziplin verstummten die inneren Stimmen zunehmend und es wurde ruhiger in mir. Die Gedanken kamen, aber gingen auch gleich wieder, und zwar ohne, dass sich aus ihnen ein Strudel weiterer, nicht endender Gedanken entwickelte. Mein turbulentes Kopfkino verblasste in einen gleichmäßigen und ruhigen Strom an Bildern, die sich vor meinem inneren Auge bewegten und dessen Wertung für mich immer mehr an Bedeutung verlor.

Beobachten, nicht bewerten, das war es, was mich zur inneren Ruhe führte. Genau wie von Friedrich Assländer während der Einführung zum Thema Meditation prophezeit. Wie wohltuend. Meine Gedanken schafften es immer seltener, aus dem Hier und Jetzt »fremdzugehen«, mich in Vergangenheit, Zukunft oder an einen anderen Ort zu entführen. Und wenn es doch so war, dann bemerkte ich dies schließlich nach immer kürzerer Zeit und brachte sie ganz liebevoll zurück in die Gegenwart und damit an den Ort, an dem ich mich gerade befand. Wenn mein Atem dann wieder meine volle Aufmerksamkeit erhielt, wusste ich, dass ich wieder im Hier und Jetzt angekommen war. Wie erholsam!

Das Chaos wurde tatsächlich geringer, fast konnte ich von einem strukturierten Denken sprechen. Jahre später las ich in dem Buch *Search Inside Yourself* – geschrieben hatte es Chade-Meng Tan, ein Google-Ingenieur, zusammen mit Wissenschaftlern und Zen-Meistern –, dass die Fähigkeit, selbst zu bemerken, wann ich mit den eigenen Gedanken abdrifte, als Meta-Achtsamkeit bezeichnet werden kann. Wenn Sie zugucken können, wie Ihre Gedanken abwandern, dann sind Sie sich dessen bewusst. Es ist ein Wissen wie jene Fähigkeit, die Sie Fahrrad fahren lässt. Nie geht es unmittelbar geradeaus, erst ein leichtes Pendeln von der einen auf die andere Seite bringt die Stabilität beim Fahren. Je schneller Ihnen diese Betrachtung gelingt, umso eher wird es Ihnen gelingen, in die Achtsamkeit zu kommen, was nichts anderes heißt, als dass Sie das Gefühl haben, da zu sein, bei sich zu sein.

Dreimal am Tag hatte ich versucht zu meditieren. Bis auf die Zeit im Kloster gelang es mir aber nicht, dieses Pensum durchzuhalten. Auch kann ich nicht behaupten, dass die Meditation anfangs dazu geführt hätte, mich näher und intensiver mit mir selbst zu beschäftigen. Ich genoss einfach die Ruhe, die sich dabei in mir einstellte. Erst nach und nach entstand aus der Ruhe heraus eine Klarheit darüber, womit ich mich intensiver beschäftigen wollte.

Das Kloster und die beiden Referenten Friedrich Assländer und Pater Anselm hatten mir wertvolle Impulse, aber auch die Ruhe, die Impulse wirken zu lassen, geschenkt. Die Meditationen waren am Ende zu Auszeiten geworden, durch die ich alles fallen lassen konnte, was mich beschäftigte. In ihnen lernte ich, dass ich in einem aufgewühlten Wasser schwamm, im Trüben fischte und dass in meinem Kopf eine unglaubliche Lautstärke war, die es erst einmal zu ertragen galt. Warum war es da überhaupt so laut, was prasselte alles auf mich ein? Ständig verselbstständigten sich die Gedanken, krallten sich in die Vergangenheit oder bissen sich an der Zukunft fest.

Das Geschenk der Ruhe wurde sicher auch dadurch ermöglicht, dass ich drei Tage ohne Handy war. Trotz des städtischen Umfelds war ich völlig abgeschottet, so wie ich mir mein anfängliches Bild von einem Kloster ausgemalt hatte. Obwohl ich morgens früh aufgestanden und abends spät ins Bett gegangen war, fühlte ich mich erholt. Ich hatte gerade einen Wellnessurlaub für den Geist, hatte Balsam für meine Seele erlebt. Beeindruckend war das. Zum ersten Mal hatte ich auch während der Mahlzeiten im Schweigen bewusst wahrgenommen, wie Menschen essen, was sie essen, wie etwas überhaupt schmeckt. Ich hatte kommuniziert, ohne zu reden, war präsent, am Ort, wenn ich gebraucht wurde. Eine Erfahrung, die mich stark prägte.

Fasziniert war ich auch davon, dass ich in diesen Tagen keine Tipps und Tricks zu hören bekam, um Menschen zu etwas zu bewegen, was sie nicht wollen. Das war es nämlich, was ich im Nachhinein unter Management verstand. In dem Wort »Management« stecken die lateinischen Wörter *manus* und *agere,* was im übertragenen Sinn »an der Hand führen« bedeutet. Interessant dabei ist, dass der erste offizielle Manager der Absolvent einer Zirkusdirektorenschule war, der nach seinem Abschluss in der Manege Tiere zu etwas brachte, was sie aus freien Stücken nie tun würden. Es ging dabei um Dressur, um Motivation und nicht um Inspiration. Das war 1870.

Unbewusst hatte ich wohl erwartet, dass es bei dem Thema Führung letztlich doch um Manipulation gehen würde, um »Zuckerbrot und Peitsche«. In diesem Seminar war es aber einzig und allein um die Beschaffenheit desjenigen gegangen, der führt. Dass die Voraussetzung für Authentizität oder Echtheit dann gegeben ist, wenn ich nicht versuche, eine Rolle zu spielen, sondern wenn ich, wie gesagt, weiß, wer ich bin. Versuchte ich nur anderen gerecht zu werden, führte ich mich nicht selbst, sondern wurde letzten Endes durch die Erwartungen der anderen geführt. Mein Handeln war dann darauf ausgerichtet, den Erwartungen der anderen zu entsprechen – und das aus Angst, nicht mehr anerkannt oder geliebt zu werden.

Aus diesem Grund hatte ich auch stets eine Rolle angenommen, hatte nicht die Authentizität, die ich brauchte, damit Menschen Vertrauen zu mir fassen konnten und sie mir mit einem guten Gefühl wirklich folgen wollten. Eine Rolle zu spielen, sich aus Angst häufig zu verbiegen, um anderen gerecht zu werden, war, wie ich selbst erfahren hatte, eine durchaus erschöpfende Angelegenheit. Nicht selten hatte ich sogar erlebt, dass Menschen, die sich zu häufig und stark verbogen, plötzlich brachen. Um nicht erschöpft zu sein, musste ich einzig das tun, was ich liebe. So wäre ich nicht ständig auf der Hut, würde mir nicht permanent überlegen, ob ich das Falsche oder das Richtige gesagt habe. Sondern es würde fließen.

Das alles erschien verheißungsvoll, ich musste mich nur entscheiden, es zu wollen. Aber ich brauchte gar nicht lange überlegen, ich hatte mich längst entschieden. Heute erlebe ich dieses Fließen besonders stark, wenn ich mit meiner Familie, mit meinen Mitarbeitern zusammen bin oder meine Vorträge halte, quer über den Globus verteilt. Ich bereite mich für diese Abende nicht vor, ich stelle mich vorne hin, sehe die Menschen im Publikum – und lasse es einfach fließen. Das, was ich erzähle, kommt von innen heraus, aus meiner Mitte.

Als ich das Klostertor wieder durchschritt und Ampeln und Autos meine ganze Konzentration erforderten, war mir klar: Dieser Ort der Stille war ein Ort, an dem ich zu mir finden konnte, ein Ort, an dem ich lernen konnte, mich selbst zu führen, und damit die Voraussetzung schaffen konnte, andere zu führen. Genau deswegen hatte ich mich ja auf diese Reise begeben. Es war eine Zeit, Abstand zu gewinnen, raus aus dem Trubel zu kommen, aus dem tobenden Meer, hinein in eine ruhige See. Ein Kloster war eine rettende Insel.

Vieles von dem, was ich als großartig und bedeutsam angesehen hatte, eigentlich mein gesamtes oberflächliches Dasein, erschien mir auf einmal klein und nichtig. Alles hatte sich umgekehrt, ohne dass ich sagen konnte, was das war, was sich in mir entwickelte. Es fühlte sich mehr wie eine Ahnung an, wie ein Sehnen. Es musste etwas geben, was befriedigender, auch befreiender war, als die bekannten Wege weiter auszutreten. Zurück ins alte Fahrwasser, und dann wird alles wieder gut – das hatte sich als Illusion erwiesen. Ich war einer persönlichen Täuschung aufgesessen, und die musste ich beenden, wenn ich nicht weitere Enttäuschungen erleben wollte.

TEIL II

Wer sich selbst gefunden hat,
der kann nichts mehr
auf dieser Welt verlieren[2]

_____

[2] Stefan Zweig

4 | Ein Leben an der Oberfläche –
und die Entführung

In welchem Fahrwasser schwamm ich? Wer war ich, der ich nicht mehr sein wollte? Ich fing an, über mich nachzudenken, auch über das, worüber ich gar nicht gern nachdenken wollte. Ich wurde entführt. Vierundzwanzig Jahre war ich alt. Doch wer war ich damals? Auf jeden Fall nicht jemand, der wusste, dass der Tod zu seinem Leben gehört.

»Heute Nacht mal wieder Party? Sex, Drugs and Rock 'n' Roll?« Jörn grinste, der blasse Mann mit der hohen Stirn wusste, was ich ihm antworten würde. Ein Nein hatte er nicht zu erwarten. Ich war tief eingetaucht in die sogenannte Hamburger Szene. Ich liebte das schnelle Leben an der Oberfläche, die Verheißungen der Nacht, die Sehnsüchte, die im Gedrängel an einer Bar oder auf der Tanzfläche aufsteigen. Einswerden mit der Musik und den Lichtern der Reeperbahn und ihren viel spannenderen, schummrigeren Seitenstraßen, das war ein Kick, den ich mir nicht mehr entgehen lassen wollte. Aber noch auf andere Weise war ich Teil des Kiezes geworden.

Nach meinem Abitur bin ich 1994 von Emden nach Hamburg gezogen, ohne richtigen Plan. Meine damalige Freundin zog dorthin, also folgte ich ihr in die Hansestadt. Sicher gab es hier aufregendere Dinge zu erleben als in meiner Heimatstadt Emden. Und so empfand ich es auch.

Eines Abends saß ich im Bolero, einer Szenebar im Hamburger Stadtteil Ottensen, eröffnet hatte sie Christoph Strenger.

Er besitzt die Lokalität noch heute, betreibt sie nun aber weniger als Bar denn als ein Restaurant, ja als Teil einer Restaurantkette. Strenger machte seinen Weg, er gilt aktuell als ein Spitzengastronom in unserer Republik.

»Willst du nicht hier in der Bar arbeiten?« Dirk, einer der Barkeeper, hatte mich angesprochen.

»Ich?«

»Ja, du. Würdest gut hier reinpassen. Aber hast du überhaupt schon mal in einer Bar gearbeitet?«

Noch nie hatte ich das getan. Einmal hatte ich auf einem Konzert Getränke ausgeschenkt, aber das konnte ich nicht gerade als großartige Fähigkeit anpreisen. Also musste ich lügen. »Klar, logisch«, erwiderte ich.

»Dann kannst du nächsten Donnerstag anfangen.«

»Gut, bin dabei.«

Was hatte ich mir nur bei meiner Antwort gedacht? Egal, coole Bar, coole Leute, ich mach das.

Donnerstag war in Hamburg *der* Ausgehtag. Szenetag. Und ich stand zum ersten Mal in meinem Leben hinter einer Bar, der Bar vom Bolero. Der Laden war brechend voll. Wie nicht anders zu erwarten, verursachte ich nichts als Chaos, denn ich war nicht einmal in der Lage, richtig einzuschenken, geschweige denn einen Cocktail zu mixen. Der Barkeeper, der mich »engagiert« hatte und neben mir mit äußerster Präzision hantierte, aber zugleich beobachtete, wie unbeholfen ich eine Flasche mit Weizenbier ins Glas einschenken wollte, schüttelte nur den Kopf. Ein wenig fühlte ich mich wie Brian Flanagan alias Tom Cruise in *Cocktail*. Flanagan landet in dieser turbulenten Komödie nach seiner Armeezeit in einer New Yorker Cocktailbar als Barkeeper. Man kann sich schon vorstellen, wie so ein Army-Junge mixt, komplett durchgeknallt, als würden sämtliche Drinks hochgefährliche Granaten sein.

Doch angesichts meiner anfänglichen Ungeschicklichkeit war eines äußerst erstaunlich: Man schmiss mich nicht raus, wie ich vermutet hatte, im Gegenteil, ich wurde sogar zu einer festen Größe.

Irgendwann flog ich dann aber doch. Der Grund lag nicht in meiner Unfähigkeit als Barkeeper, sondern hatte eine viel banalere Ursache. Das ganze Aufräumen und Putzen nach Geschäftsschluss war einfach nicht meins. Meine Überheblichkeit gegenüber diesen Dingen hatte mich zu Fall gebracht: Klar, ich kann alles, ich mach alles. Das hatte ich nach außen hin signalisiert. Aber weder das eine noch das andere stimmte. Was mich nicht daran hinderte, mich mit dem mir innewohnenden Hochmut und zuweilen sogar Übermut weiter durchzubeißen.

Barkeeper zu sein hatte mir gefallen. Ich dachte gar nicht daran, es mit einem anderen Job zu versuchen. Arbeitete ich als Barkeeper, stand ich im Mittelpunkt, was mir ausnehmend gut gefiel. Wieso auch nicht? Mein Ego wurde dabei hinlänglich gestreichelt, das hatte ich bei meinen Auftritten im Bolero gemerkt. War der Laden rappelvoll, versuchten die Gäste, mir gegenüber gute Stimmung zu machen, denn sie wollten von mir beachtet, das heißt, von mir bedient werden. Ständig wurde ich um etwas gebeten – »Bodo, bitte, mach mir mal eine Bloody Mary« –, und die mich ständig ansprechenden Frauen trugen ihren Teil zur Steigerung meines narzisstischen Ichs bei. Ein großartiger Rausch. In den Hamburger Szenebars wurden gern Männer als Barkeeper eingesetzt, damit sich vor dem Tresen Frauen platzierten. Diese wiederum bildeten dann den Grund dafür, dass sich in der zweiten und dritten Reihe wieder Männer einfanden.

Das war meine Welt, schnell war mir das klar, dort bekam ich offensichtlich das, was ich brauchte – ohne mir dessen bewusst sein. Es war letztlich auch egal, denn einzig wichtig war, dass es sich hervorragend anfühlte. Das ganze Leben, das nachts um und in einer Bar vibrierte, das war meine Antriebsfeder, so verrückt, wie es mir auch viele Jahre später erscheint.

Bei meinem Rausschmiss hatte ich schon angefangen, in einem Hamburger Krankenhaus auf der Intensivstation meinen Zivildienst abzuleisten. Bislang hatte noch kein Zivildienstleistender vor mir auf dieser Station arbeiten, hatte Blut abnehmen, Blasenkatheter legen oder eine Periduralanästhesie (PDA) ziehen dürfen. Derartige Aufgaben lagen auch gar nicht in meinem Aufgabenbereich. Wäre mein Tun auf die eine oder andere Weise öffentlich geworden, hätte die Klinik mit Sicherheit Probleme bekommen. Bei mir führte das nur dazu, dass ich noch mehr von mir überzeugt war, als dies ohnehin schon der Fall gewesen war.

Einmal saß ein Arzt am Bett eines Patienten und wollte diesem einen transurethralen Blasenkatheter anlegen, also einen Katheter mit einem kleinen Knick, doch der Mediziner kam trotz mehrfacher Versuche nicht über die Harnröhre in die Blase. Ich konnte schließlich nicht länger zuschauen und sagte zu dem Mann in Weiß: »Lassen Sie mich doch mal versuchen!« Eigentlich eine Unmöglichkeit, ich hätte den Arzt nie fragen dürfen. Aber an so etwas dachte ich überhaupt nicht, und deshalb äußerte ich die Worte offensichtlich auch so selbstbewusst, dass der Mediziner ohne Protest aufgab und mir das Feld überließ, fast kapitulierend. Die Episode demonstriert, in welcher Welt ich damals lebte. Ich hatte so reagiert, weil ich überzeugt davon war, dass mir gelingen würde, was dem Arzt zuvor nicht gelungen war. Und so geschah es dann auch. Im ersten Anlauf klappte es, der Katheter war angelegt.

Mein Ich-Verständnis unterschied sich kaum bei den beiden Tätigkeiten, also im Krankenhaus und in der Bar, dennoch war die Arbeit in der Klinik das absolute Kontrastprogramm zu dem, was mich in meinem nächtlichen Leben umtrieb.

Bald hatte ich es mit einer Dreifachbelastung zu tun. Parallel zu meinem Zivildienst und diversen Barkeeper-Jobs versuchte ich, mich selbstständig zu machen, und zwar mit der ersten mobilen Cocktailbar Hamburgs. Da blitzte wohl erstmals mein Verlangen nach unternehmerischem Handeln auf. Alles, was man zum Mixen von Drinks brauchte – inzwischen beherrschte ich die Kunst des lockeren Schüttelns mit Showcharakter –, hatte ich dabei: Spirituosen, Säfte, Sirup und Shaker. Mein etwas ungewöhnlicher Service fand rasch Zuspruch. Zuerst wurde er auf Hochzeiten des einen oder anderen Klinikarztes in Anspruch genommen, danach erweiterte sich mein Kundenkreis durch Mundpropaganda in ungewöhnlicher Geschwindigkeit. Bald schwenkte ich bei vielen Veranstaltungen und Festlichkeiten den Shaker, tourte an den Wochenenden herum, sogar diverse Clubs und Bars auf der Reeperbahn engagierten mich.

Nur ins damals sehr angesagte und heute immer noch legendäre Hans-Albers-Eck auf St. Pauli durfte ich nicht rein, zweimal verweigerten mir die Türsteher den Eintritt. Abfinden wollte ich mich jedoch nicht damit, allein schon deshalb nicht, weil ich den Grund für die Abfuhr nicht kannte. Daher versuchte ich es immer wieder. Es durfte keine Tür geben, die für mich verschlossen war. Nein, nicht für mich. Schließlich fiel ich, wer sagt's denn, dem damaligen Betreiber der Bar auf, sein Name war »Steini«, er war eine Institution auf dem Kiez, und er war schwul. Damit war, wie man damals sagte, der »Drops gelutscht«, denn offensichtlich wollte er mich gern um sich haben. Zusätzlich zum lang ersehnten Einlass ins Hans-Albers-Eck verschaffte mir »Steini« auch noch einen Job in einem tendenziell schwulen und völlig angesagten

Szeneclub am Hans-Albers-Platz, der neu eröffnet werden sollte, im Absolut. Ich nahm ihn, ohne groß weiter darüber nachzudenken, an, die mobile Cocktailbar hatte ich lange genug betrieben, der Reiz des Neuen war einfach zu groß.

Parallel büßte ich mein gerade gewonnenes Standing im Krankenhaus ein, denn durch meine Partymacherei und das viele zusätzliche Arbeiten fiel ich ein weiteres Mal in Ungnade, und so wurde ich in den letzten zwei Monaten meines Zivildiensts dazu verdonnert, mich in der Lagerverwaltung nützlich zu machen. Den Ärger hatte ich mir zugezogen, weil ich unpünktlich geworden war und immer häufiger völlig übermüdet meinen Dienst angetreten hatte. Es war die logische Konsequenz meines Lebenswandels, dass mir Fehler unterliefen.

Ich war unzuverlässig geworden, und ein solches Verhalten konnten und wollten meine Vorgesetzten in der Klinik mir nicht durchgehen lassen. Objektiv betrachtet vollkommen nachvollziehbar, allerdings nicht für mich. Nie hätte ich zugeben können, dass ich durch mein intensives Feiern und Arbeiten auf dem Kiez keinen Tag-und-Nacht-Rhythmus mehr hatte. Aber da machte ich mir offensichtlich etwas vor. Ich schlief, wenn sich gerade eine Chance bot, oft genug nicht mehr als zwei bis drei Stunden hintereinander. Schlaf, das war etwas für Spießer, die sich nichts mehr trauten. So hatte ich durchaus eine Achtzig-, Neunzig- und nicht selten Hundertstundenwoche, denn die Touren durchs nächtliche Hamburg starteten nicht vor dreiundzwanzig Uhr, nicht selten waren sie erst am nächsten Mittag vorbei. Es war somit nur eine Frage der Zeit gewesen, dass ich in der Klinik gnadenlos abrutschte, von einer oberen Etage in den tiefsten Keller hinab. Buchstäblich. Wie gesagt, aus meiner Perspektive ungerechtfertigt und sehr geringschätzend.

Aber es dauerte nicht lange, bis ich erneut Anerkennung erhielt, und zwar im Absolut.

Für die Flyer zur Eröffnung des Clubs wurden von einem bekannten Fotografen Aufnahmen von uns Mitarbeitern gemacht. Die Fotos, die man von mir allein aufgenommen hatte, reichte ich bei einem Modelwettbewerb ein – animiert durch eine nächtliche Ansprache im Absolut von Ronald Becker, einem Redakteur des lifestyligen Männermagazins *Men's Health*. Anscheinend hatte der Veranstalter Gefallen an den Bildern gefunden, denn er lud mich daraufhin ein, wollte mich von Angesicht zu Angesicht sehen. Und das, was er leibhaftig sah, schien abermals sein Interesse zu wecken. Der Wettbewerb beinhaltete, dass ich bei einer Show mitlaufen sollte, und das tat ich dann auch. Nach einem Voting wurde ich am Ende der Veranstaltung Hamburgs Mr Summer 95.

Das stärkte mein Ego ungemein. Wieder einmal. Zumal ich in der Folge bei der in Hamburg ansässigen Agentur OKAY Models gelistet wurde. Nun war ich so richtig im Jetset angekommen: Paris, Mailand, Athen. Von einer Hauptstadt Europas flog ich in die nächste. Nie gehörte ich zu den Topmodels, zu den ganz hippen und gefragten Typen, aber meine Buchungen für Zeitschriften, Kataloge oder Werbekampagnen reichten, um mein Leben zu finanzieren, ein tolles Auto zu fahren und mächtig viel Spaß zu haben. Und was war ich durch diesen Job doch privilegiert! In Athen gab es beispielsweise eine Frau, die sich einzig darum kümmerte, dass es uns Models gut ging, und die dafür sorgte, dass wir abends auf die in der Stadt angesagten Szenepartys eingeladen wurden. Hier war dann alles für uns bereitet, inklusive VIP-Lounge, kostenlosen Drinks bis zum Umfallen und nicht selten einem unerschöpflichen Angebot an allen anderen Dingen, die man brauchte, um Spaß zu haben. Nie zuvor und nie danach habe ich so viele Rauschmittel konsumiert. Heute trinke ich nicht einmal mehr Alkohol.

In dieser aufregenden Zeit lernte ich über einen Bekannten Jörn T. kennen. So schnell, wie wir Freundschaft schlossen, so schnell war er wieder verschwunden. Schließlich erfuhr ich nach einigem Herumfragen, dass er im Knast saß, irgendeine dubiose Geschichte. Er büßte seine Strafe in einer Hamburger Haftanstalt ab, wo ich ihn auch besuchte, weil ich Jörn, der knapp zehn Jahre älter war als ich, äußerst sympathisch fand. Ich brachte ihm Zigaretten mit, wir lachten über den Ort, in dem er einsaß. Taten vertraut, indem wir scheinbar zwielichtige Dinge austauschten. Er war sich sicher, bald wieder auf freiem Fuß zu sein. So schnell erfolgte die Entlassung dann doch nicht, aber nach kaum einem Jahr war er tatsächlich wieder »draußen«. Wir klopften uns auf die Schultern, zwei freie Männer, und es ergab sich, dass ich noch andere Leute aus seinem Umfeld kennenlernte. Es schreckte mich nicht ab, dass er mit Drogen gedealt hatte, denn in der Szene, in der ich unterwegs war, gehörte das einfach dazu. Es wäre besser gewesen, wenn es mich abgeschreckt hätte. Aber was für ein Mensch er war, das erfuhr ich erst im Nachhinein. Damals hielt ich das alles für normal.

»Holst du mich im Hadley's ab?«, fragte ich Jörn. Das Hadley's hatte ein Jahr zuvor am Schlump aufgemacht, einem Ortsteil von Hamburg-Eimsbüttel/Rothenbaum, und in dieser Bar hatte ich inzwischen zu jobben angefangen, wenn ich nicht gerade in der Welt unterwegs war.

Jörn nickte. »Bevor wir aber auf den Kiez gehen, können wir uns noch mit Kresimir treffen, er hat jetzt die längst überfällige Miete für deine Wohnung parat. Er zahlt in bar. Dann haben wir auch genug Kohle für eine ordentliche Party auf dem Kiez.«

Zuvor hatte ich in Eimsbüttel gewohnt, war dann aber aufgrund meiner gestiegenen Einnahmen nach Harvestehude gezogen, an den Rothenbaum, in eine etwas vornehmere

Wohngegend. Das Apartment lag direkt an meiner neuen Arbeitsstätte, war extrem repräsentativ und die Adresse machte auch einiges mehr her. Die alte Wohnung hatte ich unterzuvermietet, an einen Bekannten von Jörn, der bei den Mietzahlungen jedoch säumig war.

»Hab gehört, dass Kresimir nicht in der Wohnung in Eimsbüttel ist, sondern in einer anderen«, erklärte Jörn, als er mich an diesem 6. Juni 1998 dann nicht ganz wie verabredet im Hadley's, sondern gegen halb zehn in meiner Wohnung abholte. »Aber er soll das Geld bei sich haben.«

»Wo müssen wir dann hin?«, fragte ich.

»Zu den Grindelhochhäusern.«

»Perfekt, da haben wir ja sogar noch einen kürzeren Weg, nicht mal zweihundert Meter von hier aus. Hoffentlich hat er auch wirklich das Geld bei sich.«

»Doch, doch«, versicherte Jörn. »Alles geht klar. Brauchst keine Sorge zu haben.« Er grinste von einem Ohr zum anderen. Nicht einen Moment lang schöpfte ich Verdacht.

Die Grindelhochhäuser bilden ein Ensemble aus zwölf Gebäuden, es waren die ersten Baugiganten Deutschlands nach dem Zweiten Weltkrieg und mit vierzehn Stockwerken das Modernste an Wohnungen, was die Stadt damals zu bieten hatte. In eines davon in der Hallerstraße gingen wir, traten durch die lichte Glastür. Den Fahrstuhl ließen wir links liegen, stattdessen nahmen wir die Treppe. Jörn und ich überlegten, wo wir unsere Kieztour beginnen wollten, malten uns aus, wen wir wohl treffen würden.

»In welches Stockwerk müssen wir?«, fragte ich, als wir in der dritten Etage angekommen waren.

»In den vierten, sind gleich da«, sagte Jörn.

Im vierten Stockwerk gingen wir im Flur an einigen Wohnungstüren vorbei, ohne dass ich sie weiter beachtete. Jörn blieb schließlich vor einer der vielen Türen stehen. Eigentlich

hätte es mich stutzig machen müssen, dass er nicht klingelte –
vielleicht hätte ich dann auch aufs Namenschild geschaut –,
sondern er öffnete sie mit einem Schlüssel. Seine Wohnung
war es nicht, das wusste ich. Egal.

Ich folgte Jörn ins Apartment, dachte nur: Schnell das
Geld einstecken und dann nichts wie los. Doch daraus wurde
nichts. Kaum hatten wir die Wohnung betreten, überwäl-
tigten mich drei Männer. Wie aus dem Nichts kamen sie
aus einem Nebenraum – bewaffnet und maskiert. Zunächst
sah ich sie nur aus dem Augenwinkel, dann standen sie direkt und bedrohlich vor mir, und ehe ich mich versah, wurde
ich von ihnen auf einen hinter mir stehenden Sessel gedrückt.

Im ersten Schrecken konnte ich kaum glauben, was mit
mir passierte. Sie fesselten meine Hände auf den Rücken,
Widerstand, obwohl ich mich gut durchtrainiert fühlte, war
zwecklos. Auch Jörn konnte mir nicht zu Hilfe kommen,
denn er selbst wurde, wie ich aus den Augenwinkeln regist-
rierte, von den Maskenmännern in deren Gewalt genommen.
Jedenfalls sollte es danach aussehen. Jörn war jedoch – wie
sich später herausstellte – bei dieser Entführung involviert.
Über zwei Jahre lang hatte er sich, wie ich heute sagen würde,
meine Freundschaft erschlichen. Er war einer der Drahtzieher des Kidnappings, jetzt sollte ich aber den Eindruck gewinnen, dass wir im selben Boot saßen. Daran sollte sich auch
in den folgenden Tagen nichts ändern. Für mich blieb er ein
weiteres Opfer, ein Mitgefangener. Was sehr perfide war,
denn sobald ich ihm gegenüber den einen oder anderen Gedanken äußerte, was wir wohl machen könnten, um der Situation zu entkommen, war der Plan auch schon vereitelt. Der
Feind lag mit im Bett, in dem wir beide schliefen. Doch ich
entdeckte kein Anzeichen, dass er mein Gegner war. Zu sehr
beschäftigte mich eine Drohung, die ich mehrmals zu hören

bekam: »Wenn du Scheiße baust, wirst nicht nur du sterben, sondern jeder aus deiner Familie.«

Alles war so schnell gegangen. Ich war von einem Moment auf den anderen kaltgestellt worden, nichts vermochte ich mehr auszurichten. Es war unmöglich. Mit Panzerband, einem Klebeband, das speziell von der Bundeswehr benutzt wird, waren meine Hände zusammengehalten, danach wurden auch meine Augen verbunden, mit einer Binde aus dunklem Tuch. So saßen dann Jörn und ich in dem Einzimmerapartment – das hatte ich vorher und auch später noch registriert – auf dem Bett.

»Her mit der Uhr«, befahl einer der Täter.

»Bitte, nicht meine Uhr. Die Uhr habe ich von meinem Vater geschenkt bekommen, ich hänge sehr daran.« Seltsam, was mir in einem solchen Moment wichtig war.

»Nix da, womöglich hast du einen Sender in ihr drin.«

Widerrede war zwecklos. Einer unserer Aufpasser versilberte die Uhr schließlich, was ich auch nur deshalb weiß, weil ich sie über Umwege zurückerhielt. Mein Vater suchte, nachdem die Entführung beendet werden konnte, mehrere Antikläden in Hamburg auf, und anhand der eingravierten Nummer ließ sie sich identifizieren. Unglaublich.

Der eigentliche Kopf der Kidnapper, Kresimir Glamuzina, der sich bei meinem Vater in Emden als »Schakal« ausgab und Kroate war, setzte sich vor mich hin und sagte mit deutlichem Akzent: »Du hast Fehler gemacht, für die musst du nun büßen.« Jörn musste nichts büßen. Aber das verwunderte mich nicht, es ging ja, wie ich langsam begriff, nur um mich, Jörn hatte nur das Unglück gehabt, dass er in meiner Begleitung gewesen war.

Der »Schakal« erzählte nun von wirren Taten, die ich begangen hätte. Angeblich hätte ich mich irgendwo eingemischt, wo ich mich nicht hätte einmischen dürfen. Mir war nicht gleich klar, dass es ihm um Lösegeld ging. Erst nach und nach wurde mir Sinn und Zweck der Entführung bewusst: Mein Vater galt als sehr erfolgreicher, vermögender Geschäftsmann. Wollte man schnell an möglichst viel Geld kommen, musste man nur den Sohn entführen. Das war der Gedanke dahinter. Doch in diesem Moment war ich irritiert, noch dazu bedrohte Kresimir mich, hielt mir eine Pistole vor mein Gesicht und zielte auf meine Stirn.

Wie lange ich den Pistolenlauf förmlich auf meiner Stirn spürte, kann ich nicht sagen, gefühlt war es eine Ewigkeit. Nach einer gewissen Zeit senkte der Rädelsführer seine Waffe und verschwand aus der Wohnung. Ich hörte das Klicken des Türschlosses. Zurück blieben die beiden anderen Männer, ein Aufpasser und ein sogenannter Cleaner. Der Aufpasser war immer anwesend, der andere besorgte etwas zu essen oder erledigte andere Dinge wie eben das Versilbern der Uhr. Einer war, der Stimme nach zu urteilen, jünger, einer älter, Fadil C. und Milisav S. laut den Ermittlungen.

Was ich deutlich vernahm, das war mein Herzschlag, bis hoch in den Kopf hinein. Ich bemerkte noch, dass ich schneller und flacher atmete als sonst. Doch bei all dem empfand ich weiterhin eine große Ungläubigkeit, als ob das alles nur ein Scherz wäre. Gleich würde der Spuk sicher ein Ende haben. Meine Gefühle spielten verrückt. Zwischenzeitlich überlegte ich, ob ich nicht mal eine freche Antwort geben sollte, es war doch eh alles nur ein Scherz. Dass ich im Angesicht von maskierten und bewaffneten Menschen war, das war für mich noch gar nicht einzuordnen. Jörn schien mehr Angst zu haben. Anders gesagt: Er hat sie hervorragend gespielt.

5 | »Ist das der Tod?«

Acht Tage war ich in dem Apartment gefangen. Acht Tage, die davon geprägt waren, auf dem Bett zu liegen, zur Toilette zu gehen, Spiele der gerade laufenden Fußballweltmeisterschaft zu gucken (zeitweise wurde mir dafür die Augenbinde abgenommen), und, wenn es möglich war, zu schlafen. Zum Teil war es sehr extrem, denn inzwischen hatte ich den Ernst der Lage begriffen. Aus den Gesprächen hatte ich erfahren, dass es ganz klar um Lösegeld ging, und mir war vor Augen geführt worden, dass man mich beseitigen würde, sollte mein Vater nicht die geforderten zehn Millionen Mark zahlen. Zudem hatte man mir bis ins Detail erklärt, wie man mich entsorgen würde.

Manchmal hatte es den Anschein, dass es nun so weit war, mich zu töten. Die Kidnapper hielten mir dann wieder einmal die Pistole an den Hinterkopf. Ein anderes Mal sprachen sie davon, dass sie es mir nicht so schwer machen würden – »Wir meinen es nur gut mir dir«. Sie würden mir Tabletten geben, ich würde dann ruhig einschlafen und nicht mehr aufwachen, den Rest würden sie übernehmen, ich solle ja nicht so viel davon mitbekommen. Wie fürsorglich. Sie verabreichten mir eines Abends sogar irgendwelche Pillen, und ich schlief schließlich mit dem Gedanken ein, dass es jetzt endgültig vorbei sei. Aber ich wusste, dass nicht die Tabletten mich töten, sondern das, was sie mit mir im Tiefschlaf anstellen würden. Aber es war nicht derselbe Effekt wie die Pistole am Hinterkopf, das war weitaus brutaler, und ich erinnere mich noch sehr gut daran, wie ich mich im Halbschlaf selbst fragte, ob ich schon tot sei. »Ist das der Tod?«

Doch dann wachte ich wieder auf – und es war nicht vorbei. Was mich erleichterte. Oder doch nicht? Was wurde hier gespielt? Was hatte das zu bedeuten?

Danach gab es Ankündigungen über Verstümmelungen, sie würden mir die Augen ausstechen, auch von Selbstverstümmelungen war die Rede, ich sollte mir überlegen, welchen Finger ich mir abschneiden und meinen Eltern zuschicken wolle. Tatsächlich sah ich mir jeden Finger meiner Hände an, mit der Überlegung, von welchem ich mich trennen könnte. Es war Folter, Psychoterror. Ich hatte es mit einer organisierten Bande zu tun, die in solchen Methoden ausgebildet war oder sich zumindest damit beschäftigt hatte. Wie Anfänger kamen sie mir nicht vor.

Noch heute sehe ich mich auf dem Bett liegen, wie ich den Gedanken durchgehe, ob ich einfach lossprinten und aus dem Fenster springen sollte. Überlebe ich das? Unter dem Bett bunkerte ich eine Wasserflasche aus Glas. Voller Wut dachte ich: Wenn ich gehe, gehe ich nicht allein. Wenn ich draufgehe, geht einer von euch mit, und die Flasche wird mir dabei helfen.

Am schlimmsten war jedes Mal der Gang zur Toilette. Stets hielten mir die Entführer dabei eine Pistole an den Kopf, auch beim Pinkeln, nie war ich allein im Bad. Später führte das dazu, dass ich in öffentlichen Toiletten nicht urinieren konnte, wenn jemand neben mir stand. Das legte sich erst nach einiger Zeit. Und immer wieder musste ich mir Beschreibungen darüber anhören, wie sie mich kaltmachen wollten: ausbluten in der Badewanne, mich in einzelne Stücke zerlegen und in Mülltüten verstauen. Im Nachhinein betrachtet waren das wohl Versuche, um mich einzuschüchtern, mental zu verunsichern, damit ich ja nicht auf die Idee verfiel, etwas Unvorhergesehenes zu unternehmen.

Permanent war ich mit dem Tod beschäftigt, mal mehr, mal weniger akut. Folglich verbrachte ich in diesen acht Tagen der Gefangennahme sehr viel Zeit damit, Abschied zu nehmen, von allen und allem. Es waren immer tiefer gehende und nicht endende Gedankenspiralen, die sich in meinen Geist bohrten. Immer ging es um die Endlichkeit, besonders dann, wenn wieder eine Scheinhinrichtung am Laufen war und ich mich in den gefühlt letzten Sekunden meines Lebens befand.

Dann aber hörte ich, wie einer der Männer sagte: »Alles ist glattgelaufen. Das Geld ist gezahlt worden.« Große Erleichterung breitete sich bei den Männern im Raum aus. Auch bei mir. Sollte dieser Albtraum endlich ein Ende haben? Doch die Erleichterung währte nur kurz, denn auf einmal entwickelte sich alles sehr dramatisch. Die Entführer nahmen ihre Masken ab, als sie vernommen hatten, dass die Geldübergabe geklappt hatte. Das war kein gutes Zeichen. Überhaupt nicht. Erneut beschlich mich Angst. Wieso zeigten die Männer ihre Gesichter? Im Nachhinein erfuhr ich: Hätte die Polizei mich nicht rechtzeitig herausgeholt, ich hätte trotz Übergabe des Lösegelds entsorgt werden sollen. Doch kurze Zeit nachdem die Täter ihre Masken abgezogen hatten, knallte es fürchterlich an der Tür des Apartments. Es war das MEK, das Mobile Einsatzkommando. Innerhalb von Bruchteilen von Sekunden waren die roten Leuchtpunkte ihrer Waffen erkennbar, wurden die Täter dingfest gemacht. Alles lief so schnell ab, dass ich kaum erkennen konnte, wer wer war. Bei diesem Befreiungsschlag wurde ich jedoch schnell als die Person identifiziert, die die Polizisten heil herausbringen sollten. Alles erfolgte am 13. Juni 1998, einem Sonntag um 11:30 Uhr.

Ich war befreit. Doch Ruhe und Frieden stellten sich erst einmal nicht ein. Gleich den Entführern wurde ich auf das Polizeipräsidium am Strohhaus am Berliner Tor gebracht und verhört. Besser gesagt: vernommen. Ich war ja Opfer, Zeuge, keiner der Täter. Oder doch? Mit meiner Hilfe wollten die zuständigen Beamten die Motive abklären, wollten herausfinden, ob die ganze Sache vielleicht nicht inszeniert war. Schon so mancher Sohn hatte sich am eigenen Vater rächen wollen. Stundenlang wurde ich befragt. Jede Einzelheit musste ich berichten. Manches musste ich doppelt erzählen, so konnte festgestellt werden, ob ich mich in Widersprüche verwickeln würde. Das tat ich aber nicht, und nach und nach wurde auch den Beamten deutlich, was sich in den letzten acht Tagen abgespielt hatte. Ich selbst erfuhr, dass der Fall durch halb Europa gegangen war. Ich war ein wichtiger Teil der Entführung, aber in letzter Instanz ging es um die Summe, die man im Austausch erhalten würde. Und das alles hatte außerhalb der Einzimmerwohnung in den Grindelhochhäusern stattgefunden.

Kurz nach der Entführung hatte der »Schakal« ein Schreiben in den Briefkasten meiner Wohnung am Rothenbaum geworfen. In ihm stand einzig und allein, dass ich entführt worden sei. Julia, meine damalige Lebensgefährtin, fand dieses Schreiben.

Zugleich hatte der »Schakal« Kontakt zu meinen Eltern aufgenommen und ihnen mein Schicksal mitgeteilt. Meine Eltern fragten Freunde um Rat. Es wurde ihnen empfohlen, die Polizei zu informieren, was sie daraufhin auch taten. Das Hamburger Mobile Einsatzkommando wurde eingeschaltet. In meinem Elternhaus in Emden wurde eine Schaltzentrale eingerichtet, von der aus alles gesteuert wurde, durch die man die Täter zu lokalisieren versuchte. Die Sondertruppe bestand aus insgesamt zweihundert Leuten.

Am fünften Tag kamen die Forderungen. Eine lautete: zehn Millionen Mark. So viel Geld hatten meine Eltern nicht liquide, ihr Vermögen steckte in Immobilien, die sich, wenn überhaupt in dieser Größenordnung, nicht so schnell veräußern ließen, um an Bargeld zu gelangen. Sie wandten sich in ihrer Not an die damalige Schröder-Regierung in Niedersachsen, in der Hoffnung, von ihr Unterstützung zu erhalten. Doch eine solche Hilfe wurde mit der Begründung abgelehnt, dass der Staat sich dadurch erpressbar machen würde. Mein Vater musste dann die Aufgabe übernehmen, dem »Schakal« zu sagen, er könne nicht mehr als drei Millionen Mark zahlen, mehr könne er nicht zusammentragen. Für ihn muss das sehr hart gewesen sein, denn er konnte den Entführern nicht das geben, was sie forderten, um mich, seinen Sohn, am Leben zu erhalten. Doch sie erklärten sich mit der Summe einverstanden.

Angeordnet war eine Übergabe des Geldes in Kroatien: »Hier spricht der Schakal. Fliegen Sie nach Split.« Mein Vater, der einen Flugschein besaß und selbst flog, wollte diesen Auftrag persönlich übernehmen, wollte das Geld in zwei Koffern abgeben. Das MEK entschied jedoch, dass der Balkan keine gute Idee sei, die Unruhen in dieser Region wären wegen der Kosovokrise noch zu groß. Doch wie sollte man den Entführern plausibel machen, dass Split keine Möglichkeit darstellte? Dazu schaltete man die NATO ein. Mit ihr wurde eine temporäre Flugverbotszone eingerichtet, sodass die Aussage »Wir können dort nicht landen, es besteht eine Flugverbotszone« belastbar und plausibel war.

Es mussten nun andere Wege gefunden werden. Am Ende einigte man sich zur Geldübergabe auf das Restaurant Peter am Faaker See in Kärnten. Über einen Pass war man rasch in Ljubljana. An diversen Stellen waren V-Männer postiert worden, jeder Gast in dem Lokal war ein Statist der Polizei. Die zwei Koffer mit dem Geld wurden am Ende ohne weitere Probleme an zwei Verwandte des Drahtziehers überreicht. Kurze Zeit später verhafteten österreichische Fahnder die flüchtigen Geldboten in einem Zug nach Wien. Es waren eine Menge Leute bei meiner Entführung involviert gewesen.

Unterdessen kreisten die Hamburger Ermittler den Aufenthaltsort von mir enger ein, ohne dass ich davon eine Ahnung hatte. Der »Schakal« hatte in dem »Split«-Gespräch mit einem Handy aus Mostar telefoniert, das hatte die technische Abteilung der Polizei entschlüsselt. Ebenso wurde ein Mobiltelefon der Kidnapper mehrmals im Hamburger Stadtteil Eimsbüttel geortet. Zum Schluss wurden die Entführer regelrecht unachtsam. Das MEK hatte schließlich zwei Wohnungen im Visier, jene, in der ich war, die andere befand sich unter dem Apartment, in dem ich festgehalten wurde. Das Mobile Einsatzkommando wusste nicht genau, in welcher ich mich befand, sie mussten für den ersten Angriff eine Entscheidung treffen. Zum Glück wählten sie die Wohnung im vierten Stock. Ich wüsste sonst nicht, was geschehen wäre, wenn plötzlich in der unteren Wohnung Rambazamba losgebrochen wäre.

Eine der Fragen auf dem Polizeipräsidium lautete zum Beispiel: »Herr Janssen, wie geht das eigentlich zusammen, Todesangst zu haben und schlafen zu können?«

Meine Antwort: »Irgendwann kommt die Erschöpfung. Sogar in einer extremen Situation entsteht so etwas wie Alltag. Mit Gewohnheiten, Rhythmen, Strukturen. Das war so.«

Später las ich bei dem Österreicher Viktor Frankl, dem Begründer der Logotherapie und der Existenzanalyse – er war in der Nazizeit nach Theresienstadt deportiert worden und im Konzentrationslager Auschwitz gewesen –, dass es selbst in extremen Situationen ein Sich-damit-Abfinden gibt.

Im Verlauf meiner Befragung trat auch ein Mann ins Zimmer, und die Beamten wollten von mir wissen: »Was macht dieser Mann beruflich?«

Ich sah mir mein Gegenüber genau an, dann sagte ich: »Er ist ein Teppichhändler.« Natürlich war der Eingetretene kein

Teppichverkäufer, sondern ein Inspektor. Warum hatten die beiden Beamten mir diese Frage gestellt? Wollten sie meine Realitätswahrnehmung prüfen?

Nach einer gefühlten Ewigkeit sagte man mir, ich dürfe zurück nach Emden. Stunden waren inzwischen vergangen, es musste schon auf den Abend zugehen. Ich wusste, dass meine Eltern in einem Nebenzimmer des Gebäudes auf mich warteten. Sie waren im eigenen Flieger nach Hamburg gekommen, um mich abzuholen. Ich atmete auf, war erleichtert. Endlich konnte ich meine Eltern umarmen. Und es war ein wunderbares Gefühl, wieder in ihre Gesichter zu blicken, die glücklich und erschöpft zugleich waren. Zu dritt traten wir noch vor das Polizeihochhaus, dort erwarteten uns eine Menge Journalisten. Ich blieb wortkarg, aber mein Vater sagte: »… nach einer Woche der Ungewissheit sind wir froh, unseren Sohn gesund und unversehrt in die Arme schließen zu können.« Die *Tagesschau* berichtete am Abend von dieser Pressekonferenz.

Danach fragte mein Vater einen der Polizeibeamten: »Wie kommen wir zurück zum Flughafen? Wir müssen zu einer bestimmten Zeit abheben, sonst erhalten wir keine Starterlaubnis mehr. Es ist dann zu dunkel.«

Eine Weile ging es darum, wie wir so schnell wie möglich nach Fuhlsbüttel gelangten. Schließlich stand fest, dass es nur noch mit Sonderrechten zu schaffen war, und das hieß konkret: Blaulicht. Und so organisierte man für uns, dass wir vom Präsidium aus in einem Polizeiwagen mit Blaulicht zum Flughafen gebracht wurden.

Es war unsere zweimotorige Maschine, in die wir stiegen. Vorne saß mein Vater, zusammen mit einem weiteren Piloten. Zum ersten Mal dachte ich: Und jetzt bringt Papa mich nach Hause. Ein großes Gefühl von Geborgenheit umhüllte mich, und endlich konnte ich loslassen.

Und dann landeten wir in Emden, kurz darauf betraten wir das Haus meiner Eltern. Ich umarmte meine Schwester Insa, meine Freundin Julia, auch ihnen war anzusehen, dass sie eine Menge durchgemacht hatten. Sogar Jaan-Erik, unseren Mitbewohner aus der Rothenbaumchaussee, entdeckte ich. Julia und Jaan-Erik hatte man aus Hamburg hierhergebracht, sozusagen unter »Aufsicht« gestellt, nachdem das Schreiben in meinem Briefkasten gelandet war. Nichts hatte an die Öffentlichkeit dringen dürfen. Keiner aus dem Umfeld der Entführer hatte Wind davon bekommen dürfen, dass die Polizei eingeschaltet war. Entsprechend hatte man sie von eventuellen Kontaktaufnahmen seitens der Täter isoliert.

Ich war wieder zu Hause. Obwohl noch viele Beamte im Haus umherschwirrten und ihre Technik abbauten, war die Atmosphäre ruhig. Es war ein schöner, lauer Sommerabend. Um den Terrassentisch hatten sich Freunde und Vertraute meiner Eltern versammelt, die ihnen in ihrer Not beigestanden hatten. Getränke standen reichlich auf dem Tisch, alle waren erleichtert und guter Laune. Wir stießen darauf an, dass die Entführung gut ausgegangen war. Wieder spürte ich mich in einer Wolke von großer Wärme. Ich dachte an die Befreiung in letzter Minute, die sterile Situation auf dem Präsidium, die Erschöpfung, die ich erstmalig empfunden hatte, als ich im geschlossenen Raum des Flugzeugs saß.

Von der Terrasse aus ging ich in den Garten, zu dem Teich, den meine Eltern angelegt hatten und über den eine Brücke führt. Auf dieser Brücke stand ich, blickte auf die dunkle Wasseroberfläche. Ich war froh, dass ich hier sein durfte, dass ich meine Familie wiedersehen durfte. Ich war frei … Mehrmals musste ich mir das sagen, ich konnte es noch nicht wirklich fassen. An diesem ersten Abend in Freiheit trank ich auch noch einen Whiskey, und das, obwohl Whiskey normalerweise nicht von mir bevorzugt wurde. Diesen Whiskey trank ich ganz allein, dazu suchte ich nicht die Gemeinschaft. Wenig später wollte ich nur noch ins Bett. Ich konnte mich nicht mehr aufrecht halten, so erschöpft war ich.

Ruhe, Ruhe, Ruhe – das war anfangs das Wichtigste, als es darum ging, wieder ins Leben zu finden. Nachdem ich mich dann aber einigermaßen gefasst hatte, machte ich die ersten Schritte in die Öffentlichkeit, verabredete mich mit meinem Freund Robert aus Emden in einem Café. Ich ließ zu, dass Kameramänner und Fotografen mich begleiteten, von der *Bild*-Zeitung bis zu den Privatfernsehsendern. Es ging mir nicht um Aufmerksamkeit, entscheidend war für mich, wieder in der Normalität anzukommen. Und dennoch: Im Nachhinein wäre es gelogen, wenn ich behaupten würde, dass es nicht irgendwie doch oder zumindest auch um Anerkennung ging. Es war keine, wie ich sie als Barkeeper oder Model erhalten hatte, aber immerhin wurde mir meine Odyssee durch das Interesse der Presse noch einmal bewusst – und ich begriff, dass ich sie überlebt hatte. Damit war ich so etwas wie eine Ausnahmeerscheinung geworden. Letztlich blieb aber auch das diffus, denn die Wochen direkt nach der Entführung habe ich nur bedingt in Erinnerung. Vieles lief in einer von emotionalen Schleiern gedämpften Realität ab.

Zur Normalität gehörte weiterhin die Rückkehr nach Hamburg, die Wiederaufnahme meines alten Lebens, die Arbeit im Hadley's, in dem mich mein Team sehr emotional, zum Teil unter Tränen begrüßte. Doch der Ort erinnerte mich an Jörn, der inzwischen in Untersuchungshaft saß. Einzig der Kopf der Entführergruppe, der Kroate Kresimir Glamuzina, war nicht gefasst worden, das geschah erst zwei Jahre später bei einer Führerscheinkontrolle. Ich konzentrierte mich deshalb mehr aufs Modelbusiness und meine sonstigen Jobs als auf mein Studium der Betriebswirtschaft und Sinologie. Nie hatte ich es intensiv betrieben, doch jetzt ließ ich es noch mehr schleifen, als ich es zuvor schon getan hatte. Dass man mich in den Medien immer als »Student« bezeichnete, erschien mir seltsam und fremd.

Es war aber gar nicht so einfach, zurück ins Leben zu finden. Die Zeit der Entführung hatte mich so geprägt, dass ich nicht allein sein konnte und wollte. Nicht nur Monate danach, sondern viele Jahre. Immer brauchte ich Unterhaltung, brauchte jemanden, der um mich herum war. Ich brauchte die Betäubung, die Ablenkung, den Spaß, den Alkohol, die Menschen, um keine Zeit mit mir selbst verbringen zu müssen. Musste ich doch einmal einen Abend allein zu Hause sein, betäubte ich mich mit Fernsehen bis in die tiefe Nacht hinein. Diese Stille, die war mir zu laut. Sie konnte ich nicht ertragen. Stille war ein Horror für mich. Das war etwas, im Nachhinein betrachtet, das mir völlig fremd war, denn als Kind war es für mich ungemein wichtig gewesen, ganz viel Zeit für mich zu haben, Zeit, in der ich mich im Spiel versenken konnte. Eigentlich verließ mich die innere Unruhe erst, als ich meine Frau Claudia 2004 kennenlernte, meine Lebensretterin. Ohne sie hätte ich mich, wäre alles so weitergegangen, wohl selbst zerstört.

Man riet mir, einen Traumatologen aufzusuchen, um die Entführung zu »verarbeiten«, was ich auch tat. Lutz-Ulrich Besser war ein Mann mit wachen, klugen Augen in den Dreißigern, er sagte mir, in mir würden sich *frozen pictures* befinden, »eingefrorene Bilder«, die sich unweigerlich bei einer Traumatisierung einstellen. Man könne sie aber wieder auflösen, »auftauen«, und damit Erinnerungen zulassen. Ein Trauma, so erklärte er weiter, sei ein Zustand, in dem das, was ich sehe, vom Gehirn nicht verarbeitet wird. Ein Schlüsselreiz kann dann aber ausreichen, um die erstarrten Bilder wieder ins Bewusstsein zu holen. Ein solches Erlebnis kann Grund dafür sein, dass der Betroffene plötzlich (von außen betrachtet) Amok läuft. Damit das verhindert wird, sei es notwendig, die Entführung nochmals durchzugehen.

Die Behandlungsmethode, die der Traumatologe wählte, nannte sich *EMDR, Eye Movement Desensitization and Reprocessing,* auf Deutsch: Augenbewegungs-Desensibilisierung und Wiederaufarbeitung. Durch das gezielte Bewegen der Augen geriet ich in eine Schwingung, und in Ergänzung mit gezielten Fragen zu der Zeit während meiner Entführung durchlebte ich tatsächlich noch einmal die ganze Situation, einschließlich der damit verbundenen Emotionen. Dabei kam es zu Gefühlsausbrüchen. Was wir bei dieser Therapie nicht berücksichtigt haben, war die Zeit nach der Befreiung – das ist sicher auch die Ursache dafür, dass sich der Moment des Nach-Hause-Kommens in meiner Erinnerung bislang noch nicht so klar darstellt.

Durch diese Behandlung habe ich heute jedoch das Gefühl, die Entführung wirklich aufgearbeitet zu haben. Auch meine Eltern und Julia nahmen an den Sessions mit dem Traumatologen teil. So bekam jeder geradezu körperlich mit, was der jeweils andere in den acht Tagen durchlitten hatte. Das war sehr wertvoll für die Beteiligten, denn ein Stück weit waren die Tage der Gefangennahme für sie mindestens genauso schwer wie für mich. Wenn nicht sogar schwerer. Ich wusste, woran ich war, ich wusste, wie es mir geht. Ich konnte irgendwo noch »selbst« bestimmen, was ich denken wollte. Meine Eltern und meine Lebensgefährtin hatten dagegen in völliger Ungewissheit ausharren müssen. Lebt unser Sohn/ mein Freund überhaupt noch? Das hat eine andere Qualität.

6 | Die laute Stille

Wolfgang Joop veranstaltete im Januar eine Jubiläumsfeier, seit der Entführung waren gerade mal sieben Monate vergangen.

»Willst du nicht mit zu seiner Party im Kunstverein nahe den Deichtorhallen kommen, Wolfgang hat mich eingeladen?«

Gabo fragte mich das, damals wohl die Freundin von Campino, Frontmann bei den Toten Hosen, und Fotografin von Prominenten wie Helmut Schmidt, Boris Becker oder Herbert Grönemeyer.

»Warum nicht?«, erwiderte ich. Da ich nach wie vor keine Party ausließ, nur auf Action aus war, war jede Ablenkung willkommen. Nur dass ich diesmal nicht mit meinem Partygenossen und Kommilitonen Gunther unterwegs sein würde, sondern mit meiner Nachbarin. Gunther war der beste Kumpel, den ich mir damals vorstellen konnte, er war laut, sogar extrem laut, was mir sehr gefiel, sehr sympathisch war. Nur zu gern spielten wir im Geiste Szenen aus dem amerikanischen Actionfilm *Highlander* nach. Szenen mit Connor MacLeod, dem unsterblichen schottischen Meister im Schwertkampf. Auch wir waren unsterblich, das war ganz klar. Wir beide waren Connor MacLeod. Gunther war stets abgebrannt, während es mir nicht so häufig an Geld mangelte. Das war der einzige Unterschied zwischen uns. Dennoch stand ich in dieser Zeit oftmals vor einem Bankautomaten ohne Aussicht auf Erfolg, da das nächste Geld meiner Meinung nach nicht rechtzeitig auf dem Konto gelandet war. Er sagte dann: »Geh zu keiner Bank, gründe eine.« Ich fand diese Aussage sympathisch, hatte sie doch irgendetwas mit Unabhängigkeit zu tun.

Doch nun zog ich einmal ohne Gunther los, stattdessen mit Gabo.

Selbstverständlich gab es bei dem erfolgreichen Modemacher keine Feier, zu der nicht auch die Presse geladen war. Reichlich Fotos wurden von Gabo und mir geschossen, die am übernächsten Tag in vielen Hamburger Zeitungen abgedruckt waren. Gabo mit ihren langen dunklen Haaren und den ebenso dunklen großen Augen – viele Jahre hatte sie selbst als Model gearbeitet, bevor sie nicht mehr vor, sondern nur noch hinter der Kamera stehen wollte – und ich gaben ein Paar ab, das den Fotografen offensichtlich gut gefiel. Das konnte Eifersucht auf den Plan rufen, und das tat es auch. Wenige Tage nach der Veröffentlichung der Fotos kam Campino abends ins Hadley's, wo ich mal wieder hinter dem Tresen stand. Es war ziemlich offensichtlich, was er wollte: Mal schauen, wer der Typ war, der mit seiner Freundin – vielleicht auch Exfreundin – Arm in Arm in die Kamera gestrahlt hatte.

»Woher kennst du Gabo?«, fragte Campino in seiner typisch unkonventionellen Aufmachung, nachdem er sich ein Bier bestellt und mich von oben bis unten inspiziert hatte.

»Ich wohne auch im Rothenbaum«, sagte ich. »Gabo ist meine Nachbarin.«

»Versteht ihr euch gut?«

»Wir kennen uns …«

»Okay.« Campino trank einen großen Schluck Bier aus der Flasche. »Hast du eine Freundin?«

»Du stellst Fragen.«

»Haste nun eine oder haste keine? Ist es so schwer, die Frage zu beantworten?«

»Ja, ich hab eine, und mit der bin ich auch schon ziemlich lange zusammen.«

»Klingt ja hervorragend, und mit der willst du sicher noch länger eine Beziehung haben?«

»Ich denke schon.« Ein wenig hatte ich bei meiner Antwort gezögert, denn die Entführung hatte auch in meiner Beziehung Spuren hinterlassen, aber das hatte Campino nicht bemerkt. Es reichte ihm, was er gehört hatte.

Im Laufe des Abends verstanden wir uns noch richtig gut, die Fotos waren vergessen. Sie hatten aber letztlich dazu beigetragen, dass ich wieder an den Jetset anknüpfte, in höherer Intensität als zuvor, weil diese unglaubliche Geschichte der Geiselhaft hinzukam und die Aufmerksamkeit noch stärker auf mich gerichtet war als vor ihr.

Geschürt wurde diese auch noch durch den Prozess um die »Janssen-Entführer«, der in den Medien ausgebreitet wurde. Im Januar 1999, ein gutes halbes Jahr nach der Entführung, wurde das Urteil gefällt. Jörn, der mich in den Hinterhalt gelockt hatte, und der Jüngere der beiden Bewacher, Milisav S., erhielten jeweils eine Freiheitsstrafe von acht Jahren wegen erpresserischen Menschenraubs. Der dritte Angeklagte, der ältere Bewacher, war, wie ich inzwischen erfahren hatte, der siebenundvierzigjährige Fadil C. aus dem ehemaligen Jugoslawien. Er kam für fünf Jahre und neun Monate hinter Gitter. Die drei Männer hatten gestanden, an meiner Entführung beteiligt gewesen zu sein.

»Die Tat war ein Albtraum für das Opfer und dessen Angehörige mit gravierenden Auswirkungen, die noch heute deren Leben überschatten und fortdauern werden«, sagte der Vorsitzende Richter Peter Wölber in der Urteilsbegründung. Für meine psychischen Qualen sei in besonderem Maße der aus Montenegro stammende Bewacher verantwortlich gewesen, sagte Wölber weiter. Er habe mich »völlig unnötig psychisch gefoltert, erniedrigt und in Todesangst versetzt«. Das stimmte. Der Bosnier Kresimir Glamuzina, der mutmaßliche

Kopf der Entführer, war anscheinend untergetaucht, und das mit jener noch fehlenden halben Million Mark des Lösegelds. Zweieinhalb Millionen Mark hatte man sicherstellen können.

Meine Eltern, die auch als Nebenkläger in Erscheinung traten, und ich standen gemeinsam die Prozesstage durch. Die meiste Zeit hatte ich regungslos zugehört, innerlich aber vollkommen angespannt, hatte auch abgelehnt, Interviews zu geben. Nur einmal konnte ich nicht anders, da musste ich entgeistert den Kopf schütteln, denn der Angeklagte Milisav S. verteidigte sich, indem er behauptete, alles sei nur ein Spiel gewesen, er sei zum Kameraden und Beschützer des Opfers, also mir, geworden. Da war es mit meiner Fassung vorbei gewesen.

Mehr als zwei Jahre später wurde dann Kresimir Glamuzina, der »Schakal«, gefasst, in Zagreb, bei einer Routinekontrolle, man hatte ihn per internationalen Haftbefehl gesucht. Den Beamten kam ein ungarischer Führerschein verdächtig vor, den der Mann bei sich gehabt hatte (er war auch tatsächlich gefälscht). Bei einer Hausdurchsuchung fanden sie dann einen Pass mit seinem richtigen Namen. Der »Schakal« wurde zu zwölf Jahren Haft verurteilt.

Trotz aller Erleichterung durch die Therapie und meiner Erfolge in der Welt der Schickeria lief immer noch nicht alles rund. Julia trennte sich von mir, sie fühlte wohl, dass ich noch längst nicht bei mir war. Zwar war die Geiselhaft vorbei, auch die psychische Folter, aber Normalität ließ sich nicht herbeizwingen, was ich aber dennoch versuchte. Letztlich befand ich mich in einer Phase, in der ich nicht gerade in Form war, *not in shape,* wie es im Modelgeschäft heißt. Ich ließ den Tag auf mich zukommen, ließ mich treiben, ohne zu wissen, was ich wirklich wollte. Das hatte schon früher funktioniert, das musste doch auch jetzt möglich sein.

»Kannst du nach deiner Erfahrung noch Menschen vertrauen?«, fragte mich eines Tages ein Freund. »Siehst du die anderen an und überlegst, ob sie zu den Guten oder den Bösen zählen?«

Erstaunt blickte ich Lars an, dann schüttelte ich den Kopf. »Nein. Im Gegenteil. Ich empfinde eine große Gelassenheit im Umgang mit Menschen. Vielleicht ist es auch Gleichgültigkeit. So ganz vermag ich das nicht zu unterscheiden.«

»Weil dir nichts mehr passieren kann, weil du das Schlimmste schon erlebt hast?«

Eine Weile brauchte ich, bis ich eine Antwort parat hatte, dann sagte ich: »Bewusst sehe ich das nicht so, aber vom Gefühl her würde ich dir recht geben wollen.«

Aber solche Gespräche waren selten, und ehrlich gesagt hatte ich auch nicht das Bedürfnis, derartige Unterhaltungen zu suchen oder selbst zu forcieren. Im Studium, das ich dann doch wieder halbherzig aufgenommen hatte, ging es um ganz andere Fragestellungen, und im Modelbusiness sowieso. Enge Beziehungen, ernsthafte Diskussionen, die konnte man in der Modebranche vergessen. Ausgelassen feiern, das Leben als eine ewige Party, darauf kam es an. Und genau das hatte ich gesucht. Ich machte weiter, als wäre mir nie etwas geschehen, ja ich lebte mein Dasein als Yuppie sogar noch intensiver als je zuvor. Warum sollte ich daran etwas ändern? Nichts konnte mehr schiefgehen, das lag hinter mir. Das Leben im schönen Schein, unbedingt wollte ich es fortsetzen. Ein Zitat aus dem Lied *Light From A Dead Star* der englischen Musikband Lush passte dazu perfekt: »*He lives his life in a world full of women / And he takes what he wants / From their love / And he throws the rest away.*«

Paris, Madrid, Mailand – wieder flog ich von Stadt zu Stadt, in jeder erlebte ich neue rauschhafte Exzesse. Wieder dachte ich, hier geht es allein um mich, um niemanden sonst. Andere hatten keinen Platz in meinem Leben, sie waren nur Mittel zum Zweck, da man Partys schlecht allein feiern konnte. Tödlich langweilig wäre das. Nach meiner Befreiung, die unblutig verlaufen war, fühlte ich mich auf einmal auf der Siegerseite. Warum auch nicht? In der Gefangenschaft war etwas mit meinem Ich geschehen, diese acht Tage der Entblößung und Erniedrigung hatte es nicht problemlos überstanden. Diese Erkenntnis traf mich mit voller Wucht, mitten in meinem Leben, in dem das rechte Maß keine Rolle spielte, in dem ich dazu neigte, selbstgefällig zu sein, und mich notorisch selbst überschätzte. Im »Kerker« in den Hamburger Grindelhochhäusern war mein vorheriges Ich, mein übersteigertes Ego, das von sich selbst eingenommen war, zertrümmert worden – allerdings ohne dass ich mir dessen bewusst war. Und das blieb auch eine Zeit lang so.

Wenn ich nicht als Model umherjettete, studierte ich in Lüneburg. Lüneburg lag näher an Emden, sodass ich öfter zu Besuch bei meinen Eltern war.

Ende 2000 sagte mein Vater: »Du kennst doch unsere Sport- und Freizeitanlage, das TCE? Bevor du nach Hamburg gingst, hast du dort fleißig trainiert.« Na klar kannte ich die. »Und du erinnerst dich vielleicht daran, dass wir sie verpachtet haben?«

»Klar, auch an die Besichtigung mit dem potenziellen Pächter vor einigen Jahren.«

Ja, die Situation mit dem Pächter. Er hatte meinem Vater erklärt – wir standen gemeinsam im Fitnessbereich der Anlage –, wie er dieses und jenes umzusetzen gedenke. Ich hatte gespannt zugehört und ihm sogar für den sportlichen Bereich meine Unterstützung angeboten. Der Mann hatte mich aber offensichtlich nicht registriert, keines Blickes gewürdigt. Ich hatte ihm aus freien Stücken meine Mitarbeit angeboten, wollte noch nicht einmal Geld dafür haben, doch er ließ mich einfach links liegen. Das konnte ich auf den Tod nicht leiden. Den Typen hatte ich damals gefressen. Arroganter Sack, hatte ich damals gedacht – und seitdem hatte ich Hellmut Wurst nicht vergessen.

»Und was ist mit der Anlage?«, fragte ich, hellhörig geworden, denn alles, was mit Sport zu tun hatte, interessierte mich.

»Na ja, sie funktioniert nicht mehr. Man kann sagen, dass der Pächter seinen Mund ein bisschen zu voll genommen hat, und überdies ist die Anlage sanierungsbedürftig. Der Pächter, also der Wurst, hat es nicht geschafft, sie für Besucher interessant zu machen. Kaum jemand geht dort mehr hin, sie hat höchstens noch eine Handvoll Besucher pro Jahr. Und das ist zu wenig. Man müsste alles ganz neu aufziehen.«

»Und was heißt das konkret?«

»Da Wurst nicht mehr seinen Verpflichtungen nachgekommen ist, werden wir die Anlage jetzt wieder übernehmen müssen, ohne sie jetzt aber betreiben zu können.«

Wenn vielleicht unbewusst, war der Köder doch gut ausgelegt, denn ich biss an. Erstaunlich schnell sogar, als hätte ich auf ein solches Angebot nur gewartet.

»Gut«, erklärte ich, »das ist ja eine super Möglichkeit für mich, um Job und Passion miteinander zu verbinden. Auch ist das dann ein Grund, zurück nach Emden zu kommen. Mein Studium kann ich parallel auch hier beenden.«

Mein Vater blickte mich an. »Das ist aber eine Aufgabe, die einiges von dir abverlangt, mein Jung.«

Ich winkte ab. »Wozu Wurst nicht in der Lage war, das kann ich allemal. Überdies ist Sport mein Leben, und bei den anderen Dingen könnt ihr mich unterstützen. Auch kann ich Robert ansprechen, meinen besten Freund. Der kennt das TCE wie ich aus dem Effeff.«

Meinen Glauben, alles zu können, hatte ich noch längst nicht abgelegt. Ich war felsenfest davon überzeugt, dass es mir gelingen würde, aus dem maroden Projekt eine Vorzeigeanlage zu machen. Und dann hatte ich ja noch die Vorgeschichte mit dem Pächter Wurst und damit ein starkes Motiv, sodass für mich alles dafür sprach, mich dieser Herausforderung anzunehmen. Vor meinem inneren Auge wollte ich ihn vorführen, ihm nachträglich zeigen, wer es nicht wert ist, beachtet zu werden. Das ist meine Chance, dachte ich. Mein Vorgänger wird sich umschauen!

Ich fand es genial, die Anlage zu übernehmen. Etwas Besseres hätte mir in diesem Moment nicht passieren können. Da war etwas, was ich praktisch angehen konnte, was mir Spaß machte, auch hatte ich mit der Anlage genügend Gründe, mich nicht allzu oft in der Hochschule blicken zu lassen. Sport war und ist mein Faible. In der Schule war Sport mein Leben gewesen, selten hatte ich hier Grenzen aufgezeigt bekommen. Eigentlich nur beim Fußball, als Feldspieler. Doch dann wurde ich Torwart – und schon bald holte man mich in die Weser-Ems-Auswahl. Konkurrenzlos fühlte ich mich jedoch beim Sprint, beim Weitsprung, beim Werfen und auch beim Kickboxen, bei Wing Tsun und Basketball ging mir vieles leicht von der Hand. Manchmal konnte ich nicht verstehen, wieso andere nicht so viel Fun beim Sport hatten und abstritten, entsprechende körperliche Veranlagungen zu haben. Ein Freund sagte einmal: »Du brauchst dir nur Gewichte anzugucken, und schon bist du in Form.« Ich musste mich tatsächlich nie richtig anstrengen, mich mühen, um mich im Sport nach vorne zu kämpfen. Mein Einsatz war erstaunlich gering, um auf diesem Gebiet die Leichtigkeit des Seins zu erfahren. Und so stand dem Abenteuer der Wiederbelebung und Modernisierung einer Sport- und Freizeitanlage, dem TCE, nichts mehr im Weg.

Schon seit einiger Zeit hatte ich angefangen, darüber nachzudenken, was meine Eltern so taten. In Emden und weit darüber hinaus kannten viele meinen Vater, Werner Hermann
Janssen, Bauträger, Initiator vieler Bauprojekte und gemeinsam mit meiner Mutter Gretchen Janssen Gründer unserer
Hotelmanagementgesellschaft Upstalsboom. Für mich selbst
war er damit nicht nur derjenige, der mit den Entführern ver-
handelt und die Geldübergabe vereinbart hatte, dem mit Folter und Tod seines Sohnes gedroht worden war, falls er nicht
zahlen würde. Er bedeutete mir sehr viel, da er, ähnlich wie
auch meine Mutter, mir nie Vorhaltungen über mein Leben
gemacht hatte. Wenn mich einer zum schwarzen Schaf der
Familie erklärte, dann war ich es selbst gewesen, wobei mir
diese Rolle bislang ausnehmend gut gefallen hatte.

Bis auf den Gang zur Kirche und Sätze wie »Solange du
deine Füße unter unseren Tisch stellst …« hatten meine Eltern nie etwas gesagt, wenn ich bislang nur das getan hatte,
wozu ich Lust verspürte. Deswegen hatte ich in der Schule
auch eine Extrarunde drehen müssen. Mit achtzehn fuhr ich
lieber musikhörenderweise im Auto umher, statt im Unterricht zu sitzen, legte mich mit den Lehrern an, weil ich nicht
mit dem einverstanden war, was sie mir als Meinung über-
stülpen wollten. Stets war es mir einzig und allein darum gegangen, Dinge selbst zu erfahren, selbst zu erleben, selbst zu
entdecken. Keinesfalls wollte ich die Kopie eines anderen
Menschen sein, auch nicht die meines Vaters. Obwohl er vielleicht die Hoffnung hegte, ich würde eines Tages ins Unternehmen einsteigen, sprach er nie darüber.

Hoteliers waren meine Eltern übrigens beide nicht. Ihr
Metier war hauptsächlich das Bauträgergeschäft. Die Hotellerie war nur Mittel zum Zweck. Mein Vater entwickelte
und plante Projekte, eben Hotels oder Ferienwohnungsanlagen, erst regional, dann überregional. Als Bauunternehmer

verkaufte er die Häuser an Investoren, bevor sie errichtet wurden. Und damit es für die Investoren neben einer versprochenen Rendite noch attraktiver wurde und sie sich mit einem Rundum-sorglos-Paket zurücklehnen konnten, übernahmen er und meine Mutter mit einer weiteren Gesellschaft unserer Unternehmensgruppe das Management der von ihm veräußerten Gebäude und Anlagen. Upstalsboom war somit als klassische Hotelmanagementgesellschaft wichtiger Teil einer langen Wertschöpfungskette im Immobilien- und Finanzgeschäft. Mein Vater war ein Visionär. Als er 1976 mit einem Hotel auf Langeoog anfing, wurde er belächelt, denn er ließ das Haus ganzjährig geöffnet, ein Novum, denn die meisten Hotels auf dieser ostfriesischen Insel wurden Ende Oktober geschlossen.

Mit Feuereifer widmete ich mich nun der Sport- und Freizeitanlage. Ich zog nach Emden, nahm immer weniger Aufträge als Model an, zu guter Letzt verlor ich ganz den Kontakt zu meiner Agentur. Bei dem, was ich jetzt zu stemmen hatte, ging es nicht allein um körperliche Ertüchtigung. Pläne mussten her, auch architektonische, ein umfassender Neuanfang war allein kaum zu wuppen. Drei Freunde aus meiner Schulzeit wurden zu Partnern, und so machten wir uns als Quartett selbstständig. Unsere Konstellation: Julia, mit der ich wieder zusammen war, wollte das Marketing übernehmen, Klaus sah seine Stärke im Sportbereich, Robert konzipierte als Architekt den Umbau, und ich wollte mich als Geschäftsführer und Fitnesstrainer verdingen. Wir gründeten eine Gesellschaft, ich plünderte mein Sparbuch aus Kinderzeiten, dazu nahmen wir einen Kredit auf. Im Hintergrund hatte ich die Gewissheit einer finanziellen Sicherheit durch meine Eltern, sollte es Engpässe geben, ansonsten sollten sie nicht in Aktion treten.

Dann ging es los mit dem Umbau der Anlage, der insgesamt sechs Monate dauerte und wesentlich teurer wurde als geplant. Bei der Eröffnung des TCE am 1. September 2001 hatten wir doppelt so viel Kapital investiert als ursprünglich angenommen. Aber wie sollte es bei kleineren Projekten anders sein als bei Großbaustellen wie dem Stuttgarter Bahnhof, dem neuen Flughafen in Berlin, der Elbphilharmonie in Hamburg oder auch kleineren Baustellen, darunter eine meines Vaters in Berlin?

Und dann geschah etwas mit diesem Berliner Projekt, von dem ich nicht einmal eine Vorahnung gehabt hatte: Aufgrund auch dort aus dem Ruder gelaufener Kosten musste das Bauträgergeschäft meiner Eltern Insolvenz anmelden. Bis heute habe ich dieses Thema nicht komplett durchdrungen, was auch daran liegt, dass ich mich nicht dezidiert damit beschäftigt habe. Aber fest steht, dass das Berliner Projekt viel teurer als geplant wurde, die Mehrkosten lagen im Millionenbereich. Das hatte zur Folge, dass zumindest der Bauträgerbereich, das ursprüngliche Kerngeschäft meiner Eltern, insolvent ging. Von unserer Unternehmensgruppe blieb also nur noch die Hotelmanagementgesellschaft, die vorher nur eine unterstützende Gesellschaft war – um die Hotels zu bewirtschaften, die mein Vater gebaut hatte. Somit wurde nach der Insolvenz das Nebenprodukt plötzlich zum Kerngeschäft und musste komplett neu aufgebaut werden. Um das überhaupt zu ermöglichen, um Upstalsboom für uns für die Zukunft zu bewahren, musste die Managementgesellschaft damals vom Insolvenzverwalter zurückerworben werden. Die Insolvenz geschah 2001. Die beiden darauffolgenden Jahre, also 2002 und 2003, bedeuteten für die gesamte Unternehmensgruppe einen Neustart, da das ursprüngliche Kerngeschäft, von dem alle anderen Unternehmen partizipiert hatten, nicht mehr existent war.

So saßen wir nun im TCE mit all unseren Schulden und aufgenommenen Krediten, völlig auf uns selbst gestellt, was dazu führte, dass ich als Geschäftsführer der Anlage zwei Jahre lang viele Nächte kaum schlief. Auch wenn mir meine Eltern signalisiert hatten, dass wir das schon irgendwie hinbekommen würden, falls es Probleme gäbe, wusste ich nun nicht, womit ich die nächste Rechnung begleichen sollte. Viele sagten uns später nach, wir hätten das TCE nur deshalb so gut entwickeln können, weil meine Eltern aus dem Hintergrund agierten. So war es aber nicht gewesen. Mit der Insolvenz war ein großes Stück Sicherheit weggebrochen, auch wenn ich sie nie bewusst wahrgenommen hatte, weil sie schlicht immer da gewesen war. Entsprechend allergisch hatte ich auch reagiert, wenn einige mir gegenüber äußerten: »Du musst dir ja keine Gedanken machen, du hast ja deine Eltern.«

Auf die finanziellen Polster des elterlichen Unternehmens wollte ich mich jetzt also nicht mehr verlassen, Stabilität war nicht gegeben. Und auch als ich fast vier Jahre nach der Entscheidung für das TCE ins elterliche Unternehmen einstieg, war es nicht mehr das, was es früher einmal gewesen war, schon allein im Hinblick auf Größe und Komplexität. Operativ hatte sich einiges geändert, sodass ich in einigen Bereichen letztlich beim Bodensatz anfangen musste, auch ergebnismäßig. Letztlich waren es die Verträge zwischen unserer Hotelmanagementgesellschaft und den Besitzgesellschaften, die als Grundlage für die Zukunft von Upstalsboom ausreichen mussten. Wahrscheinlich – nein, eigentlich bin ich mir da sicher – trug diese Tatsache dazu bei, dass ich mit dem sich später einstellenden Erfolg immer selbstgefälliger wurde und weiter meiner Überheblichkeit frönen konnte.

Doch erst einmal musste das TCE auf die Beine kommen. Bei allem, was geschehen war, glaubte ich daran, dass es gut ausgehen würde. Das, was ich hier vorhatte, war nicht zu vergleichen mit dem, was ich an der Fachhochschule lernte. Lernen für die Fachhochschule, das war für mich Bulimie-Lernen. Da presste man drei Wochen irgendwelche Begriffe und die dazugehörigen Erklärungen in sich hinein, um sie dann im Rahmen eines schriftlichen Tests oder einer mündlichen Prüfung wieder auszuspucken. Schon immer hatte es mir mehr Spaß gemacht, mich mit Dingen zu beschäftigen, bei denen ich das Gefühl hatte, dass sie dem Leben dienen, meinem Leben dienen. Bulimie-Lernen war für mich die reinste Körperverletzung, doch das TCE war Lernen für mein Leben. Und mein Leben, das konnte nicht scheitern. Ich fühlte mich ja unsterblich wie der schottische Highlander. Was sollte da schon schiefgehen?! Meinen Optimismus konnte mir keiner nehmen.

Noch geprägt vom Hamburger Jetset-Leben, suchte ich mir erneut meine Bühne. Da mir aber nicht mehr die Clubs auf der Reeperbahn und schon gar keine Laufstege mehr zur Verfügung standen, erkor ich die Sportanlage für meine Selbstdarstellungen. Unter Freunden fiel der Begriff »Rampensau«. Ja, es stimmte, ich wollte weiterhin eine Rampensau sein, ich wollte weiterhin im Mittelpunkt stehen. Und was bot sich dafür besser an als die Jagd nach Weltrekorden? Als Trainer bot ich Gruppenfitnesskurse an. An denen nahmen aber nicht fünfzehn, zwanzig Leute teil, sondern einmal sogar über vierhundert. Mit genau vierhundertzweiunddreißig Teilnehmern lösten wir damals Brasilien als Weltmeister im Gruppenfitnessprogramm Body Attack ab, einem Intervalltraining, bei dem Aerobic-Bewegungen mit Kraft- und Stabilisationsübungen nach einer festen Choreografie kombiniert werden. Da stand ich vorne vor so vielen Menschen, das war Gänsehaut pur. Da stieg der Dopaminspiegel ins Unermessliche. *Go hard or go home* war damals das Motto.

Das war die schöne Seite meines neuen Lebens in Emden, aber die meisten T-Shirts schwitzte ich eben nachts durch, wenn in meinem Kopf Geschäftszahlen herumgeisterten. Was konnten wir tun, um ins Plus zu kommen? Wie konnten wir das schaffen? Welche Lösungen boten sich an? Wie war der nächste Tag zu überstehen? Zum Glück verfiel ich auch jetzt nie der Vorstellung, wir könnten völlig baden gehen. Den Glauben an unser Unternehmen verlor ich nie. Dann hätte Wurst, der vormalige Pächter, triumphiert, und das durfte nicht geschehen, auf gar keinen Fall! Nach außen hin ließ ich mir nichts anmerken, die durchwachten Nächte waren Zeugnis einer inneren Auseinandersetzung, die ich mit mir selbst führte.

Schließlich konnten wir das über uns drohende Damoklesschwert und damit auch den arroganten Vorpächter vergessen. Nach gut drei Jahren war die Zahl der Besucher von zehn- auf hundertvierzigtausend pro Jahr gestiegen (heute sind es deutlich mehr). Das gelang, weil meine Partner und ich aus dem TCE etwas gemacht hatten, was Amerikaner *third place* nennen. Der erste Platz im Leben eines Menschen ist die Familie, der zweite der Beruf. Manchmal sind die Prioritäten anders gesetzt, dann rangiert der Beruf vor der Familie. Wir aber wollten einen dritten Platz installieren, wo eine Familie geschlossen hingehen kann, aber jeder für sich das machen kann, wozu er gerade Lust hat. Für die Jüngeren gab es ein großes Kinderland, für die Erwachsenen zwei Fitnessbereiche (Hanteln- und Gerätetraining sowie Gruppenfitnesskurse), dazu Indoor Soccer, Bowling, Kegeln und vieles mehr. Jeder beschäftigte sich mit seinen Vorlieben, bis man sich wieder verabredete, um gemeinsam nach Hause zu gehen. In diesem Fall funktionierte der neue Weg, den wir uns theoretisch überlegt hatten, auch praktisch.

Und weil wir die fünftausendfünfhundert Quadratmeter große marode Anlage wieder auf die Beine gebracht hatten, wuchs das Interesse an uns – wir erhielten sogar eine zweite

Anlage. Unser Unternehmen florierte. Es war nicht so, dass es große Gewinne abwarf, aber für ein kleines Salär und vor allem jede Menge Fun reichte es. Stabilität war kein Fremdwort mehr, es konnte sogar von Kontinuität gesprochen werden. Das war fast schon wieder langweilig, denn ich vermochte mir nicht vorzustellen, ein Leben lang als Trainer vor Menschengruppen zu stehen. Offensichtlich war ich immer noch auf der Flucht.

Noch eine andere Entscheidung stand an: der Abschluss oder auch Nichtabschluss meines BWL- und Sinologiestudiums, wobei ich das Sinologiestudium schon in Hamburg ad acta gelegt hatte. Abermals meldete sich der Revoluzzer in mir, wie schon damals in der Schule. Dieses Mal konnte ich von meinen Professoren nicht annehmen, was sie mir aufzudrücken versuchten. Mit vielen ihrer Meinungen, Inhalten und vor allem Verhaltensweisen war ich nicht einverstanden, weil ich das, was sie lehrten, nicht in meiner unternehmerischen Praxis wiederfinden konnte. Nicht haltbar, nicht umsetzbar, so urteilte ich. Hier wurde meiner Wahrnehmung nach vornehmlich der Verstand gedrillt und die Studenten selbst darauf dressiert, gute Noten zu schreiben. Für mich war es *wasting time,* Zeitverschwendung, in Vorlesungen und Seminare zu gehen, nur um gute Noten zu schreiben. Halte ich heute meine Vorträge, beginne ich sie manchmal mit den Worten: »Lieber tot als Sklave« – jenem Ausspruch der freiheitsliebenden altfriesischen Häuptlinge. Er ist für mich ein Sinnbild von Freiheit. So drastisch formulierte ich es gegenüber meinen Professoren nicht, aber dass ihre Theorie der Praxis nicht standhalten würde, das sagte ich schon. Und das auch sehr deutlich.

Mathematische Berechnungen sind zweifellos entweder falsch oder richtig, daran gibt es nichts zu rütteln, aber meiner Wahrnehmung nach war die damalige Betriebswirtschaft weit davon entfernt, eine Wissenschaft mit gesicherten, absoluten und vor allem praxisrelevanten Erkenntnissen zu sein. Es kam, was kommen musste – ich wurde der Hochschule verwiesen. Weil ich mich nicht mehr zu den Klausuren angemeldet hatte, auch über die Notenvergabe Dispute führte, wurde ich exmatrikuliert. Hielt ich die Professoren für überheblich, so hatte ich allerdings nur meinem eigenen Spiegelbild ins Gesicht geschaut. Das wurde mir jedoch erst im Nachhinein klar. Damals hakte ich den Rausschmiss ab und setzte meinen Weg fort.

Der wirkliche Schlag ins Kontor sollte erst noch kommen.

7 | Widerstand gegen Shareholder — und für ein Jugendherbergsmodell

Was auch immer mich letztlich dazu bewog, irgendwann fasste ich den Entschluss, das elterliche Unternehmen unter die Lupe zu nehmen.

»Ich möchte mir gern das Unternehmen angucken«, sagte ich eines Abends. Es gab viel zu tun im TCE, aber am Wochenende setzte ich mich gern an den gedeckten Abendbrottisch meiner Eltern. Und weil wir so gemütlich in entspannter Atmosphäre beisammensaßen, war dieser Gedanke in mir aufgekommen und wurde dann auch ausgesprochen.

Meine Eltern schauten sich an, dann wandte sich mein Vater mir zu. Er sagte, wie es so seine Art war: »Das finde ich eine gute Idee, mein Jung.«

Und dann hatte ich formal meinen ersten Arbeitstag.

»Viel Platz haben wir gerade nicht«, sagte mein Vater, als er mir meine zukünftige Arbeitsstätte in der Firmenzentrale in der Emder Friedrich-Ebert-Straße zeigte, wo sie sich auch heute noch befindet. Das »Büro« bestand aus einem Schreibtisch, einem Stuhl sowie einem Regal, in dem nur ein einziges Buch stand, Günter Wöhes längst nicht mehr aktuelle *Einführung in die Allgemeine Betriebswirtschaftslehre*. Untergebracht waren die Möbel in einem Raum, der ansonsten als Telefonzentrale diente. Nachdem mein Vater mich allein gelassen hatte, setzte ich mich auf den Stuhl und überlegte: Jetzt musst du irgendetwas tun. Aber was?

Ich suchte mir Aufgaben, Aufgaben, die erledigt werden mussten. Und die ersten Aufgaben hatten mit Zahlen zu tun. Das mittelständische Unternehmen, das ich vorfand, war eines, das sich zu diesem Zeitpunkt, 2004, durch die Insolvenz bis auf ein paar Nachwehen vollkommen aus dem Bauträgergeschäft verabschiedet hatte. Stattdessen bewirtschafteten meine Eltern Hotels und Ferienwohnungen, die im Eigentum anderer waren, hatten sich also aufs Management dieser Häuser konzentriert. Es gab sogar noch die alten Managementverträge.

Das erste monatliche Meeting stand schließlich an, in dem die Ergebnisse aller Hotels in einer größeren Runde mit unserem Geschäftsführer und den Abteilungsleitern besprochen wurden. Die Ergebnisse wurden auf den Tisch gelegt, mein Vater schaltete ein Diktiergerät an, das das Protokoll aufzeichnete. Ich nahm daran teil, weil ich mir anhören wollte, wie so etwas ablief. Anhören, sehen und fühlen. Dort lernte ich dann, dass es manchmal gar nicht so sehr um die Zahlen ging, nicht so sehr um das, was man erwirtschaftet hatte, sondern die Geschäftspolitik viel entscheidender als die Gestaltung von Zahlen und Budgets war. Diese neue Betrachtungsweise fand ich äußerst interessant. Daneben gab es noch mehrere wöchentliche Sitzungen, die ich ebenfalls nicht ausließ, denn ich wollte das Unternehmen von Grund auf kennenlernen.

Aus den Besprechungen nahm ich mir dann weitere Aufgaben mit, die ich für mich bearbeitete. Ich überprüfte Budgets und erstellte Wirtschaftlichkeitsberechnungen. Einmal führte das zu einer Situation, in der eine Boshaftigkeit aufblitze, von der ich bislang keine Ahnung hatte, dass ich sie überhaupt besaß. Vorausgegangen war, dass mein Vater nie zufrieden mit meinen Berechnungen war, immer wollte er irgendeinen Posten nachgebessert haben. Damit setzte er mich so unter Druck, dass mir schließlich der Kragen platzte und ich sagte: »Weißt du eigentlich, wie viel Arbeit mit diesen Berechnungen einhergeht? Deine Aussagen sind schnell gemacht, aber ich sitze dann einen halben Tag darüber, um sie nach deinen Wünschen neu anzugehen. Ich finde, du gehst ziemlich leichtfertig mit der Zeit anderer Menschen um.« Immer mehr hatte ich mich in meine Wut hineingesteigert, bis ich dann zum Schluss voller Empörung sagte: »Diese ganzen Scheißänderungen. Das ist auch der Grund, warum hier 2001 alles kaputtgegangen ist. Du weißt immer alles besser und kannst Dinge nicht einmal stehen lassen.«

Mein Vater blickte mich betroffen an, meine Mutter, die in der Nähe war, als ich meinen Wutausbruch hatte, ebenso. Sie sagte nach einer kurzen Zeit, in der eine nicht zu beschreibende Stille geherrscht hatte: »Das war nicht gut.«

Das war auch wirklich nicht gut gewesen. Und weil ich die Situation nicht mehr aushielt, haute ich einfach ab. Das ärgerte mich nur noch mehr, denn so musste ich mir vorwerfen, dass ich mich meiner völlig falschen Reaktion nicht einmal stellte. Ich hatte mich miserabel benommen, daran war nichts zu rütteln. Zum Glück konnten wir den Streit, in der Summe einer der wenigen, den ich mit meinem Vater hatte, recht bald beilegen.

Nach einer Weile reichte es mir aber nicht mehr, nur über Zahlen zu brüten. Um das Unternehmen wirklich zu verstehen, musste ich es mir ansehen, die Arbeitsprozesse selbst nachvollziehen können. In einer der wöchentlichen Sitzungen unterbreitete ich meinem Vater folgenden Vorschlag: »Ich würde mir gern all die Hotel- und Ferienwohnungsanlagen angucken, die von uns gemanagt werden. Danach kann ich mir sicher eine bessere Vorstellung von dem machen, was hier so passiert.«

»Nichts dagegen. Eine gute Idee«, erwiderte mein Vater.

Der Plan, wann ich welches von den zehn Hotels anschauen wollte, war bald ausgearbeitet – es handelte sich dabei um zwei Stadt- und acht Urlaubshotels. Wichtig war mir, verschiedene Bereiche und Abteilungen kennenzulernen. Bevor ich mich aber auf die Rundreise begab, besuchte ich noch ein Seminar beim SchmidtColleg, das sich auf Unternehmer und Führungskräfte aus dem oberen und mittleren Management spezialisiert hatte. Es fand in Iserlohn statt, dauerte ganze vier Tage und trug den Titel »Unternehmerenergie«. Am ersten Tag ging es darum, sich mit der eigenen Person zu beschäftigen, mit dem, was überhaupt ein Unternehmer an und für sich war. In diesem Rahmen wurde auch ein Persönlichkeitsprofil von mir gemacht, eine HBDI-Denkstilanalyse, ein Instrument, das weltweit zur Persönlichkeits-, zur Team- sowie zur Unternehmensentwicklung benutzt wird. Zuvor wurde gesagt, dass diese Analyse bei einem Menschen immer gleich bleiben würde, dass es in dieser Hinsicht keine Veränderungen gäbe. Das war die An- und Aussage. Nun gut. Mein HBDI zeigte, dass der Schwerpunkt meines Denkens weitgehend im Zahlenbereich lag, also im analytischen Bereich. Entsprechend gering fiel das Ranking in den anderen Bereichen aus, darunter der kreative, der emotional-empathische sowie der konservativ-organisierende. Letztlich war ich ein Kreuztyp, das hieß, ich konnte alles ein bisschen, aber der Fokus meines Denkens lag bei den Zahlen (Quadrant A). Und zwar sehr eindeutig, wie man der Grafik von 2004 auf der nächsten Seite entnehmen kann.

Zehn Jahre später, 2014, nach meiner Zeit im Kloster und der damit verbundenen inneren Einkehr und unendlich vielen Meditationen, wiederholte ich übrigens den Test. Auch dieses Mal hörte ich wieder, dass sich bei den Ergebnissen nie etwas ändern würde, das sei so festgelegt wie die Anzahl unserer Chromosomen. Nun war ich gespannt, ob sich das Ergebnis

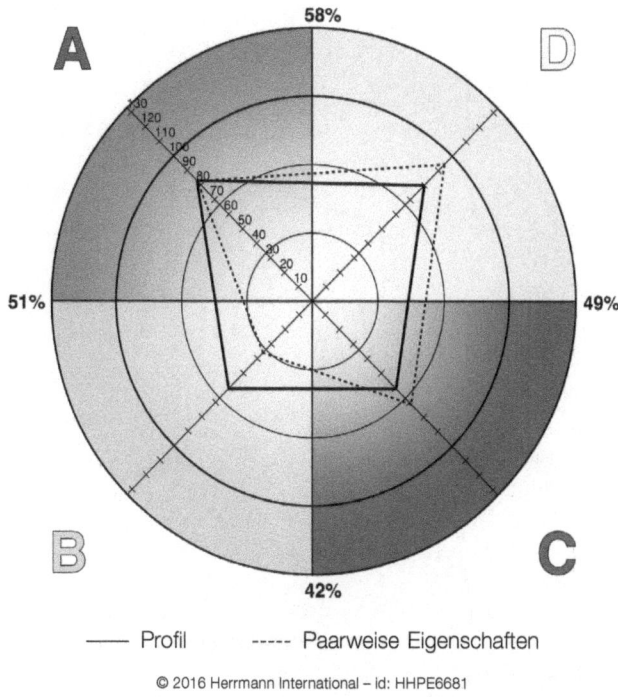

A	58%	D
51%		49%
B	42%	C

—— Profil   ----- Paarweise Eigenschaften

von damals auch wiederholen würde. Nach dem, was behauptet wurde, konnte es daran keinen Zweifel geben. Doch es kam eine völlig andere Auswertung dabei heraus. Die Frau, die mit mir die Analyse durchgeführt hatte, meinte, als sie im Vergleich dazu mein erstes HBDI sah: »Das kann nicht sein, das glaube ich nicht. Das sind zwei völlig unterschiedliche Menschen.« Jetzt stand meine Fähigkeit zur Empathie komplett im Vordergrund (Quadrant C), dessen Voraussetzung die Selbstwahrnehmung ist, die ich während meiner Klosterzeit offensichtlich weiterentwickelt hatte (s. S. 104). Vorher war ich eine eierlegende Wollmilchsau gewesen, die nicht über sich selbst nachgedacht, sich nicht reflektiert hatte. Ich fand das spannend, denn zwischenzeitlich hatte ich erfahren, dass wir unser Gehirn jederzeit ändern können. Neuroplastizität wird das genannt.

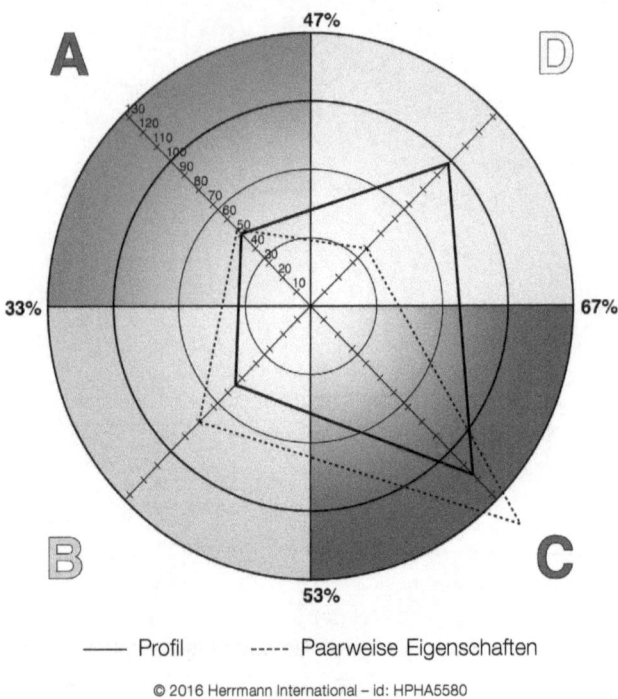

47%

A D

33% 67%

B C

53%

—— Profil ----- Paarweise Eigenschaften

© 2016 Herrmann International – id: HPHA5580

Ab dem zweiten Tag des Seminars im Jahr 2004 stand das Unternehmen selbst im Mittelpunkt: Welche Werkzeuge gab es, um ein solches weiter voranzutreiben? Wie könnte gelungenes Management aussehen? Neben diesen wurden auch weitere Fragen behandelt.

Auf einmal tat sich eine ganz neue Welt für mich auf, mit ganz neuen Dimensionen. Und mit tollen Werkzeugkästen. Nie hatte ich mir zuvor Gedanken darüber gemacht, wie andere ein Unternehmen leiten. Das TCE hatte ich bislang praktisch hemdsärmelig geführt, sozusagen völlig losgelöst von Theorien, Modellen und gängigen Managementwerkzeugen. Doch mit dem Werkzeugkasten, den man mir hier auftischte, schien ich in der Lage zu sein, ein Unternehmen zu managen. Was für eine großartige Hilfe!

Auf diesem Seminar erhielt ich somit den ersten Impuls, wie ich meinen Einstieg bei Upstalsboom gestalten und darauf aufbauend das Unternehmen weiterentwickeln konnte. Es entstand ein Umsetzungsplan, meine persönliche Standortanalyse. Danach ging es um Visionen, Zielplanungen, Jahresziele, Mitarbeitergespräche und, und, und. Nach all diesen Vorgaben stellte ich schließlich einen eigenen Plan zusammen, mit jenen Instrumenten, die ich für wichtig hielt und die ich ins Unternehmen tragen wollte, um mit dem von mir gemachten Plan Upstalsboom auch steuern zu können. So ein Werkzeugkasten gab mir ein gutes, aber vor allem sicheres Gefühl, die Geschicke des Unternehmens in eine gute Richtung lenken zu können.

Bei dem Thema Unternehmensphilosophie wurde wiederum schnell klar, dass wir ein Leitbild mit Zielen und Werten erarbeiten mussten. Eigentlich gab es weder das eine noch das andere so richtig, und zusammen mit dem Inhaber vom SchmidtColleg, Cay von Fournier, wurde dann ein längerer Prozess eingeleitet, der in dieser Hinsicht ein zunächst ganz ordentliches Ergebnis hervorbrachte. In einem kleinen Workshop saß zunächst unsere Familie zusammen, um einen passenden Slogan für unsere Vision zu erarbeiten. Er lautete schließlich:»Upstalsboom, so einzig wie sein Name.« Dieser Slogan erfuhr im Übrigen erst seit 2014 seine wirkliche Anwendung im Unternehmen. Zum anderen versuchten wir, die Werte einzugrenzen, die wir als Familie für das Unternehmen als wichtig erachteten. Im weiteren Verlauf wurden dann einige wenige Führungskräfte mit in diesen Prozess eingebunden. Das Ergebnis war dann ein Leitbild, bestehend aus jenem Slogan und sechs grundlegenden Werten, auf die wir unser Handeln ausrichten wollten: Vertrauen, Offenheit, Wertschätzung, Zuverlässigkeit, Herzlichkeit und Leistung.

Dann startete ich mit meiner Reise. Fast ein Jahr lang sah ich mir alle unsere Häuser an, die sich an der gesamten Nord- und Ostseeküste sowie in Berlin und Emden befanden, arbeitete in verschiedenen Bereichen und Abteilungen, um mir ein genaues Bild vom elterlichen Unternehmen und vom Hotelmanagement zu machen. Mit vielen Menschen sprach ich, viel wurde mir erläutert. Und ich nahm für meine Verhältnisse ordentlich zu. Bis dahin war ich durch das TCE sehr durchtrainiert, sechzehn, siebzehn Stunden Sport in der Woche waren für mich normal gewesen. Das war nun nicht mehr drin. Ganz klar lag die Gewichtszunahme auch am Hotelessen, immer warm, immer lecker.

Nicht alles passte mir, und damit waren nicht nur meine enger gewordenen Klamotten gemeint. Vieles von dem, was ich sah, machte für mich keinen Sinn. Insbesondere die verschiedenen Versionen von Zahlen und die mit ihnen verbundenen enormen Interpretationsspielräume konnte ich nicht nachvollziehen. Wieso gab es diesen Interpretationsspielraum? Wieso konnte man etwas so oder so betrachten? Irgendwie musste man doch eine Sache absolut fassen können, das war jedenfalls meine Ansicht. Ein reines Management nach Zahlen war für mich zwar in Ordnung, aber so, wie es bislang betrieben wurde, erschien es mir nicht mehr ganzheitlich genug. Das Bedürfnis, das Unternehmen neu zu organisieren, wuchs, unterstützt von den theoretischen Informationen, die ich aus von mir besuchten unterschiedlichen Seminaren mitgenommen hatte.

Am wenigsten gefielen mir jedoch die Situation im Bereich der Shareholder, der Bereich der Investoren und die Auswirkungen davon auf das Unternehmen und die Menschen in diesem. Oft genug hatten sie etwas eingefordert, was ihnen versprochen wurde, aber nicht umsetzbar war, Ausschüttungen zum Beispiel. Die Shareholder hatten sich an Objekten beteiligt, weil unser Unternehmen ihnen bestimmte Renditeversprechungen gemacht hatte, meist zehn, fünfzehn Jahre im Voraus. Ziemlich schnell hatte sich aber herausgestellt, dass man nichts zehn oder fünfzehn Jahre im Voraus planen kann, dafür ist die Dynamik im Markt viel zu groß und letztlich nicht berechenbar geworden. Das führte dazu, dass ich anfing, mit den Investoren, aber auch mit meinen Eltern und unserem damaligen Geschäftsführer zu diskutieren, ja sogar manchmal zu streiten.

»In dem Hotel, in dem Sie investiert haben, reicht das, was erwirtschaftet wurde, nicht aus, um die einstmals gemachten Renditeversprechungen zu erfüllen.«

Eine solche Aussage kam nie gut an.

Gesellschafter standen auf und sagten laut und einhellig: »Ja, ja, der Janssen verdient an dem Hotel, aber wir sollen nichts bekommen.«

Das war aber nur eine Seite, die im Argen lag. Eine andere betraf Dinge, die gemacht werden mussten, die aber nicht gemacht wurden, weil es an allen Enden an Geld mangelte. In vielen Hotels entdeckte ich einen immer größer werdenden Investitionsstau.

»Warum sind die Gardinen kaputt?«, fragte ich einen der Hoteldirektoren.

»Andere Dinge haben Priorität«, erhielt ich als Begründung.

»Aber das kann doch nicht als Grund genommen werden, um die Vorhänge in diesem Zustand zu belassen?«

Achselzucken. »Vorgabe aus der Zentrale.«

Die meisten Probleme legte ich in den Monatsbesprechungen dar, die ich mir trotz meiner Reise durch die Häuser nicht entgehen ließ. Das Gardinenproblem wollte ich als beispielhaftes Symptom für fehlende Investitionen in großer Runde thematisieren.

»Warum können sich die Hotels keine neuen Stores leisten?« Die Frage hatte ich an unseren Geschäftsführer gerichtet.

Er erklärte: »Ganz einfach, die Ausschüttungen an die Investoren sind so massiv, da bleibt wenig übrig für Erneuerungen. Da müssen wir Prioritäten setzen.«

Zwei Welten taten sich da für mich auf. Es gefiel mir nicht, was ich in den Hotels gesehen hatte, und es gefiel mir nicht, was mir der Geschäftsführer als Antwort gegeben hatte. Wir gerieten aneinander, weil er zu seinem Leidwesen die Dinge ganz anders betrachtete als ich.

»Könnte es nicht sein, dass Ihre Entscheidungen einzig und allein daran orientiert sind, möglichst wenig Ärger mit den Shareholdern zu haben? Haben Sie etwa Angst vor diesen Leuten? Im Sinne einer langfristigen Entwicklung der Hotels kann das nicht sein.«

Er ging an die Decke. »Das stimmt nicht. Was Sie mir unterstellen, ist nicht wahr. Wie kommen Sie überhaupt darauf, so etwas zu behaupten?«

Ich hatte ihm meine Meinung an den Kopf geknallt, einfach gesagt, was ich dachte. Das war recht unbeholfen, ich hätte auch taktisch klüger vorgehen können. Ich war blauäugig gewesen, gab einfach wieder, was ich erlebt hatte. Aber wollte ich mich überhaupt taktisch verhalten?

Gegen Ende meiner Hotelreise besuchte ich im Oktober 2005 wieder die SchmidtColleg-Tage in Bayreuth, ein etablierter Kongress, auf dem es wiederholt um alles ging, was für die erfolgreiche Führung eines Unternehmens erforderlich ist. Das Schöne an diesem Kongress war, dass im Rahmen des Vortragsprogramms auch immer wieder viele Best-Practice-Beispiele vorgestellt wurden. Was unsere Praxis betraf, so hatte ich in den vergangenen Monaten weitgehend verstanden, wie das elterliche Unternehmen strukturiert war und wie es funktioniert. Die Mitarbeiter waren herzlich, machten aber meinem Gefühl nach eher Dienst nach Vorschrift oder zogen ihr eigenes Ding durch. Vielleicht lag ich falsch, aber das war meine Wahrnehmung. Und so wollte ich mich auf dem Kongress für weitere Schritte inspirieren lassen. Denn auch wenn ich wusste, worum es ging, hatte ich für mich noch keine Idee, auf welcher Grundlage ich wirksam handeln konnte. Mit welchem konkreten Instrument ich das Unternehmen sozusagen zu steuern vermochte. Es ging also um das Wie und Womit.

Einer der Teilnehmer auf diesem Bayreuther Kongress war Franz-Josef König, gelernter Hotelkaufmann, Strategieentwickler und Coach. Er hatte ein Managementsystem entwickelt, das sich in Jugendherbergen als sehr brauchbar herausgestellt hatte (dafür hatten diese anlässlich der SchmidtColleg-Tage auch einen Preis bekommen). Ich fand es auf Anhieb praktikabel und einleuchtend. Es gab dabei Handbücher, Checklisten und Audits. Alles, was in einer Jugendherberge vor sich ging, konnte auf diese Weise dokumentiert werden. Ich hatte auf einmal das Gefühl, dass ich das, was ich vorher verpasst hatte, nämlich eine fachliche Auseinandersetzung mit Hotels, damit kompensieren konnte.

»Habe ich mit Ihrem System auch ein Instrument an der Hand, um ein Hotel zu führen?«, fragte ich Franz-Josef König, der heute bei uns als Prokurist tätig ist. Dieser Mann mit seinem markanten Gesicht, kurzen dunklen Haaren und der Brille erinnerte mich irgendwie stark an Graf Zahl von der *Sesamstraße*.

»Ja, das ist ein systemischer Ansatz, also auch geeignet, um ein Hotel führen zu können«, sagte er.

»Obwohl es auf Jugendherbergen ausgerichtet ist?«

»Um welches Unternehmen es dabei geht, spielt keine Rolle.«

Nun musste ich mir nur noch eins und eins zusammenrechnen. Ich hatte das Know-how und ein paar interessante Werkzeuge vom SchmidtColleg und ein Managementsystem, eine Struktur von Franz-Josef König, das schienen mir beste Voraussetzungen für die Steuerung von Upstalsboom zu sein.

Franz-Josef König, der einen schwarzen Anzug trug, lächelte nun, weise, wie mir schien. »Aber ein System an sich reicht nicht aus«, fuhr er fort.

»Wie meinen Sie das?« Ich war verwirrt.

»Erst die Inhalte und die Menschen erwecken ein System zum Leben. Mit einem System an sich können Sie keine Ergebnisse erzielen. Das werden Sie selbst am besten wissen. Der Output eines Systems kann nur so gut wie sein Input sein.«

Irgendwie stimmte das. Unsere Mitarbeiter hatte ich bis auf ein paar sachlich geführte Interviews noch nicht wirklich im Blick gehabt. Egal, allen Aussagen und möglichen Inhalten zum Trotz interessierte mich dieser sogenannte systemische Ansatz. Ich hatte jetzt, nach dem Gespräch mit König, noch stärker das Gefühl, das ich damit ein Instrument an die Hand bekommen würde, dass es mir ermöglichen würde, unser Familienunternehmen zu kontrollieren. Und so entschloss ich mich nach einem vertiefenden Gespräch mit dem Strategieentwickler dazu, das von ihm gemeinsam mit den deutschen Jugendherbergen entwickelte Qualitätsmanagementsystem Serqua bei uns im Unternehmen einzuführen.

Hätte ich Cay von Fournier und Franz-Josef König nicht kennengelernt, ich weiß nicht, ob ich die Unternehmensnachfolge durchgezogen hätte. Immer hatte ich mir den Rückzug vorbehalten. Mehrmals gelangte ich an den Punkt, an dem ich mir sagte: »Wenn es nicht so läuft, wie ich es mir vorstelle, wenn ich nicht so handeln kann, wie ich es für richtig halte, dann haue ich wieder ab.«

Plötzlich hatte ich auf dem Kongress auch ein sehr klares Bild vor Augen: Ich musste bei Upstalsboom die sogenannte Unternehmerenergie von Cay von Fournier umsetzen, dazu Königs Qualitätsmanagement Serqua.

Aber damit war ich noch längst nicht bei den Herausforderungen angelangt, die ich zusätzlich auf meiner Liste hatte. Unbedingt musste das Ausbluten der Hotels aufhören, das Treffen von Entscheidungen zugunsten der Shareholder musste in ein besseres Verhältnis zur Qualitätsentwicklung der Hotels gebracht werden. Was auch immer wir den Investoren ausschütteten, sie würden aufgrund nicht einzuhaltender Renditeversprechungen kurzfristig nicht zufriedenzustellen sein – zu Recht. Angesichts dieser Ausgangslage schien es aussichtslos, deren diesbezüglichen Seelenfrieden anzustreben. Sisyphusarbeit. Nach den ersten Aussagen, von denen ich Kenntnis erhalten hatte, hatte ich ohnehin das Gefühl, dass sie kein Interesse daran hatten, dass ein Hotel solide lief. Wir konnten ihnen nie und nimmer gerecht werden.

Ständig rannten die Hotels den in den historischen Planungen prognostizierten Ergebnisanforderungen hinterher, mit der Folge, dass immer irgendwo Kosten reduziert werden mussten, um nur ansatzweise den Erwartungen der Shareholder gerecht zu werden. Das, was zählte, war allein das Ergebnis. Alles andere war den Shareholdern gleichgültig. Und genau das hatte dazu geführt, dass Upstalsboom und seine Mitarbeiter von Sicherheits- und Absicherungsdenken beherrscht waren. Vornehmlich ging es darum, dass man ja keinen Fehler nachweisen, dass man ja nichts ankreiden konnte, wenn die Ergebnisse mal nicht passten. Ganz deutlich hatte ich genau diese Angst im Unternehmen verspürt, die sehr viel Energie kostete und sich in unendlich vielen Handlungen zeigte, ebenso nahm ich den Druck wahr, der die Entwicklung lähmte. Meldeten sich die Shareholder oder war eine Beiratssitzung angekündigt, standen sämtliche Mitarbeiter der Zentrale kopf, um alles dezidiert vorzubereiten, damit sie auf buchstäblich jede Frage eine Antwort parat hatten. Alles musste abgesichert werden.

Am schlimmsten waren die Gesellschafterversammlungen. Im Vorfeld instruierte mich mein Vater, welche Argumente vorzubringen waren, damit die Gesellschafter Ruhe bewahrten, wenn ihnen ihre Rendite zu gering erschien. Und davon war immer auszugehen. Entweder war das Wetter zu schlecht, es herrschte die Vogelgrippe oder andere Hotels, die in der Nähe eröffnet wurden, mussten als Argumente herhalten. Es gab immer Gründe, weshalb es gerade dieses Jahr mit den Ergebnissen nicht geklappt hatte, trotz dramatischer Einsparungen.

Sehr gut habe ich noch die erste Gesellschafterversammlung nach dem Tod meines Vaters 2007 in Erinnerung, auf der ich mir eine extrem blutige Nase holte. Die Gesellschafter unserer Hotels auf Usedom waren angesichts eines historisch niedrigen Ergebnisses sehr aufgebracht (Gott sei Dank konnten wir die Ergebnisse seither verdreifachen) und ließen ihren Unwillen an mir aus. Es war ihnen egal, dass einiges nicht funktionieren konnte, weil mein Vater nicht mehr lebte und er bislang die Geschäfte geführt hatte. In dem Moment, so mein Gefühl, ging es einigen nur um die eigene Person. Ich erinnere mich an Gesichter, die mehr dem Anblick einer fletschenden und geifernden Hyäne als dem eines Menschen ähnelten. Das zu erfahren, war sehr schmerzhaft, zumal sich das auch in einem entsprechenden Verhalten äußerte. Ich fühlte mich geringschätzend behandelt, es war ein Schlag, nein, viele Schläge unterhalb der Gürtellinie. Diese Zusammenkunft war ein einziger Spießrutenlauf gewesen. Und alle Beteiligten hatten mitgemacht. Wie in einem Rudel waren sie einem Leittier gefolgt.

Die Angst im Unternehmen ging an die Substanz, die Angst war ein Damoklesschwert, das ständig über uns schwebte, über den Köpfen aller Beteiligten. Wenn die Shareholder etwas sagten, dann war es das Maß aller Dinge.

Mein Ziel war es, das Unternehmen vom Joch der Rechtfertigung, der Absicherung und Angst gegenüber den Shareholdern zu befreien, zu tief saß der Schmerz meiner erlebten Gesellschafterversammlungen. Wir mussten die erwirtschafteten Gewinne so verwenden, wie wir es für richtig hielten. So wie bisher, dachte ich, geht es nicht weiter, sonst befinde ich mich bald wieder in einem Kerker – wenn auch in einem, in dem mit den Methoden der Wirtschaft operiert wurde.

Mein Ziel war es, eine stille Revolution anzuzetteln. Das elterliche Unternehmen wollte ich als ein unabhängiges Unternehmen etablieren. Nicht umsonst hieß es Upstalsboom. Karl der Große hatte, so die Legende, im 9. Jahrhundert seinen in Rom siegreichen friesischen Gefolgsleuten die Friesische Freiheit geschenkt, ein Recht, das beinhaltete, keinen Herrn außer dem Kaiser über sich zu haben. Kein Landesfürst durfte ihnen dreinreden. In der Folge dieses großartigen Geschenks trafen sich die Abgesandten der friesischen Gemeinden, die Häuptlinge, an ihrer Thingstätte, um hier Rat zu halten, zu feiern, im Kreis Gleichgesinnter gemeinsam Entscheidungen zu treffen und ihre Freiheit in einem Bund zu verteidigen, sollte diese bedroht sein. Da sie damals noch nicht mit dem Auto unterwegs waren, sondern zu Pferde, banden sie diese, stallten sie auf (Altfriesisch: *upstallt*), an einen Baum *(boom)*, und das war dann am Ende der *Upstalsboom*. Den Häuptlingen war gerade ihre friesische Freiheit von größter Wichtigkeit, daher auch ihr Lebensmotto: »Lieber tot als Sklave sein.«

Und genau um diese friesische Freiheit ging und geht es mir, immerhin wurde ich nur zwei Kilometer entfernt vom Upstalsboom geboren und wohne nicht mehr als zwanzig Kilometer von dieser einstigen Versammlungsstätte entfernt.

Womit ich mich auch immer im Unternehmen beschäftigte, es steigerte mein Interesse und führte mich zu den nächsten Angelegenheiten. Zu allem, was ich lernte, bildete ich mir schnell eine Meinung, was nicht selten zu Unstimmigkeiten mit meinem Vater oder auch, das konnte gar nicht anders sein, mit unserem Geschäftsführer führte. Aber um tatsächlich ins elterliche Unternehmen einzusteigen, war es mir extrem wichtig, Entscheidungen aus freien Stücken zu treffen. Durch das TCE, das parallel und gut weiterlief, war ich mittlerweile unabhängig vom elterlichen Unternehmen geworden, und aus dieser Freiheit heraus hatte ich mir eine Verhaltensweise angeeignet, die man so beschreiben konnte: »Ich will vor nichts und niemandem kuschen.« So konnte ich sehr klar und sehr direkt meine Beobachtungen formulieren, manchmal habe ich sicher auch ein Stück weit provoziert. Nur so wurde es aber für mich erträglich.

Mein Vater ließ es geschehen, sagte nichts, es gab dafür auch keinen Grund. Nie formulierte ich laut, dass ich mich aus Upstalsboom zurückziehen wolle, nie sprach ich eine Drohung aus. Natürlich verhielt ich mich so, dass ich mich jederzeit anderen Dingen hätte zuwenden können, und das wird ihm kaum entgangen sein. Aber in letzter Konsequenz brauchte ich das nicht, denn ich hatte ja das unsagbare Glück, dass mir meine Eltern ihr volles Vertrauen schenkten. Wenn ich etwas anstoßen wollte, durfte ich es. Wie gesagt, das führte hin und wieder zu Meinungsverschiedenheiten, aber die waren rasch beendet. Wäre das nicht so gewesen, wäre ich wieder zum TCE gegangen, vielleicht hätte ich auch einen ganz anderen Weg eingeschlagen. Und heute lasse auch ich meine Mitarbeiter machen. Vielleicht hat das damit zu tun, dass meine Eltern mich haben machen lassen.

8 | Schiffbruch ohne Leuchtturm?

Die Übernahme von Häusern war unser nächstes gemeinsames Ziel. Wir hatten das Gefühl mit unserer unausgesprochenen Unabhängigkeitserklärung gegenüber den Shareholdern beiden Parteien gerechter zu werden. Trotz anfänglicher Skepsis hatte mein Vater mit Begeisterung die ersten Schritte eingeleitet.

»Ich habe schon vorgearbeitet«, bekundete er eines Tages fröhlich. »Wir haben im Seehotel auf Borkum damit begonnen, Teileigentumseinheiten zu übernehmen. Hier ergab sich die Möglichkeit, die ersten Einheiten des Hotels zu kaufen. Und auch der Kauf der weiteren Einheiten ist realistisch.«

Nach vielen Verhandlungen hatten wir es dann 2006 auch tatsächlich geschafft, das Seehotel ins Familieneigentum zu übernehmen.

Gerade waren wir dabei zu überlegen, wie wir unsere Übernahmestrategie weiter erfolgreich umsetzten können, da passierte ein weiterer schmerzhafter Einschnitt in meinem und im Leben unserer ganzen Familie. Mein Vater verunglückte tödlich, mit seinem Flieger.

An dem Tag, an dem der Absturz passierte, es war der 12. Mai 2007, war er in seiner Maschine, einer Cessna 182, von der Nordsee an die Ostsee geflogen, genauer gesagt nach Usedom. Er hatte dort einen Termin, eine Eigentümerversammlung im Bereich der Ferienwohnungen. Da ich keine Zeit hatte, sondern etwas in der Zentrale erledigen musste, flog ich nicht mit. Abends wollte mein Vater wieder zu Hause sein.

Zwei Wochen zuvor hatten meine Mutter und ich ihn auf die Insel in der Pommerschen Bucht begleitet, in Heringsdorf managten wir das Hotel Ostseestrand. Meine Mutter und ich saßen hinten, genau in jener Cessna, mit der das Unglück passierte. Als wir in Heringsdorf landeten, war es meiner Mutter nicht gut gegangen, sie musste sich hinlegen, was bei ihr eher ungewöhnlich war. Wir hatten dann aber nicht weiter darüber nachgedacht, weil sie sich recht bald wieder erholt hatte.

Am frühen Abend waren Volkmar und Jenny bei uns zu Besuch, beide hatten eine sehr enge Verbindung zu meinen Eltern. Volkmar hatte lange bei uns im Unternehmen gearbeitet und hatte nach seiner Pensionierung noch Beiratsaufgaben übernommen. Beide waren gekommen, weil sie Julius sehen wollten, unseren ersten Nachwuchs. Gemeinsam tranken wir Tee, und irgendwann hörte ich die Geräusche eines Fliegers. Ich dachte noch: Ach, sicher ist das Vatz. Vatz, so nannte ich meinen Vater immer. Dann aber hatte ich die Geräusche nicht weiter verfolgt, und irgendwann verabschiedeten sich Volkmar und Jenny von uns.

Gegen acht, halb neun klingelte das Telefon. Es war meine Mutter.

»Bodo, komm sofort nach Haus!«

Sofort setzte ich mich ins Auto, Claudia, meine Frau, blieb bei Julius. Unterwegs, auf dem Weg zu meiner Mutter, wusste ich, dass etwas Schlimmes passiert war. Meine Mutter hatte am Telefon nichts Weiteres gesagt, aber mein Bauchgefühl verriet es mir. Als ich den Wagen vor der Haustür parkte, öffnete sie die Tür. Sie wirkte sehr gefasst, hatte aber einen versteinerten Ausdruck, als sie mich ins Haus bat. Im Esszimmer sah ich zwei Polizisten auf Stühlen sitzen.

»Die beiden Polizisten haben mir gesagt«, erklärte sie leise, »dass es einen Unfall gegeben hat. Dein Vater muss mit seinem Flugzeug im Wattenmeer abgestürzt sein. Auf der niederländischen Seite. Sie gehen davon aus, dass er tot ist.«

Ich war plötzlich nicht mehr dazu in der Lage, einen klaren Gedanken zu fassen. Fassungslos nahm ich meine Mutter in den Arm, wollte aber diese Aussage nicht einfach ungefragt hinnehmen.

»Sind Sie sicher, dass mein Vater tot ist?«, fragte ich die Beamten.

»Dazu haben wir keine Angaben, da müssten Sie sich vor Ort erkundigen.«

Als die Polizisten wieder gegangen waren, rief ich Volkmar und Jenny an, ihnen erzählte ich, was sich ereignet hatte. Sofort kamen sie vorbei, und als ich ihnen davon berichtete, dass die Beamten sich nicht sicher waren, ob mein Vater wirklich tot war, boten sie sich an, sofort Kontakt mit der uns überreichten Adresse aufzunehmen, um in Erfahrung zu bringen, was wirklich los war. Man bestätigte uns dann, dass sie Cessna tatsächlich abgestürzt sei, den Piloten, also meinen Vater, hätte man aus dem Wattenmeer bergen können. Das klang nach Hoffnung. Erleichterung machte sich breit. Zum Schluss nannte man uns noch das Krankenhaus, in das mein Vater gebracht worden war. Es befand sich in Leeuwarden.

Immer wieder versuchten wir mit Ärzten zu sprechen, lange blieben wir im Ungewissen, keiner konnte uns sagen, wie es um meinen Vater bestellt war. Schließlich hatte ich einen Mediziner am Telefon erwischt, der Genaueres zu wissen schien.

»Is he still alive?«, fragte ich ihn voller Erwartung. »Ist er noch am Leben?«

»No«, antwortete er. »He is dead – er ist tot.«

Für alle um mich Herumstehenden war das ein großer Schock.

»Was machen wir jetzt?«, fragte meine Mutter.

Wir besprachen uns und kamen zu dem Schluss, dass wir nach Holland fahren sollten, um Vater zu sehen.

Und das taten wir dann auch, gegen Mitternacht fuhren meine Mutter, meine Schwester, Volkmar und ich noch los. Claudia und meine Schwiegereltern blieben bei Julius.

In der Klinik angekommen, gab man uns zu verstehen, dass mein Vater in einem Raum aufgebahrt liegen würde und dass wir zu ihm könnten.

Wir gingen hinein, und da lag er. Ganz rosa war er im Gesicht.

»Was hat diese Gesichtsfarbe zu bedeuten?«, fragte ich Claudia später.

»Wenn jemand so rosa ist, sieht das ganz nach einer Kohlenmonoxidvergiftung aus.«

Kohlenmonoxidvergiftung. Das hieß, es musste etwas mit der Cessna nicht in Ordnung gewesen sein. War schon damals Kohlenmonoxid im Flieger gewesen, als es meiner Mutter so schlecht ging? Möglich war es. Doch so, wie ich meinen Vater da aufgebahrt sah, stand für mich schnell fest, dass dies nicht mehr Vatz war, es waren nur noch die leiblichen Überreste von ihm da, seine Hülle. Ich hatte das Gefühl, dass er nicht mehr anwesend war, irgendwie war er schon weg.

Noch in derselben Nacht fuhren wir wieder zurück nach Emden. Die nächsten Tage brachten neue Informationen zutage. So erfuhren wir, dass mein Vater auf dem Rückflug von Usedom nach Hause einen Funkspruch über Hamburg abgesetzt hatte, darin hieß es, dass er Probleme hätte. Es war das letzte Lebenszeichen von ihm. Nachträglich hörten wir uns den auf Band aufgezeichneten Funkspruch von der Flugsicherung in Braunschweig an.

Zu dem Unfall war es nach unserem Verständnis gekommen, als für meinen Vater unmerklich Kohlenmonoxid ins Cockpit strömte. Der Grund dafür war ein Defekt an der

Auspuffanlage. Das hatte, so wie wir die Mediziner verstanden, zu einem Verlust des Bewusstseins geführt, bei einem sich gleichzeitig einstellenden Herzinfarkt. Er war bewusstlos geworden oder vielleicht auch eingeschlafen. Da mein Vater auf Autopilot geschaltet hatte, war er tatsächlich über Emden geflogen, dann hatte die Maschine aber weiter Kurs Richtung niederländische Grenze genommen. Starfighter begleiteten dann die Cessna über dem holländischen Luftraum. Es ging der Treibstoff aus, und weil der Flieger Wind auf der Nase hatte, glitt die Maschine langsam im Sinkflug nach unten und landete schließlich sanft im Wattenmeer, so als hätte mein Vater die Landung persönlich hingelegt.

Ich erinnere mich noch gut daran, dass ich mir anlässlich des Todes meines Vaters darüber Gedanken gemacht habe, ob es tatsächlich der Tod ist, vor dem viele Menschen Angst haben, oder ob es doch eher um das Sterben an sich geht. Im Rahmen dieser später sich einstellenden Gedankengänge formulierte ich für mich auch den Begriff der Sterbensqualität. Unabhängig davon, dass es keinen guten Zeitpunkt zum Sterben gibt und dieser auch meistens zu früh ist, hatte ich das Gefühl, dass die Art und Weise, wie wir sterben, eine wichtige Rolle spielt. Bei meinem Vater hatte ich uneingeschränkt das Gefühl, dass es zu früh war. Was aber die Art und Weise angeht, so glaubte ich, dass ihm wohl nichts Besseres hätte passieren können. Er liebte es zu fliegen. Nach einer gelungenen Eigentümerversammlung war er auf dem Weg zu seinen Liebsten unterwegs in Richtung untergehender Sonne gewesen. Welch ein Panorama, und dann kam das Kohlenmonoxid und er wurde bewusstlos. Trotz aller Trauer um meinen Vater hatte ich das Gefühl, dass er es nicht hätte besser treffen können. Nicht was den Zeitpunkt angeht, wohl aber, was die Art und Weise betrifft. Während meiner Zivildienstzeit auf der Intensivstation hatte ich viele Menschen gesehen, wie sie, an

Schläuchen angeschlossen, nach und nach dahingesiecht sind. Ich war mir sicher, dass das die schlechtere Option war.

Ich übernahm die Aufgabe, unser Führungsteam über den Tod meines Vaters, der in jenem Jahr fünfundsechzig geworden wäre, zu informieren. Ihre Reaktionen führten dazu, dass ich mir selbst nochmals vergegenwärtigen konnte, dass Vatz nicht mehr am Leben war. Überhaupt war es eine Aneinanderreihung ganz unterschiedlicher Reaktionen, von Schreien bis »Oh nein«-Ausrufen, von großer Betroffenheit und einem enormen Mitgefühl. Alle, mit denen ich telefonierte, erwischte die Nachricht kalt.

Um die Gespräche zu führen, war ich ins Büro gegangen, ich brauchte dafür Ruhe. Inzwischen hatte ich meinen Schreibtisch nicht mehr in der Telefonzentrale, ein anderer Raum war frei geworden. Ich fühlte mich in diesen Momenten auf der einen Seite ganz klein, auf der anderen wurde mir aber auch bewusst: Ich war jetzt gefordert.

Zwei Tage nach dem Unglück, einem Montag, versammelten wir alle weiteren Mitarbeiter in der Emder Zentrale. Ich sagte ihnen, was meinem Vater passiert war. Schock zeichnete sich auf ihren Gesichtern ab. Allen hatte es den Boden unter den Füßen weggezogen.

Als ich meinen Vater in der holländischen Klinik gesehen hatte, war das für mich ein Moment gewesen, in dem ich seinen Tod akzeptiert hatte. Wahrscheinlich unbewusst durch meine eigenen Erfahrungen mit den Scheinhinrichtungen hatte ich recht bald für mich angenommen, dass es jetzt so ist, wie es ist. Sehr schnell hatten wir das operative Geschäft wieder aufgenommen, auch, um in den Alltag hineinzukommen und nichts im Unternehmen schleifen zu lassen. Mehrmals tauchten aber Situationen auf, in denen mir mein Vater sehr fehlte. Zwei Wochen nach dem tödlichen Unfall fand eine

große Besprechung mit allen Hoteldirektoren statt, auch sie
ließ ich nicht ausfallen. Mittendrin sagte ich plötzlich: »Mein
Vater würde jetzt sagen …« Und während ich diesen Satz begann, versagte meine Stimme und ich musste den Raum verlassen, um nicht vor den anderen in mich zusammenzusa-
cken. Schließlich musste ich nach Hause gehen, es machte
keinen Sinn mehr.

Claudia war für mich in dieser Zeit wichtiger denn je.
Sie gab mir Halt und Sicherheit, ohne viel zu sprechen. Sie
schaute nur und vermittelte mir das Gefühl, dass alles gut
werden würde. Ihre Präsenz tat mir ungemein wohl, denn es
gab auch immer wieder Bemerkungen, die meine Ohren
empfindlich trafen: »Ohne Janssen senior geht Upstalsboom
den Bach hinunter, diesen Einschnitt überlebt das Unternehmen nicht.« Diesen Satz hörte ich nicht nur einmal. »Werner
Hermann Janssen war immer der Leuchtturm und ohne
Leuchtturm kann das nicht funktionieren.« Es stimmte, mein
Vater hatte die Fäden in der Hand gehalten, doch was sprach
dagegen, dass sich das Unternehmen nicht auch mit meiner
Mutter und mir weiterentwickeln konnte? Nichts.

Das Business musste weitergehen. Kurz bevor mein Vater
starb, hatte es heftige Auseinandersetzungen gegeben, die dieses Mal ernsthaft zu der Frage geführt hatten, ob es mir noch
möglich war, weiter im Unternehmen zu arbeiten. Die Krise
hatte mit unserem damaligen Geschäftsführer zu tun gehabt.
Die Spannungen waren letztlich zwischen uns so groß geworden, dass ich sagte: »Entweder er oder ich.« Ich wollte mich in
meinen Entscheidungen frei fühlen, und das war durch ihn
nicht mehr gewährleistet. Gemeinsam haben wir dann auch die
Entscheidung getroffen, dass der Geschäftsführer gehen musste,
dies passierte nur wenige Wochen vor dem Absturz.

»Wie sieht es aus mit der Entscheidung, den Geschäftsführer nicht mehr zu beschäftigen?«, wurde ich von mehreren

Seiten gefragt. In Verbindung mit dem Tod meines Vaters war aus dem Führungsquartett ja nur noch ein Führungsduo übrig geblieben. Aber letztlich stellte ich klar, dass für mich die Trennung von dem Geschäftsführer nicht zur Diskussion stand. Es musste ohne ihn weitergehen, dafür mussten, aber wollten letztlich auch alle Verantwortung übernehmen. »Wir sind mehr gefordert«, sagte einer der Führungskräfte zu mir, »darüber gibt es keinen Zweifel. Aber auch Sie und Ihre Mutter sind gefordert. Also werden wir alle unser Bestes tun.« Das war eine Ansage, die mir sehr viel Mut gab.

Das Thema Hotelübernahme verfolgte ich weiter. Meine Mutter und ich waren auf dem Gebiet noch nicht so versiert wie mein Vater, aber für mich stand fest: Erst wenn wir die einzelnen Häuser Schritt für Schritt, während meiner Legislaturperiode, in die Familie übernahmen, war es möglich, tatsächliche Werte zu schaffen, Sachwerte für die nächste Generation. Ganz klar waren die Voraussetzungen für weitere Hotelübernahmen die denkbar schlechtesten – mit oder ohne meinen Vater –, aber nicht vollkommen aus der Welt. Um das scheinbar Unmögliche doch möglich zu machen, halfen uns letztlich Banken, die uns trotz schlechter Voraussetzungen zur Seite standen. Direkt neben der Upstalsboom-Zentrale in der Friedrich-Ebert-Straße befand sich das Parkhotel – und das sollte das zweite Hotel werden, das wir ins Eigentum der Familie überführen wollten. Dabei hatten wir kaum Eigenkapital. Da wir das Hotel aber schon lange und auch recht gut bewirtschafteten, reichte den Banken ein nur sehr geringer Eigenkapitalanteil. Und weil wir die Bücher kannten und wussten, dass das Haus in der Innenstadt von Emden hervorragend lief, war uns (und auch den Banken) klar, dass wir keine Katze im Sack kaufen würden. Dabei hatten die Voreigentümer anfangs gar nicht an uns veräußern wollen. Sie hatten den Managementvertrag dieses Hauses kurzfristig gekündigt, um es betreiberfrei am Hotelmarkt anzubieten. »Dann eben nicht«, gaben wir ihnen zu verstehen. »Wir wünschen Ihnen bei der Suche nach einem anderen Käufer viel Erfolg.« Schließlich, als wir uns längst zurückgezogen hatten und mit anschauen mussten, wie potenzielle Käufer in unseren Geschäftsräumen im Rahmen der Verlaufsverhandlungen und Ankaufsuntersuchungen die Unterlagen wälzten, trat dann doch eine Wende ein. In einer Nacht-und-Nebel-Aktion wurden die Verhandlungen seitens der Eigentümer wieder aufgenommen. Auf einmal hieß es: »Lieber Bodo, in Gedenken an Ihren Vater müssen Sie dieses Hotel übernehmen.« Ich glaube nicht, dass es ihnen dabei um meinen Vater oder eine moralische Anwandlung ging, sie waren schlichtweg mit ihren Verkaufsversuchen auf dem Holzweg gelandet und hatten einige Dinge nicht berücksichtigt. Ein Krimi war nichts dagegen.

Nach dieser und einer weiteren Hotelübernahme im gleichen Jahr saß ich 2009 an meinem Schreibtisch, noch in der zweiten Etage. Immer wieder wurde ich traurig, wenn ich an meinen Vater dachte, doch es gab auch andere Momente. In diesen war ich mit mir komplett zufrieden. Ich war ein Manager geworden, der immer fester davon überzeugt war, die Welt in der Tasche zu haben, ein kluger Manager, der alles richtig macht, einer, der auf alles eine Antwort hat. Einer, der gerne mal etwas öfter und länger als üblich in den Spiegel schaut, nicht nur, um zu sehen, ob die Haare noch sitzen, sondern weil ihm gefällt, was er dort erblickt. Angesichts der vermeintlichen Erfolge wunderte ich mich eher, dass ich es noch nicht aufs Titelbild eines Managermagazins geschafft hatte. »Hey, Bodo, wenn nicht du, wer dann?« Durch das, was ich bisher erreicht hatte, war ich so von mir und meinem Handeln überzeugt, dass ich glaubte, alles anpacken und auch schaffen zu können. Wieder einmal. Managementfieber nennt man wohl diese Krankheit, eine gefährliche Krankheit, die mich mit jedem weiteren Erfolgserlebnis in einen tieferen Rausch geraten ließ.

Mehr und mehr vertiefte ich mich nun in Zahlen, Daten, Fakten, in Prozessbeschreibungen, Checklisten und Wirkungsgefügen. Ich war fest davon überzeugt, jede Herausforderung mit ihnen meistern zu können. Schritt für Schritt wurden unter Anwendung dieser Instrumente alle Ziele erreicht – es klappte hervorragend. Wir waren innovativ. Wir hoben uns vom Markt ab, ohne abzuheben, so hatte es mein Vater immer formuliert. In diesem Punkt konnte ich seinen Anforderungen auf jeden Fall Rechnung tragen. Ansonsten wollte ich Dinge anders machen, als man sie zuvor gemacht hatte. Andere Zeiten erfordern andere Vorgehensweisen.

Schon 2008 stellten wir die Organisation einiger unserer Hotels nicht mehr in Organigrammen dar, sondern in einem Wirkungsgefüge. Als erstes Unternehmen weltweit wendeten wir das Sensitivitätsmodell von Systemforscher Frederic Vester für die Hotellerie an – in ihm ging es um Kybernetik und um die Kunst, vernetzt zu denken. Management von Komplexität war für mich die heilige Kuh. Alles ging darum, was ich als Unternehmer dafür tun konnte, meine quantitativen und qualitativen Ziele im Zusammenhang mit einer langfristigen Sicherung der Hotels und damit des Unternehmens zu erreichen. Hohe Gewinne bedeuteten für mich die Chance, wieder in die Hotels und deren Substanz zu investieren. Und das war im wahrsten Sinne des Wortes notwendig geworden, denn einige unserer Hotels waren schließlich durch das shareholderbedingte Ausbluten gewissermaßen in Not geraten. Das war nur Wertschöpfung durch Ausnutzung gewesen. Wobei sich die Ausnutzung dabei nicht allein auf das Materielle bezog, sondern auch auf das Menschliche. Das erkannte ich damals aber noch nicht.

Stattdessen schwelgte ich weiter in meinen Simulationen und zukünftigen Szenarien. Das war meine Art, das Unternehmen zu managen. Für die hotelfachliche Auseinandersetzung mit dem Unternehmen fehlte mir die Kompetenz. Dies versuchte ich durch die Anwendung der kennengelernten Methoden zu kompensieren. Mein Vater hatte häufig die Frage in den Raum gestellt, womit sich ein Mensch beschäftigen will. Mit Erbsen, mit dem Teilen von Erbsen, mit Säcken voller Erbsen oder mit ganzen Waggons voller Erbsen? Mir war Letzteres sehr sympathisch.

Wie auch immer: Der Umsatz stieg. In der Summe meiner Wahrnehmungen lief alles hervorragend, ich fühlte mich wie ein Kapitän auf hoher See, der jeden Eisberg umschiffte, Grenzen gab es nicht für mich. Wieso auch? Grenzen fand ich schon zu Kindergartenzeiten doof.

Die Upstalsboom-Welt schien in Ordnung zu sein, selbst wenn es noch die Achillesferse gab, dass unsere Buchhaltung die Rechnungen zu spät – oft erst nach sechs Wochen – bezahlte. Aber ich war so sehr von dem in Anspruch genommen, was im Augenblick im Vordergrund stand, dass mich die Vergangenheit kaum tangierte. Mit jeder belegten Effizienzsteigerung stieg mein Selbstbewusstsein. Immer öfter geriet ich in Hochstimmung und eine Art Selbstgefälligkeit, der ich dadurch Ausdruck verlieh, stets die richtige Antwort parat zu haben. Ja, genau das war es, was mich ausmachte. Ich gab immer gute Antworten, hatte immer eine Idee und vor allem immer recht. Die anderen hatten nicht den Geist, alles zu erfassen. Sie dachten von der Wand bis zur Tapete. Und das war der Grund, weshalb ich so viel Erfolg hatte. Vielleicht war ich mir dessen nicht permanent bewusst, handelte ich doch in bester Absicht, aber mein Verhalten schien diesen Eindruck zu vermitteln.

Das große Selbstwertgefühl führte dazu, dass ich zu der Ansicht kam, das Büro meines Vaters beziehen zu dürfen. Ich hatte mir meine selbst verliehenen Lorbeeren verdient und somit das Recht auf diesen besonderen Schritt erworben. Nun wollte ich in das höchstgelegene, größte und schönste Büro des Hauses ziehen, so wie es sich für einen Geschäftsführer gehörte. Seit dem Tod meines Vaters hatte ich sein Reich nicht mehr betreten, nicht einmal für Besprechungen benutzt (dazu dient es heute, auch als Bibliothek für alle Mitarbeiter, ich selbst bin wieder ins Erdgeschoss umgesiedelt). Vorsichtig nahm ich auf dem schwarzen Ledersessel Platz, und da saß ich nun auf dem »Thron«, glaubte, in dieser luftigen Höhe den alleinigen Überblick zu haben – fühlte mich dort wohl und fing an, von diesem aus die Geschäfte zu betreiben.

Meine Begeisterung für das Management von Komplexität stieg ebenfalls in luftige Höhen, der Gipfel aller Gefühle war eine Einladung des österreichischen Management-Gurus Fredmund Malik, der in St. Gallen ein renommiertes Beratungsunternehmen leitet. Malik hatte einen Kongress in Bozen organisiert, und auf ihm sollte ich einen Vortrag halten – direkt nach ihm. Nun wurde es aber langsam wirklich Zeit für einen Titel auf einem knackigen Magazin, auch wenn ich den Vortrag in Italien aufgrund eines massiven Infekts kurzfristig absagen musste. Was war ich doch für ein toller Typ geworden! Aus dem Nichts heraus und wie Phönix aus der Asche hatte ich es bis in den Olymp des europäischen Managements geschafft. Spätestens da geriet ich, wie schon zu Modelzeiten, beim Blick in den Spiegel ins grandiose Schwärmen.

Und dennoch gab es dieses eigenartige Bild, das sich in unserem Unternehmen abzeichnete. Da erwirtschafteten wir in unseren mittelständischen Betrieben immer höhere Umsätze, und mit ihnen stiegen auch die Investitionen in die Hotels, die Qualität stieg, und sowohl in der Branche als auch außerhalb unserer Branche fingen die Menschen an, über uns zu sprechen; schließlich hatten uns viele nach dem Tod meines Vaters kaum noch etwas zugetraut. Trotz dieser Entwicklung gab es Mitarbeiter, die das nicht zu schätzen wussten und kündigten. Wieso konnten wir keine neuen Mitarbeiter für uns begeistern? Irgendetwas stimmte da nicht.

Und dann kam Herr Gaukler.

Und das Kloster.

9 | Eine Vision von glücklichen Menschen

»Wie war es?«, fragte meine Frau Claudia, als ich nach meinem Aufenthalt bei den Benediktinern wieder zurück in Emden war.

»Sehr gut«, sagte ich, nicht mehr. Ich brauchte Tage, um das Erlebte in Worte fassen zu können. Die Ruhe aus dem Kloster war noch für eine ganze Zeit mein innerlicher Begleiter. In der ersten Zeit versuchte ich sogar, den Fragen der Mitarbeiter zu meiner Klosterzeit aus dem Weg zu gehen. Sie schien für mich etwas Heiliges zu sein, worüber ich nicht gleich berichten wollte oder konnte. Auf viele Fragen antwortete ich nur kurz, manchmal blieben meine Lippen mit einem leichten Lächeln ganz verschlossen.

Claudia schenkte mir dann eine Meditationsbank. Das war eine Überraschung, sie machte mir damit eine Riesenfreude, denn so konnte ich nun auch zu Hause meditieren. Und auch wenn die Bank von allen erst verwundert betrachtet wurde, hieß es schon bald, wenn ich unausgeglichen war: »Geh doch mal wieder ins Kloster!« Oder: »Musst du nicht mal wieder auf die Bank?«

Ich hatte das Gefühl, dass das, was ich in Würzburg erlebt hatte, und das, was in mir vorging, uns auch als Familie guttat. Vor meinem ersten Klosterbesuch gehörte ich zu den Managern, die gern mal weit über achtzig Stunden die Woche arbeiteten, immer in dem Glauben, wer viel arbeitet, schafft auch viel. Von Klosterbesuch zu Klosterbesuch konnte ich mein Pensum reduzieren, und spannend war daran: Je weniger ich arbeitete, desto wirksamer wurde ich.

Als ich Claudia dann sagte, ich hätte schon das nächste Curriculum im Kloster gebucht, lächelte sie nur. In einer Ankündigung hatte ich von ihm gelesen, und im selben Moment wusste ich, dass ich nicht um diesen Kurs herumkam: »Führen und geführt werden« hieß er, geleitet wurde er abermals von Friedrich Assländer, dieses Mal jedoch nur mit einer kurzen Stippvisite von Pater Anselm.

Am 8. November 2010, nur vier Wochen nach der Rückkehr von meinem ersten Klosterbesuch, war es dann so weit. Der Kurs fand erneut im Stadtkloster der Benediktiner statt, und inhaltlich ging es abermals um Themen, die ich bis zu meinem ersten Aufenthalt dort nicht ansatzweise mit Führung in Verbindung gebracht hätte. Wir beschäftigten uns mit den Quellen von Führungserfolg, insbesondere mit der Fähigkeit, uns selbst wahrzunehmen, um daraus ein gutes Selbstwertgefühl zu entwickeln. Ich erfuhr, dass mein Selbstwertgefühl besser wird, wenn mein Selbstbild mehr mit der Wirklichkeit übereinstimmt. Bisher hatte ich offensichtlich ein überhöhtes Selbstbild, das durch mein Umfeld, in diesem Fall meine Mitarbeiter, einer schmerzhaften Korrektur unterzogen worden war. Deshalb saß ich ja hier. In diesem Zusammenhang fand ich auch die Aussage interessant: »Wer fragt, führt.« Deutlich wurde mir das durch ein Beispiel: Wer in einem Gespräch die Fragen stellt, der führt es. Darüber hatte ich mir so nie Gedanken gemacht.

Also ging es auch bei der Selbstführung darum, sich immer wieder Fragen zu stellen. Die an sich selbst gerichteten Fragen dienten dazu, sich seiner selbst bewusster zu werden. Besonders interessant empfand ich dabei die Darstellung des sogenannten Johari-Fensters, das den Sinn hatte, sich seiner »blinden Flecke« bewusst zu werden. Die Führung anderer beinhaltete ebenfalls die Fähigkeit, ihnen Fragen zu stellen. Ich erinnerte mich daran, dass ich es immer war, der die vermeintlich richtigen Antworten gegeben hatte. Verkehrte Welt!

In den nächsten Modulen des Curriculums ging es dann darum, sich seiner Zeit bewusst zu werden. Bis dahin hatte ich mich höchstens mit Zeitmanagement beschäftigt, damit, wie ich mich chronologisch immer effizienter auf dem Weg zum nächsten Moment, zum nächsten Termin oder sonst wohin begeben kann. Nun hieß es, dass die Qualität des eigenen Lebens sich nicht in der Zukunft, sondern in der Gegenwart befindet. Die Zukunft, so erfuhr ich, ist nichts anderes als ein Gedanke, die Vergangenheit nichts anderes als eine Erinnerung. Wir leben in der Gegenwart.

Immer und immer wieder reiste ich ins Kloster. Einerseits war es die Ruhe und die Struktur an diesem Ort, die mich magisch anzogen, andererseits wollte ich mehr über mich und die Kunst des Führens erfahren. Wie sich immer mehr herausstellte, war es eine Reise, bei der es darum ging, mir meiner selbst bewusster zu werden. Für mich wurde das Finden meiner Identität, meiner Persönlichkeit zentral. Durch das Kloster fand ich den Einstieg in eine Lebensphase, die in der indischen Mythologie als Zeit des Waldeinkehrers bezeichnet wird. Der Schweizer Psychoanalytiker C. G. Jung spricht von einem »Prozess der Individuation«, der bei Männern häufig im Alter um die vierzig beginnt. Ich war sechsunddreißig. Nun gut.

Es war nicht jedes Mal leicht, mit mir selbst und meiner Geschichte konfrontiert zu sein, aber ich spürte die Notwendigkeit dieses Unterfangens, ohne genau zu wissen, was für Konsequenzen daraus zu ziehen waren. Dass dieser Prozess Folgen für mich *und* für das Unternehmen haben würde, wurde mir schnell bewusst.

Schließlich entschied ich mich dazu, über das Team Benedikt, jene Organisation, die Klosterkurse anbietet, eine Coaching-Ausbildung bei Monika Kilb zu beginnen, die über den Zeitraum von eineinhalb Jahren gehen sollte. Mit den gemachten Erfahrungen aus den vorherigen Klosterseminaren bekam diese Ausbildung für mich im Lauf der Monate eine ganz besondere Bedeutung, wurde geradezu essenziell. So sehr ich nämlich versucht hatte, mehr Einblicke in mein eigenes Ich zu bekommen, so hatte ich bisher zwar das Tor zu meinem inneren Schatz gefunden, nicht aber den Schlüssel, um dieses zu öffnen. Ich wusste nicht, wo und wie ich diesen Schlüssel finden konnte. Dennoch wollte ich es versuchen und war in dem Glauben, dass eine Coaching-Ausbildung mich dabei unterstützen könnte, einen in der Praxis gangbaren Weg zu mir selbst zu finden.

In dem ersten von sechs Modulen meiner Ausbildung ging es um Coaching als Führungskompetenz, auch kam die Selbstführung wieder auf den Tisch. Es war das »Drei-Welten-Modell der Persönlichkeit« nach Bernd Schmidt, in dem es die private und die berufliche Welt gibt, wobei Letztere nochmals unterteilt wird in eine Professions- und Organisationswelt, um Konflikte im beruflichen Alltag zu erkennen. Seine dazugehörigen Fragen gaben mir wichtige Impulse zu meiner jetzigen Situation. Schnell lernte ich, dass ich erst einmal in Erfahrung bringen musste, wo ich aktuell stand, um danach herauszufinden, wohin ich wollte. Meine Ausgangslage war eine wichtige Voraussetzung für den weiteren Weg.

Die für mich essenziellsten Einsichten entstanden während der Teilnahme am zweiten Modul: »Veränderungen einleiten«. Interessant war, dass ich die Ausbildung wohl unbewusst nicht darauf ausgerichtet hatte, andere zu coachen. Im Nachhinein wurde ich mir darüber klar, dass ich sie genutzt hatte, um vornehmlich an mir selbst zu arbeiten, denn auch in diesem Modul waren es wieder ganz spezielle Themen, die mich sehr bewegten. Das erste war eine Vereinbarung, die wir im Zusammenhang mit einer Aufgabe oder einem Projekt mit uns selbst schließen sollten, die oder das wir bis zum Ende unserer Ausbildung gelöst haben sollten. Ich entschied mich für eine Aufgabe, bei der ich trotz aller Selbstgefälligkeit bislang nicht weitergekommen war. Ich entschied mich für ein Reorganisationsprojekt in der Emder Zentrale.

Upstalsboom war gewachsen – wir hatten unseren Umsatz gegenüber dem Vorjahr um 25 Prozent gesteigert –, und mit diesem Wachstum hatten sich auch die Strukturen in vielen Bereichen weiterentwickelt. Nur in einem Bereich hatte ich noch keine Klarheit darüber, wie dieser aufgestellt sein könnte, damit er den veränderten Anforderungen innerhalb unseres Unternehmens gerechter werden konnte. Es war die Buchhaltung, jener Sektor, in dem alle Fäden zusammenliefen. Mit dem, was ich bisher in diese Abteilung einbrachte, schien ich auf taube Ohren zu stoßen. Für mich war die fehlende Entwicklung in der Buchhaltung ein großer Klotz am Bein. Was mich aber besonders verunsicherte, war die Situation, dass wir trotz immer besser werdender Umsätze noch so viele Mahnungen erhielten und die Zahlung der Rechnungen so viel Zeit in Anspruch nahm. Es konnte nicht sein, dass der Zeitraum zwischen dem Eingang einer Rechnung und der tatsächlichen Bezahlung zweiundvierzig Tage betrug. Es gab unendlich viele Mahnungen, Prozesse drohten uns, und schon aus Imagegründen musste dieses schlechte Außenbild korrigiert werden. Ich verlor das Vertrauen in diesen Bereich, weil ich nicht erkennen konnte, es mir nicht klar war, wieso sich bei all unseren positiven wirtschaftlichen Entwicklungen keine Verbesserung der Zahlungsmoral einstellte.

Und genau um diese Klarheit ging es mir. Als Aufgabe innerhalb meiner Coaching-Ausbildung formulierte ich dann aus diesem Grund das Projekt »Klarheit RW«, und es hatte das Ziel, bis zum 30. Juni 2011 Klarheit darüber zu bekommen, was die Gründe für die fehlende Entwicklung und die mangelhafte Zahlungsmoral waren. Für den Fall, dass es mir nicht möglich war, bis zu diesem Zeitpunkt diese für mich so wichtige Klarheit zu bekommen, würde ich den Bereich outsourcen. Die Buchhaltung umfasste insgesamt neun Mitarbeiter, teilweise arbeiteten sie schon seit zwanzig Jahren für Upstalsboom.

Immer mein Ziel vor Augen, lud ich die Mitarbeiter zu Analyse-Workshops ein und versuchte gemeinsam mit ihnen die Prozesse zu durchleuchten. Aber egal, was wir auch unternahmen, wir kamen nicht weiter. Ich hatte das Gefühl, nicht den richtigen Schlüssel zu finden, nicht die richtige Ansprache zu formulieren. Ich scheiterte erneut, denn wieder und wieder hörte ich: »Das geht so nicht.« Ich erreichte die betreffenden Mitarbeiter einfach nicht. Dass das an mir lag, das weiß ich heute, doch damals dachte ich nur: Die sind doof, die blockieren, die wollen nicht, die haben etwas zu verbergen, die wollen ihren Job nur so ausüben, wie sie es schon immer gemacht haben.

Letztlich erreichten wir den 30. Juni 2011, ohne die von mir gewünschte Transparenz zu erlangen, und ich entschied mich für die Auslagerung der Buchhaltung. Ende September lud ich die Mitarbeiter in unseren Besprechungsraum und informierte sie über meine Entscheidung. So eindeutig die Entscheidung für mich auch war, der Gang in den Besprechungsraum machte mich auf eine mir bis dahin nicht bekannte Intensität betroffen. Ich hatte es nicht geschafft, die Menschen, die jetzt auf mich warteten, ohne zu wissen, was auf sie zukommt, in eine für das Unternehmen gute Richtung zu bewegen. Ich war daran gescheitert, und nun ging es darum, die Konsequenzen zu ziehen.

Ich betrat den Raum und sah in die offenen, freundlichen Gesichter der Menschen, die mir bekannt waren und die ich trotz aller Widerstände lieb gewonnen hatte. Zu jedem Einzelnen hatte ich ein gutes, zum Teil sogar freundschaftliches Verhältnis. Ich begann meinen Monolog mit einem Rückblick auf die vergangenen Monate und unterstrich dabei, dass ich mit unserem Vorhaben, Klarheit in die Buchführung zu erhalten, gescheitert bin. Weiter führte ich aus, dass ich jedem Einzelnen von Herzen dankbar für seinen Einsatz bin. »Jeder Einzelne ist für sich ein einzigartiger Mitarbeiter, nur als Team haben wir es nicht geschafft, die erforderliche Klarheit zu finden und die erforderliche Weiterentwicklung zu ermöglichen.« Ich bat um Verzeihung dafür, dass ich mir keinen anderen Rat wusste, als den Bereich auszulagern, eine notwendige Konsequenz aus diesem Scheitern. »Jeder Mitarbeiter erhält hier und jetzt seine Kündigung.«

Erschrockene Gesichter wie damals beim Tod meines Vaters, Tränen, und auch ich musste mit ihnen kämpfen. Doch alle Mitarbeiter unterschrieben die Kündigung – trotz des Schocks. Ich fuhr danach fort, sagte, dass ich mich dafür einsetzen werde, dass jeder einen guten neuen Job in der Region bekommt, dass wir dafür eine Pressemitteilung formuliert hätten, in der wir Werbung für die Übernahme der gekündigten Mitarbeiter machen würden. Im Vorfeld wurde ich für diese Vorgehensweise belächelt: Wie könne man wertvolle Mitarbeiter nur über die Presse an den Markt abgeben? Doch die, die sarkastisch darüber hergezogen hatten, sagten nichts mehr, als einen Tag nach der Veröffentlichung des Berichts Anrufe von anderen Unternehmen erfolgten, die sich zu den betroffenen Mitarbeitern durchstellen ließen.

Was mich am meisten beeindruckte, war allerdings die Art und Weise, wie jeder gekündigte Mitarbeiter mit dieser Situation umging. Je nach Kündigungsfrist, die bei manchen sechs

Monate betrug, blieben, bis auf eine Ausnahme, alle Mitarbeiter des Bereichs bis zu ihrem letzten Arbeitstag, und nicht einer von ihnen zog vor Gericht.

Die Krise hatte sich im Endeffekt noch in eine gute Richtung entwickelt. 2015 konnte die Buchhaltung wieder ins Unternehmen zurückgeholt werden, und es sind Mitarbeiter dabei, denen ich damals gekündigt hatte. Ganz besonders bin ich dankbar dafür, dass die damalige Leitung des Rechnungswesens extrem an sich gearbeitet hat und heute zu meinen starken Stützen im Unternehmen zählt. Verrückt war das.

Die zweite Übung im Modul: »Veränderungen einleiten«, war eine, die *Timeline* hieß und mir einen zum Teil sehr emotionalen Einblick in die historische Entwicklung meiner Persönlichkeit ermöglichte. Letzteres geschah in der systematischen Betrachtung meines bisherigen Lebenswegs. Hier ging es darum, sich all der Situationen bewusst zu werden, die wir als Meilensteine oder auch Wegpunkte bezeichnen würden. Bei den von uns betrachteten Wegpunkten ging es dabei einerseits um belastende Situationen aus der Vergangenheit, Konflikte, Krisen, Todesfälle, Unfälle; andererseits aber auch um Auftrieb gebende Meilensteine wie Geburt der Kinder, Hochzeit, berufliche und private Erfolge, die alle weiter in uns wirken, ohne dass wir uns dessen bewusst sind. Vor einigen Monaten hätte mir ein solches Vorgehen Schwierigkeiten bereitet, aber jetzt, wo ich mir bewusst darüber war, wofür ich das machte, war ich innerlich dazu bereit. Und Meilensteine gab es viele.

Ich begann bei meiner Geburt. Erste Kindheitserinnerungen sparte ich bei der ersten Durchführung dieser Übung aus (bei späteren Durchführungen betrachtete ich dann auch einige meiner Kindheitserinnerungen). Ein weiterer Meilenstein war für mich die Schulzeit, sie war sehr prägnant für mich, da ich alles andere als ein vorbildlicher Schüler war. Weil ich nach der Grundschule keine Gymnasialempfehlung hatte, blieb mir nur die Realschule übrig. Das war eine Enttäuschung, weshalb ich Schule noch weniger interessant fand. Auf der Realschule erwarb ich aber doch noch die Qualifikation, aufs Gymnasium gehen zu können. Ich gelangte aufs Wirtschaftsgymnasium, allerdings erst nach einer Ehrenrunde in Form eines Berufsgrundbildungsjahrs. Während des Großteils meiner Schulzeit hatte ich die meisten Probleme damit, die Meinung meiner Lehrer anzunehmen, nur um gute Noten zu bekommen. Ich hatte überhaupt keine Lust, mich der guten Noten wegen zu verbiegen, geschweige denn zu verkaufen. Besonders in Erinnerung ist mir ein Deutschessay in der Oberstufe geblieben. Ich vertrat hier eine Meinung zu einem Buch. Als ich meinen Essay zurückbekam, standen darunter drei Punkte, also eine Fünf. Die Argumentation: »Am Thema vorbeigeschrieben.« Arschloch, dachte ich, als ich das Ergebnis sah und meinen Lehrer dabei anschaute. Ich lasse mich nicht zum reinen Pflichterfüller degradieren, ging es mir weiter durch den Kopf.

Der erste Job in der Bar Bolero – ebenfalls ein Meilenstein. Zum damaligen Zeitpunkt war mein Dasein als Barkeeper Ausdruck meiner Persönlichkeit. Es folgte ein Autounfall, er passierte im ostfriesischen Filsum. Mit Freunden hatte ich heftig gefeiert, und mitten in der Nacht fuhren wir in meinem Mercedes 200 D W 123 zurück nach Emden. Der Wagen war voll besetzt, und auf der B 72, die die wichtigste Ost-West-Verbindung auf der ostfriesischen Halbinsel ist, setzte auf einmal ein Platzregen ein. Mit über hundert Stundenkilometern kamen wir von der Bundesstraße ab, überschlugen uns mehrfach – und stoppten erst einen Meter neben einem mächtigen Baum, auf dem Dach liegend. Einige von uns lagen völlig quer im Wagen.

»Schnall mich ab«, sagte meine damalige Freundin Julia.

Ich weiß noch, wie ich, im eigenen Hirn ein dichter Nebel, sie vom Gurt befreite und sie aufgrund der Position des Autos anschließend auf dem Kopf landete. Trotz aller Tragik barg das eine gewisse Form von Situationskomik.

Zufälligerweise fuhr gerade Johannes, ein Bekannter vorbei, immerhin sechzig Kilometer von Emden entfernt, der uns alle in seinem Auto einsammelte. Meinen Mercedes ließen wir neben dem Baum liegen. Am nächsten Tag tauchte bei mir zu Hause die Polizei auf. Es lief am Ende glimpflich ab. Glück gehabt. Das größte Glück aber war, dass niemand zu Schaden gekommen war.

Dann gab es noch einen Motorradunfall. Ein Autofahrer hatte mich übersehen und mir am Stauende auf der A 1 in Richtung Bremen mit hoher Geschwindigkeit meinen Bock unterm Hintern weggeschossen. Ich landete zwischen den Leitplanken zur gegenüberliegenden Autobahnseite. Im Rahmen des in der Übung gewonnenen Bewusstseins sagte ich zu meinem Coach: »Ich bin wohl eine Katze, ich habe sieben Leben. Es könnten aber auch neun sein.« Dieses Gefühl hatte sich bei mir zweifellos auch nach der Entführung breitgemacht. Was hatte das zu bedeuten? Solche Erfahrungen mussten doch prägend sein? Nur inwiefern? Hatte ich einen Schutzengel?

Worum also ging es bei dieser Übung konkret? Was auch immer in unserem Leben passiert, wir meistern die Situationen auf die eine oder andere Weise. Und da genau liegt der Schlüssel. Wir meistern sie. Und was wir dazu brauchen, sind Fähigkeiten, Ressourcen, Talente, Stärken, aber auch Schwächen, allerdings ohne uns im Nachhinein darüber bewusst zu sein. Im Laufe unseres Lebens müssen wir durch solche Meilensteine viele unserer persönlichen Fähigkeiten entfalten. Die jeweiligen Situationen führen dann dazu, dass wir sie abrufen. Doch der Stress des Alltags hindert uns daran, dass wir uns all dieser Fähigkeiten bewusst werden. Und darum ging es bei dieser Übung. Sich darüber bewusst zu werden, wie stark wir sind.

Meine nächsten Meilensteine: die Freizeitanlage in Emden. Und meine erste Begegnung mit Claudia, meiner Frau, am Totensonntag 2004. Zu diesem Zeitpunkt war das noch kein wirklicher Meilenstein, sondern einfach eine unglaubliche Frau, die bei unserer ersten Begegnung einen mächtigen Eindruck bei mir hinterlassen hatte. Nicht dadurch, dass sie irgendetwas Besonderes getan hatte, sondern einfach nur durch ihre bloße Existenz.

Plötzlich stand sie da, gemeinsam mit ihrer Mutter. Claudia wollte einen Bodypump-Kurs besuchen, um fitter zu werden. Sie bekam von mir eine Einweisung, während ihre Mutter sich anderen Dingen widmete, da sie schon Wochen zuvor von mir eine Einweisung für den Kurs bekommen hatte. Es dauerte nicht lange, und wir sahen uns wieder. Mehrmals. Ich war hin und her gerissen. Mein altes Leben, meine Freundin Julia, die neue Frau, unweigerlich führte das zu Konflikten, die zum Teil dramatische Ausmaße annahmen und bei mir nicht selten im Wochenendsuff endeten.

Ein gutes halbes Jahr nachdem Claudia und ich uns das erste Mal getroffen hatten, geschah etwas in und mit mir, was mein damaliges inneres Chaos schlichtete. Geschäftlich war ich in unserem Berliner Hotel unterwegs, und wieder einmal lag ich nachts wach im Bett. Es waren meine nicht enden wollenden Gedanken, die mich nicht zur Ruhe kommen ließen. Waren es in der Vergangenheit die misslichen Situationen, die ich im Zusammenhang mit der Bewirtschaftung des TCE in meinem Kopf bewegte, die Rechnungen, von denen ich nicht wusste, wie ich sie am nächsten Tag bezahlen sollte, ging es dieses Mal um etwas, oder besser jemanden, ganz anderes.

Wie aus dem Nichts kommend fanden meine Gedanken Zugang zu den letzten Monaten meines immer zerstörerischer werdenden Lebenswandels. Was war eigentlich los mit mir? Was machte ich da eigentlich? Ich hatte das Gefühl, völlig entwurzelt zu sein und überhaupt keinen Zugang mehr zu mir selbst zu finden. Ich hetzte durch die Gegend. Später erfuhr ich von Pater Anselm, dass das Wort »hetzen« von »hassen« abstammt. Dass der, der durch die Welt hetzt, sich im Grunde selbst hasst.

Wahrscheinlich war ich damals, ohne mir dessen bewusst zu sein, ständig auf der Flucht vor mir selbst gewesen, und die ganze Unruhe, die Partys, der Alkohol und alles andere boten eine hervorragende Möglichkeit der Zuflucht. Auch in den letzten Monaten hatte sich wenig daran geändert, eher im Gegenteil, das Kennenlernen von Claudia hatte meine Orientierungslosigkeit zunächst verschärft.

Und Claudia hatte sich aufgrund des ganzen Hin und Her zurückgezogen. Nicht einmal sprechen wollte sie noch mit mir. Hart hatte ich dafür kämpfen müssen, dass sie mir dann doch wieder zuhörte. Warum hatte sie das zugelassen? Glaubte sie im tiefsten Inneren an mich? An uns? Ich wusste es nicht, hoffte es aber, denn ich selbst hatte, und das wurde mir immer bewusster, ihr gegenüber ein Gefühl des uneingeschränkten Grundvertrauens. Nie zuvor hatte ich so viel Vertrauen erfahren, so viel Offenheit, so viel Geduld, so viel Liebe gefühlt. Und nun, am 6. Juni 2005, überwältigte mich diese Sehnsucht.

Noch im Berliner Bett liegend, schrieb ich ihr eine SMS: »Es ist Zeit für mich, nach Hause zu kommen.« Diese SMS löste einen schon lange bestehenden und vor allem festsitzenden Knoten in meinem Herzen. Mein Herz öffnete sich mit solcher Macht, dass ich spürte, wie meine Augen feucht wurden und die Tränen auf meinen Wangen hinunterliefen.

Für mich gab es kein Halten mehr. Ich stand auf, vergaß alles um mich herum und machte mich auf den Weg nach Hause, zu Claudia.

Gut ein Jahr später heirateten wir auf der Insel Wangerooge, vier Monate später kam unser erstes Kind zur Welt. Heute bin ich mir ziemlich sicher, dass ich mich ohne diese Begegnung über kurz oder lang selbst zerstört hätte. Claudia war meine Lebensretterin, sie hat an mich geglaubt, an uns geglaubt, an unsere Liebe und an unsere Beziehung, ohne dass sie schon wirklich begonnen hatte.

Was war bis zu diesem Juni im Jahr 2005 geschehen? Ich war sozusagen ein Oberflächenphänomen. Ständig bin ich äußeren Idealen hinterhergerannt und hatte an einem Rennen nach dem anderen teilgenommen, dessen Maßstab sich in Oberflächlichkeiten ausdrückte. Die Zurschaustellung seiner selbst und seines Besitzes war ein Rennen, bei dem ich auf Dauer nur verlieren konnte. Der permanente Vergleich mit anderen führte mich in eine Abhängigkeit zu den Aktivitäten, die ich unternahm, um besser zu sein als die anderen – und das permanent. Welch aussichtloses Unterfangen, das schon in der Schule propagiert wurde und doch langfristig bei der Geschichte des Sisyphos enden musste. Es gibt immer jemanden, der besser ist. Mein persönliches Glücksempfinden abhängig zu machen von äußeren Dingen, den Statussymbolen, dem Aussehen und den Aussagen mir fremder Menschen, der öffentlichen Meinung, war extrem gefährlich. Diese äußere Abhängigkeit führte dazu, gehandelt zu werden und nicht selbst zu handeln. Ob ich das wahrhaben wollte oder nicht. Die Abhängigkeit von äußeren Dingen führte mich. Der Meinung anderer gerecht zu werden, bedeutete nichts anderes, als sich von ihnen führen zu lassen, keine Verantwortung für sich selbst zu übernehmen und sein Tun unter den Denkmantel der Allgemeinheit zu stellen. Wo das hinführte, hatte ich ja am eigenen Leibe erleben können. Wir altern – und wie rasch kann uns das, was uns für unseren Status wichtig ist, genommen werden?

Mit dem Nach-Hause-Kommen konnte und wollte ich mich im Angesicht der Liebe meines Lebens auch ein Stück weit aus dieser äußerlichen Welt verabschieden. Auch wurde ich mir später darüber bewusst, dass ich, wenn ich im kurzweiligen und trügerischen Wohlgefühl dieser Äußerlichkeiten weitergerannt wäre, wohl irgendwann tot aus meinem Hamsterrad gefallen wäre. Ich kam zu der Erkenntnis, dass ich meine persönliche Freiheit erhöhen kann, wenn ich weniger von äußeren Dingen abhängig bin. Anders gesagt: Wirklich frei bin ich dann, wenn ich das, was mich glücklich macht, in mir selbst oder in meinem Glauben finde. Es muss also fortan ums Innere gehen. Das Innere macht mich frei vom Äußeren. Das Innere hat Bestand bis zum Tod, vielleicht sogar darüber hinaus. Das Äußere hat keinen Bestand bis zum Tod. Am Äußeren kann ich mich nur krampfhaft festhalten – und davon abhängig werden wie von Alkohol oder Drogen. Oft genug hatte ich das beobachten können, besonders an mir selbst.

Früher hatte ich die Vorstellung toll gefunden, ein kleines, wenn auch schnelles Motorboot zu besitzen und damit zum Lachsangeln aufs Meer zu fahren – aber nach meinen Besuchen im Kloster kam dieser Gedanke nie wieder hoch. Meine Erkenntnis: Vieles muss ich verwalten, weniges kann ich genießen. Claudia und ich hatten uns darauf verständigt, dass wir als Familie einen Lebensstandard halten wollten, der sich fortsetzen lässt, selbst wenn ich – auch welchen Gründen auch immer – nicht mehr arbeiten, nicht mehr Unternehmer sein kann. Einen Lebensstandard also, der mit dem, was sie macht, zu finanzieren ist. Wir würden dann dennoch auf nichts verzichten, weil wir nicht von materiellen Dingen (außer unserem Friesenhaus) abhängig sind. Für uns ist es eine wichtige

Grundlage für eine einzigartige Beziehung, wenn wir uns gegenseitig mehr lieben als brauchen, und der von uns gewählte Lebensstandard hilft uns dabei. Die Entscheidung dafür, verbunden mit diesem gegenseitigen Verständnis, bedeutet für uns echte Freiheit.

Auf jeden Fall möchte ich mich heute, mit Anfang vierzig, noch mindestens zwanzig Jahre lang wie Anfang vierzig fühlen: gesund, lebendig und wach. Deshalb betreibe ich weiterhin viel Sport. Aber die Motivation dafür hat sich geändert. Nicht nur weil ich wie vierzig aussehen will, sondern weil ich auch für die Kinder gesund bleiben will. Wir haben drei Kinder, ihre Geburten waren meine nächsten Meilensteine nach meiner Heirat mit Claudia. Für unsere Kinder und womöglich spätere Enkelkinder möchte ich körperlich unbeschwert und fit sein, um mit ihnen noch einiges zu unternehmen. Es geht darum, der höher werdenden Schwerkraft im Alter etwas entgegenzusetzen, durch Muskelkraft mehr Vitalität zu haben. Das halte ich für erstrebenswert. Für mich bedeutet das auch Achtsamkeit gegenüber meinem Umfeld. Es ist mein Beitrag, den ich leisten kann, um in einer guten Gemeinschaft zu leben. Anderen will ich durch den fahrlässigen Umgang mit meiner Gesundheit später nicht zur Last fallen, ich möchte einfach das Beste geben, ein wertvoller Bestandteil dieser Gemeinschaft sein. Dazu gehört Gesundheit. Kurzum, der Sport ist geblieben, aber meine Haltung dazu hat sich geändert.

Die weiteren Meilensteine: 2007 starb ja mein Vater. Dann folgten 2010 die mich schockierenden Ergebnisse der Mitarbeiterbefragung.

Das war also meine Zeitlinie. In der Nachbetrachtung der wesentlichen Bausteine meiner Lebensgeschichte fand ich es faszinierend, wie sehr mir diese Übung dabei geholfen hatte, mir meiner Vergangenheit als Teil meiner Persönlichkeit wieder bewusst zu werden. Ganz besonders interessant empfand ich die Erkenntnis, dass es besonders die Krisen waren, die mich jedes Mal wieder von Neuem und zum Teil sehr unterschiedlich gefördert haben. Und ganz besonders in ihnen lag die Chance, mich weiterzuentwickeln.

Eine Krise als Chance? Genau. Die Krise oder auch der Misserfolg, das sind erste Schritte zum Erfolg. Das war es, was ich für mich erkennen durfte und das mir für die Zukunft einen anderen, einen positiven Blick auf Fehler, den Misserfolg oder die Krise ermöglichte. Es waren besonders die Krisen, für die ich dankbar sein durfte. Also lag in den desaströsen Ergebnissen der Mitarbeiterbefragung die einzigartige Chance, durch sie zu wachsen, auf jeden Fall persönlich. Und womöglich konnten sich dadurch auch Veränderungen im Unternehmen vollziehen.

Im dritten Modul meines Coaching-Curriculums bekam ich dann die Aufgabe, meine persönliche Biografie zu schreiben. Das Bild, das unsere Trainerin dabei vermittelte, war das eines Buchs, unseres Buchs, in dem sich unser Leben bis hin zu unserem Tod wiederfindet. Es ging darum, die Erkenntnisse aus der vorangegangenen *Timeline*-Übung und die daraus entwickelten Erkenntnisse schriftlich zu formulieren. Auch sollten wir versuchen, uns vorzustellen, wie unsere Zukunft aussieht. Nachdem alles aufgeschrieben war, durften wir unserem Buch einen Titel geben.

Ich machte mich an die Arbeit. Dabei stellte ich mir auch die Fragen, ohne dass es gefordert war, die ich bei meinen ersten Klosterbesuchen für mich als wertvoll erachtet hatte: Was ist das, was mich wirklich berührt, mich glücklich macht? So glücklich, dass mir vor Rührung die Tränen kommen? Was hat mich inspiriert? Was ist für mich wirklich wesentlich im

Leben? Was ist mein Talent? Was macht mir Freude? Welche Bedeutung möchte ich meinem Leben geben? Wofür möchte ich mich tagein, tagaus einsetzen? Wofür stehe ich jeden Morgen auf?

Einen wichtigen Hinweis für die Antworten auf diese Lebensfragen, die mein Buch füllen sollten, bekam ich auch von Pater Anselm. Er ermutigte mich, mich intensiv mit meiner Kindheit zu beschäftigen. Besonders ging es darum, mir einer Situation oder einem Moment bewusst zu werden, in der oder dem ich als Kind wirkliches Glück empfunden hatte. Schnell wurde ich fündig. Als Junge hatte ich viel Zeit in meinem Kinderzimmer verbracht und mir aus Playmobil und allen möglichen anderen Dingen verschiedene Welten gebaut. Und in diesen Welten hatte ich, völlig eins mit mir selbst, gespielt. Meinen Gedanken und meiner Kreativität freien Lauf zu lassen war das, was mich Raum und Zeit vergessen ließ. Das Gefühl, das sich in mir dabei einstellte, werde ich nie vergessen. So schön war es. Zugleich wurde mir bewusst, wie ich nach meiner Entführung nicht mehr hatte allein sein können. Was für ein Unterschied! Unglaublich, wie sich ein Mensch im Laufe seines Lebens durch das, was er erlebt, verändert oder aber auch verändert wird. Aber die Erinnerung an diese Zeit half mir dabei, immer wieder mit der Meditation zu beginnen. So oft, bis sie schließlich zur Gewohnheit wurde.

Eine weitere Erinnerung: Sehr regelmäßig büxte ich aus meinem Kindergarten aus, unterm Zaun krabbelte ich hindurch, und weg war ich. Als ich an diese Fluchtversuche dachte, erfüllte mich das mit einem großen Wohlgefühl. Es war die Begrenzung, die ich für mich nicht annehmen konnte. In diesem Augenblick spürte ich den Wind in meinem Gesicht, jenen Wind, der mich umfing, wenn ich losrannte, so schnell ich konnte, nachdem ich mich unter dem Zaun hindurchgebuddelt hatte und mich direkt auf den Weg nach Hause machte.

Doch ganz stark hatte mich noch etwas anderes berührt, viele Jahre später, im Jahr 1998, dem Jahr meiner Entführung. Aufgrund dieser hatte mich Günther Jauch zu seinem Jahresrückblick eingeladen, zu *Menschen, Bilder, Emotionen 1998!* Die Einladung hatte ich abgelehnt, ich konnte oder wollte nicht dort hingehen. Ich hatte mich nicht dazu in der Lage gefühlt, die achttägige Gefangenschaft lag noch zu kurz zurück. Dennoch nahm ich mir vor, die Sendung im Dezember anzuschauen, um zu sehen, wie eine derartige Sendung überhaupt ablief – und hatte da ein Schlüsselerlebnis.

Unter Jauchs Gästen war eine sehr alte Frau, sicher schon weit über neunzig, die noch den Untergang der Titanic 1912 als Kind er- und überlebt hatte. Am Ende der Unterhaltung schenkte Günther Jauch der Dame eine Videokassette mit dem Film *Titanic,* jene Version, die in die Kinos gekommen war, mit Leonardo DiCaprio und Kate Winslet. Die alte Frau reagierte bei der Übergabe des Geschenks zunächst ein bisschen verhalten.

»Sie scheinen nicht erfreut zu sein – gibt es dafür einen Grund?«, fragte Jauch.

Erst druckste die Dame herum, dann sprach sie aus, was ihr auf der Seele lag. »Wissen Sie, ich kann diesen Film nicht ansehen.«

»Wieso denn nicht?«, hakte Jauch nach.

Ich erwartete, dass sie jetzt sagen würde, die Geschichte könnte ihr zu nah gehen, doch ihre Antwort war unerwartet: »Ich habe keinen Videorekorder.«

Alle Hebel wurden nun in Bewegung gesetzt, dass man ihr auch noch einen Videorekorder überreichen konnte. Und als dann der Moment da war, wo man ihr das Gerät übergab, sah ich der uralten Frau in die Augen. Sie war vor lauter Freude zu Tränen gerührt. Und ich war es auch. Mich hatte es berührt zu sehen, wie glücklich sie war. Diese trotz des hohen

Alters plötzlich so glänzenden Augen. Und genau in Erinnerung an diese Frau, an dieses Bild, wurde mir plötzlich bewusst, was mich wirklich berührt.

Die Antwort auf eine Frage, die meinem Leben eine konkrete Bedeutung geben würde, lag auf der Hand. Es war der Anblick eines glücklichen Menschen. Dieser Anblick hatte meine Gefühle so in Bewegung gebracht, dass ich zu weinen begann.

Beim weiteren Verfassen meines Lebensbuchs stellte ich meine Erkenntnisse immer wieder infrage. Ist es das wirklich? Ist es nicht zu einfach? Aber nein, fortan hatte ich besonders darauf geachtet, was mich wirklich berührt – und immer waren es die Augen von glücklichen Menschen, besonders von Kindern, Alten, aber auch von Kranken und bedürftigen Menschen.

Der Titel meines Lebensbuchs stand fest: *Eine Vision von glücklichen Menschen.* Die Vision, dieses Bild, welches ich mir für die Zukunft malte, sah so aus: Ich stellte mir vor, wie ich im betagten Alter, als Großvater in meinem Ohrensessel im Wohnzimmer unseres Friesenhauses sitze, so in fünfunddreißig, vierzig Jahren, auf meinem Schoß zwei Enkelkinder, um ihnen zur guten Nacht eine Geschichte zu erzählen, eine Geschichte von glücklichen Menschen. Und bei jedem Menschen, der mir während meiner weiteren Lebensstrecke begegnete, hatte ich zumindest die Chance dazu, dass daraus eine erzählbare Geschichte wird.

Auf einmal wusste ich, welche Bedeutung ich meinem Leben geben wollte: Ich wollte meinen Teil dazu beitragen, dass Menschen glücklicher werden. Mir war bewusst, dass jeder für sich etwas anderes empfindet, wenn es um Glück geht, und dass ich selbst niemanden wirklich glücklich machen konnte. Doch vermochte ich in einem großen Umfeld wie einem Unternehmen alles dafür zu tun, dass die Rahmenbedingungen stimmten, dass jeder der Mitarbeiter, aber auch jeder Gast für sich das finden konnte, was ihn ein Stück weit glücklicher macht. Ich konnte ihn an meinen Erfahrungen teilhaben lassen, auf Türen hinweisen und Wegweiser aufstellen, die ich selbst gefunden hatte, um mich glücklicher zu fühlen. Es ist ein bisschen so wie bei einem Arzt. Ein Arzt kann keinen gebrochenen Arm heilen, er kann nur gute Rahmenbedingungen dafür schaffen, dass er wieder zusammenwächst.

Auf einmal wusste ich, wofür ich mich auf dieser Welt bewegte, wieso und wofür ich lebte. Mit dieser mir selbst offenbarten Haltung habe ich jeden Tag die Chance, dazu beizutragen, dass die Welt, in der ich lebe, vielleicht ein bisschen besser, friedlicher oder glücklicher wird. Ich hatte großes Glück, in die Nachfolge eines Familienunternehmens getreten zu sein, das damals mit über fünfhundert Mitarbeitern und über dreihundertfünfzigtausend Gästen pro Jahr die besten Voraussetzungen für viele glückliche Geschichten in sich trug. In der Hotellerie begegnen sich Menschen. Was für ein wertvolles Geschenk.

Meine Ausbildung als Coach habe ich bis heute noch nicht abgeschlossen. Die Erkenntnisse, die ich allein in den ersten drei Modulen, aber auch in den vorangegangenen Klosteraufenthalten gewonnen hatte, waren so groß, so tief und so schön, dass ich diese erst einmal in die Praxis umsetzen wollte. Bis dahin hatte ich sehr viele Bücher gelesen, manchmal sogar mehrere Bücher parallel. Und ich hatte immer die Hoffnung, dass ich all das, was ich da las, nicht nur verstehen, sondern auch umsetzen würde. Aber je mehr ich las, desto weniger setzte ich um.

Und nun, während meiner Klosterzeit, hatte ich herausgefunden, dass es nicht darum geht, viel zu lesen oder viel zu lernen. Es geht darum, für sich das Wesentliche herauszufinden und das mit aller Konsequenz und Disziplin umzusetzen. Seitdem mir das bewusst wurde, lese ich ein wirklich interessantes Buch vielleicht sogar zwei- bis dreimal hintereinander und nutze es anschließend als Arbeitsgrundlage für die Umsetzung der daraus gewonnenen Erkenntnisse. Monotasking statt Multitasking – das war eine meiner Antworten auf die Frage, wie ich wirklich wirksam werde. Und so machte ich es auch mit anderen Erkenntnissen. In diesem Zusammenhang erinnerte ich mich auch an ein Zitat von Stefan Zweig: »Wer sich selbst gefunden hat, der kann nichts mehr auf dieser Welt verlieren.« Und genau so fühlte ich mich, nachdem ich mir der Bedeutung meines Lebens bewusst geworden war.

Im Laufe der Klosterzeit war ich mir über die Vergänglichkeit des äußeren Lebens, mein eigenes klammerndes Verhalten, meine Angst, etwas zu verlieren, gerade im persönlichen, aber auch im beruflichen Bereich bewusst geworden. Aus den Ängsten, nicht genug zu bekommen, nicht genug Anerkennung, nicht genug Geld, aus der Angst, nicht dazuzugehören oder zu kurz zu kommen, hatte sich mein erstes Leben gespeist. Mein zweites Leben, das seinen Auftakt durch die Begegnung mit Claudia erhalten hatte und einen weiteren Impuls dadurch, dass die Mitarbeiter mir offenbarten, mit meinem Verhalten nicht einverstanden zu sein, basierte auf einer inneren Resonanz, die nicht Gefahr lief, vergänglich zu sein. Das war der große Unterschied, und das war mein Ideal, welchem ich fortan täglich entsprechen wollte.

Mir war bewusst, dass es dabei immer nur um einen Versuch gehen konnte, denn so ruhig und gelassen mich diese Erkenntnis auch machte, so gab es auch immer wieder Phasen, in denen ich mich weit von meinem wahren Ich, meinem individuellen Ideal entfernte. Was mich in diesen Situationen sehr stützte, war ein durch die tägliche Meditation immer stärker werdender Geist, der mir die Kraft gab, mich aus einer Metaebene heraus zu betrachten und die Zeit zwischen einem Impuls und der daraus folgenden Reaktion bewusst zu steuern.

In dem Augenblick, als ich meine Vision, mein persönliches Leitbild gefunden hatte, war es, als wäre mir eine große Last von den Schultern gefallen. Auf einmal schien alles so einfach zu sein und es stellte sich in mir eine Art innerer Frieden ein.

Mir wurde bewusst, dass meine Vision einerseits einem Bild entsprach, welches ich in die Zukunft projizierte, andererseits aber so klar und kraftvoll war, dass sie durch den täglichen Versuch, ihr gerecht zu werden, Bestandteil meiner Gegenwart wurde. Ich hatte sozusagen jeden Tag die Chance, meine Vision Realität werden zu lassen. Hab ich heute alles dafür getan, um meinen Kindern und Enkelkindern die richtigen Geschichten erzählen zu können? Das war die Frage, die ich mir immer häufiger stellte.

Die Vision führte letztlich zu einer inneren Klarheit. Sie wurde zum Jetzt, und ich hatte die Möglichkeit, in jeder Sekunde mit meinem Verhalten meiner im Kloster gewonnenen Haltung zu entsprechen und die dafür erforderlichen Entscheidungen zu treffen. Dies gab mir einen inneren Halt, eine Stabilität, die dem Fluss der Dinge etwas entgegenzusetzen hatte. Und ich glaube, dass diese innere Haltung gerade in der heutigen Zeit sehr wichtig ist. Es stimmte, was ich von Pater Anselm gelernt hatte, jetzt konnte ich es erst richtig nachvollziehen: Wir leben in einer Welt, in der der äußere Halt durch die Vielfalt und Schnelllebigkeit immer mehr verloren geht. In der Vergangenheit bildeten feste Traditionen sehr konkrete Werte und Normen ein äußeres Korsett, das unserem Sein einen äußeren Halt gab. Heute zerfließt dieses Korsett aufgrund einer immer größer werdenden Vielfalt an Handlungs- und Entscheidungsoptionen, und wir drohen uns darin zu verlieren. Die Konsequenz daraus ist eine immer stärker werdende Orientierungslosigkeit, der wir mit der Entwicklung einer inneren Haltung erfolgreich begegnen können.

10 | Mitarbeiter auf dem Weg ins Kloster

Feuer und Flamme war ich von meiner Idee: Von meinen Klostererlebnissen konnten doch auch meine Mitarbeiter profitieren!

Das Kloster hatte mich also endgültig gepackt, und nun wollte ich etwas von dem zurückgeben, was ich erlebt und bekommen hatte. Zweifel kamen an dieser Idee nicht auf. Wieso sollten die rund siebzig Führungskräfte von Upstalsboom nicht von einer solchen Erfahrung begeistert sein? »Nur wer sich selbst führen kann, kann andere führen«, dieser Satz betraf auch sie. Und schließlich war nicht nur mein Name in der Mitarbeiterbefragung genannt worden, sondern ebenso die einiger anderer Manager. Abgesehen davon war das Thema Führung ja an sich an den Pranger gestellt worden. Ich stellte mir vor, wie es bei uns im Unternehmen aussieht, wenn jede einzelne Führungskraft, vielleicht sogar jeder einzelne Mitarbeiter für sich so eine Klarheit für sein Leben bekommt, wie ich es erfahren durfte. Ein großartiges Bild, und ich war mir sicher, dass es irgendwann so sein wird. Daran hatte ich keinen Zweifel.

Doch wie sollte ich vorgehen? Was waren die nächsten Schritte? Wie konnte ich mein Führungsteam für das sensibilisieren, was mir so am Herzen lag: glückliche Mitarbeiter, glückliche Menschen?

Ich sprach an alle Führungskräfte die Einladung aus, einen Kurs unter der Leitung von Stephan Röder, einem weiteren

Trainer des Team Benedikt, und mit Unterstützung von Pater Anselm im Kloster zu besuchen. Fast alle nahmen diese Einladung an, was wohl daran lag, dass das, was ich als Einladung aussprach, von den Mitarbeitern eher als Anweisung empfunden wurde.

Journalisten fragten mich später, als sie von meinem Vorhaben hörten: »Herr Janssen, was suchen Führungskräfte im Kloster?«

Meine Antwort: »Ganz einfach, sie suchen sich selbst. Und wenn sie sich gefunden haben, haben sie beste Voraussetzungen dafür, eine gute Führungskraft zu sein.«

Und dann kamen sie ins Kloster. Und das Suchen ging los. Und es wurde keine einfache Suche. Einige konnten die Meditation nicht aushalten, sie hatten das Gefühl, ein Vulkan würde in ihnen hochgehen, wenn sie noch länger reglos in der Stille sitzen müssten. Manche konnten die Konfrontation mit sich selbst nicht verkraften. Ganz viel stieg plötzlich an die Oberfläche, was lange unterdrückt war. Die Lautstärke der eigenen inneren Stimmen konnten sie zum Teil nicht ertragen. Die betreffenden Personen machten dann bei den folgenden Meditationen auch nicht mehr mit, gingen stattdessen spazieren. Und das, was ich diesbezüglich aus dem Kloster vernahm, konnte ich sehr gut nachempfinden.

Parallel dazu schrieb Oliver Haas an seinem Buch *Corporate Happiness als Führungssystem*. Ich kannte Oliver aus einem anderen Kontext, er hatte gemeinsam mit unserem damaligen Chefcontroller an der Darstellung eines neuen digitalen Boards für die Unternehmenssteuerung gearbeitet. Umso überraschter war ich, als er mich im Rahmen einer meiner Klosteraufenthalte besuchte und mir von seinen neuen Führungsansätzen berichtete, die allesamt auf den neuesten Erkenntnissen der Positiven Psychologie fußten. Oliver hatte sich offensichtlich ebenfalls darüber Gedanken gemacht, allerdings auf wissenschaftlicher Basis, dass Führung sich auf einen selbst *(My Happiness)* und auf andere *(Corporate Happiness)* beziehen kann. Auch er war davon überzeugt, dass nur der, der selbst glücklich ist, seinen Teil dazu beitragen kann, dass auch andere glücklich werden können. In diesem Fall Mitarbeiter.

Beim Führungsansatz *Corporate Happiness* geht es darum, das, was glückliche Menschen anders machen, was sie auszeichnet und was man von ihnen lernen kann, auf ein neues Konzept von Unternehmensführung und -praxis zu übertragen. Dahinter steht ein Wertewandel, mit der Möglichkeit, dass Mitarbeiter sich nach ihren Bedürfnissen so entfalten können, dass sie wieder Spaß an ihrem Job haben, dass sie zufriedener, aber auch wieder leistungsstärker werden.

Olli hatte eine sehr kluge Frage formuliert, dessen Antwort er natürlich kannte. Sind erfolgreiche Menschen glücklich, oder sind glückliche Menschen erfolgreich? Was mir dabei besonders gut gefiel, war, dass wir gemeinsam den glücklichen Menschen zu unserer Aufgabe gemacht haben. Denn schließlich hatte ich ja nun den glücklichen Menschen auf meine ostfriesischen Freiheitsfahnen geschrieben. Wir hatten ein Ziel, offensichtlich beschritten wir zum Teil aber unterschiedliche Wege, um es zu erreichen. Ich hatte den spirituellen Weg gewählt, er den wissenschaftlichen Weg. Welch einzigartige Konstellation!

Dreh- und Angelpunkt bei Oliver waren alle Mitarbeiter, einschließlich der Führungskräfte. Auch ich hatte begriffen, dass nur über sie meine Vision von glücklichen Menschen im Unternehmen realisiert werden konnte. Und nun sollten genau diese Mitarbeiter mehr darüber erfahren. Nicht nur im Kloster, sondern ebenso dort, wo sich das tägliche Arbeitsleben abspielt. Der Zeitpunkt hätte nicht besser sein können, denn nachdem sämtliche Führungskräfte, aufgeteilt in Gruppen à zwanzig Personen, im Kloster gewesen waren, hatte sich ja herausgestellt, dass es einige gab, die über diesen Weg nicht den Zugang zu diesem Thema gefunden haben.

Menschen sind sehr unterschiedlich, dachte ich, und nicht alle wollen denselben Weg gehen, auch wenn das Ziel das gleiche war. Aber immerhin hatten wir nun schon zwei Wege: einen spirituellen und einen wissenschaftlichen.

Der wissenschaftliche Weg wurde zunächst von Studenten der Münchner Hochschule für angewandte Wissenschaften unter der Leitung ihres Professors Burkhard von Freyberg von der Fakultät für Tourismus beschritten. Sie besuchten uns in Emden und analysierten die Situation bei Upstalsboom unter den Aspekten von *Corporate Happiness* und Positiver Psychologie.

Begründet worden sei die Positive Psychologie, so erfuhren dieses Mal die Mitarbeiter der Zentrale und des Parkhotels Emden, von Martin Seligman. Der amerikanische Psychologe hatte beobachtet, dass es in seiner Fachrichtung hauptsächlich um Störungen und Konflikte geht. Psychologen orientieren sich vornehmlich daran, ob es jemandem schlecht geht, warum es jemandem schlecht geht und wie man dieses schlechte Gefühl in Zukunft vermeiden kann. Die Positive Psychologie kümmert sich darum wenig, sie hält Ausschau nach dem, wo etwas funktioniert, wo etwas klappt. Sie orientiert sich an Verhaltensmustern des Gelingens, an guten Emotionen und an Wohlbefinden, also an Glück, Vertrauen oder Optimismus. Diese Richtung der Psychologie beschäftigt sich auch damit, wie jeder Einzelne das Glück erlernen und erleben kann. In einer ähnlichen Ausrichtung interessiert man sich bei ihr auch nicht um die Charakterschwächen eines Menschen, sondern um seine Charakterstärken. Ein einprägsamer Satz von Seligman: »Es geht nicht mehr nur darum, Schäden zu begrenzen – und von minus acht auf minus zwei der Befindlichkeitsskala zu kommen –, sondern wie wir uns von plus zwei auf plus fünf verbessern können.«

Bislang sei die Positive Psychologie noch relativ unbekannt, so wurde weiter berichtet, jedoch würde man sie seit über zehn Jahren an amerikanischen Eliteuniversitäten wie Harvard erforschen und lehren. Und selbstverständlich könne man mit diesem Ansatz auch Organisationen analysieren: Wie kann sich ein Unternehmen auf das Glück seiner Mitarbeiter ausrichten? Um das positive Weltbild der Mitarbeiter in einem Unternehmen zu verstärken, sei es notwendig, Werte wie Dankbarkeit, Großzügigkeit und Eigenverantwortung zu trainieren. So war nun zu hören: »In einer angstfreien Unternehmenskultur kann sich jeder voll entfalten.«

Innere Bilder haben natürlich auch etwas mit einer selektiven Wahrnehmung zu tun. Wenn ich mich jetzt, ganz entgegen der menschlichen Natur, nur aufs Positive konzentriere, so wurde überlegt, welche Auswirkungen hat das auf mein Gehirn? Was passiert, wenn ich die schlechten Nachrichten einer Zeitung unter den Tisch fallen lasse und mich nur auf die erfreulichen Informationen konzentriere?

Neu war das alles nicht, dennoch hatten sich die meisten Mitarbeiter bislang nicht mit dem Gehirn und den in ihm ablaufenden Prozessen beschäftigt. Das Wort »Neuroplastizität« war ihnen unbekannt. Dabei geht es um die Möglichkeit einer Veränderung einzelner Nervenzellen, insbesondere ihrer Synapsen, den Kontaktstellen zweier Nervenzellen, die dafür verantwortlich sind, dass Signale übertragen werden. Was heißt, dass Verhaltens- und Gefühlsmuster ständig neu etabliert werden können. Wir sind nicht Gefangene unserer bisherigen Gedanken und unseres bisherigen Lebens, sondern es ist möglich, sich und sein Denken in Richtung eines glücklicheren Lebens zu führen. Ich fand das total spannend.

Belegte doch die Wissenschaft, was ich selbst im Kloster mit der Formulierung meines persönlichen Leitbildes erlebt hatte. Mir wurde schnell klar, dass die vermeintlich unterschiedlichen Wege, Spiritualität und Wissenschaft, gar nicht so unterschiedlich sind und sich sogar gegenseitig belegen.

Diese jetzige Gruppe von Mitarbeitern beschäftigte sich also mit Glück auf einer wissenschaftlichen Grundlage, während andere zuvor spirituell versucht hatten, dies im Kloster zu erfahren: Erst wenn ich selbst glücklich und zufrieden bin, habe ich die Möglichkeit, dazu beizutragen, dass andere glücklich und zufrieden werden. Erst dann kann ich eine entsprechende Haltung einnehmen und mich entsprechend verhalten.

Die Erkenntnis war letztlich identisch: Zunächst geht es um mich, darum, mir meiner selbst bewusst zu werden, mich als Mensch anzunehmen und mich selbst und mein Leben zu lieben. Anschließend darum, diese Haltung durch mein Verhalten auf mein Umfeld zu übertragen. Die Arbeit beginnt immer bei mir selbst. Wenn ich in meinem Unternehmen, meinem Bereich oder meiner Abteilung etwas verändern oder entwickeln will, dann bin ich gut damit beraten, zunächst und ausschließlich bei mir selbst anzufangen. Ganz praktisch habe ich das Prinzip ja auch bei meinen Reisen per Flugzeug erlebt: »Bitte setzten Sie sich im Notfall zuerst selbst die Maske auf und helfen Sie dann Ihrem Sitznachbarn.«

Interessant fand ich außerdem, dass in der Wissenschaft und auch bei *Corporate Happiness* über Bedeutsamkeit gesprochen wurde. Es ging also darum, wie man sich der eigenen Lebens- und Arbeitsziele bewusst wird. Ist man sich dieser nämlich bewusst und verfolgt sie auch konsequent, wachsen diejenigen, die sich klar für die Umsetzung ihrer Ziele entschieden haben, über sich selbst hinaus und können überdies auch andere inspirieren, es ihnen gleichzutun. Aha, da war also der wissenschaftliche »Beweis« dafür, weshalb ich mich nach der Formulierung meines Leitbilds, meiner Vision von glücklichen Menschen, plötzlich so befreit, so klar und so stark fühlte.

Als Nächstes ging es um das Thema innere Bilder. Als Beispiel diente dafür der Brite Roger Bannister, der nicht nur Neurologe ist, heute hochbetagt, sondern auch ein ehemaliger Mittelstreckenläufer. 1954 gelang es ihm als ersten Menschen, die Englische Meile (= 1609 Meter) unter vier Minuten zu laufen. Viele hatten es ebenfalls versucht, keinem von ihnen war das gelungen. Sie hatten aber auch nicht wirklich daran geglaubt, hielten es nicht für möglich. Doch als Bannister es schließlich geschafft hatte, diesen Weltrekord aufzustellen, weil er sich diese Leistung als Priorität in seinem Leben gesetzt hatte, gelang es im selben Jahr noch siebenunddreißig anderen Läufern, und im nächsten Jahr schon über dreihundert. »Unter vier Minuten« war kein Thema mehr. Hatte man einen neuen Laufstil entwickelt? Oder ein hervorragendes Dopingmittel? Nichts von alledem! Die Geschehnisse im Laufsport zeigten einzig und allein nur, dass innere Bilder eine unglaubliche Kraft entfalten können. In die Geschichte ging das als Roger-Bannister-Effekt ein.

Das war ein ermutigendes inneres Bild, so wie mein Ohrensesselbild, mit meinen Enkelkindern auf dem Schoß, denen ich Geschichten erzähle. Kurz: meine Vision von glücklichen Menschen.

Darüber hinaus ging es bei *Corporate Happiness* um die persönlichen Stärken. Studien hatten gezeigt, dass es sehr leistungsfördernd ist, die eigenen Stärken auszuleben und diese in einem Unternehmen zu integrieren, aber nicht nur bezogen auf den eigenen Arbeitsplatz, sondern auf die gesamte Firma. Ähnlich wie in der Psychologie war es auch bei den traditionellen Managementansätzen üblich, die Schwächen der Mitarbeiter oder der Organisation unter die Lupe zu nehmen und sie so weit wie möglich zu beheben. Mit Folgen, wie die Führungskräfte von Upstalsboom nun erfuhren: »Wenn ich ständig vor Augen geführt bekomme, was ich alles nicht kann, dann führt dies zu einem sinkenden Selbstbewusstsein.« Und das führt dann wiederum dazu, dass manche mental immer noch mit dem Dreirad unterwegs sind, kam es mir in den Sinn.

»Und was ist der bessere Weg?« Mehrere wollten das wissen.

»Abteilungsübergreifende, stärkeorientierte Teamentwicklung.«

»Was sind Stärken?«, wurde anschließend gefragt.

Die Mitarbeiter betrachteten dabei ihre sportlichen Fähigkeiten, ihre Stärken in der Partnerschaft, im Beruf und welchen Einfluss all das auf das persönliche Glücksempfinden hat.

Später achteten die Mitarbeiter besonders auf die eigenen Stärken. Sie erzählten sich untereinander, welche Sprachen sie beherrschten (manch einer der Kollegen sprach Spanisch, Russisch oder Italienisch, ohne dass die anderen davon auch nur geahnt hatten). Oder ein anderes Beispiel: Frau Kirschner ist in unserem Hotel in Kühlungsborn für das Frühstück verantwortlich. Sie liebt Blumen und ordnet sie im Frühstücksraum immer sehr kreativ und liebevoll an. Seitdem ihr Team das nun weiß, kümmert sie sich bei Festen und an besonderen Feiertagen um die Dekoration. Sie wird dafür stundenweise freigestellt, arbeitet hoch motiviert – und das Haus profitiert vom tollen Blumenschmuck.

Der nächste wichtige Punkt wurde mit dem Begriff »Spaß« tituliert, und ich erinnere mich, dass bei mir dadurch innere Bilder aktiviert wurden, die eher etwas mit Oberflächlichkeit und Spaßgesellschaft zu tun hatten. Vielleicht waren diese inneren Bilder ein Relikt meiner »Saulus-Zeit« in Hamburg. Mir ging es hier eher darum, dass die Mitarbeiter bei dem, was sie unternehmen, Freude haben. Heute hat sich mein

Bild schon wieder ein bisschen verändert. Ich kann mir sehr gut vorstellen, über eine Art Spielkultur auch mehr Spaß in die Arbeit, insbesondere in das operative Alltagsgeschäft, zu bringen.

Auch zu diesem Punkt gibt es eine schöne Geschichte. Anne, eine Mitarbeiterin aus dem Bankettbereich unseres Landhotels Friesland, erzählte:»Ich wuchs auf dem Bauernhof auf, und war das Heu eingeholt, fegten wir Kinder die herausgefallenen Halme vor dem Heuschober zusammen und türmten es zu einem großen Haufen auf. Am Ende sprangen wir vom Heuschober in den Haufen hinein. Für uns Kinder war das das Größte.« Und sie fuhr fort und brachte es selbst auf den Punkt:»Ganz klar, was früher der Heuhaufen war, den wir zusammentrugen, das sind heute die Veranstaltungen, die wir vorbereiten. Das Heu sind die Tische, Stühle und sonstigen Accessoires, die notwendig sind, damit Gäste sich wohlfühlen. Und die Kinder, mit denen ich vom Schober sprang, das ist jetzt mein Team. Gemeinsam bemühen wir uns, etwas so zu planen, dass die Menschen, für die wir es tun, viel Freude haben.« Mir gefiel ihre Deutung, und noch mehr gefiel mir, dass sie Monate später meinte, mit diesem Heuhaufen vor Augen arbeite sie vollkommen anders. Ihre Haltung, mit der sie täglich zur Arbeit gehe, sei dadurch viel positiver geworden. Außerdem stellte sich heraus, dass sie als Kind auch immer gern den Service übernommen hatte, wenn die Eltern ein Fest feierten.

Danach folgte ein weiterer wichtiger Punkt: Energiemanagement.

»Sollen wir uns jetzt mehr oder weniger bewegen?«, fragte einer der Upstalsboom-Führungskräfte.

Laut wurde gelacht.

Dann kam aber auch schon die Erläuterung. Erfolg würde sich nicht durch reines Nachdenken einstellen, wichtiger sei dafür ein hohes und vor allem in die Tat umgesetztes Energieniveau, und das erhalten Menschen durch gute Ernährung, ausreichend Sport, Meditation, aber auch – ganz wichtig – durch Lob und Anerkennung.

Diesen Punkt empfand ich ebenfalls als sehr interessant, auch wenn ich meine sportliche Karriere seit 2006 mehr oder weniger an den Nagel gehängt hatte. Mittlerweile habe ich es mir wieder zur Gewohnheit gemacht, drei- bis viermal die Woche Sport zu treiben. Um nicht auf Fitnessstudios angewiesen zu sein, habe ich mich für ein Sportprogramm entschieden, welches ich unabhängig von Raum und Zeit ohne Geräte durchziehen kann. Der Amerikaner Mark Lauren ist der Begründer einer Fitness ohne Geräte, und ich fand durch seine Neunzig-Tage-Challenge nicht nur wieder zum regelmäßigen Sport zurück, sondern konnte damit meinen Körper auch wieder in Höchstform bringen. Und Höchstform heißt in diesem Fall, dass mein Körper wieder die gleichen Maße hat wie damals, als ich Mitte zwanzig war und auf den Laufstegen dieser Welt herumturnte. Nur mein Motiv für den Sport hat sich geändert. Waren es damals meine Modeljobs, geht es mir heute darum, mich noch die nächsten zwanzig Jahre wie vierzig oder vielleicht sogar jünger zu fühlen. Ein großartiges Gefühl!

Was ich besonders gut bei der Challenge von Mark Lauren fand, war, dass sein Programm die Themen Ernährung und Lebenswandel enthält und berücksichtigt. Für mich war das logisch. Wenn ich meinen menschlichen Motor im übertragenen Sinne anstatt mit Superbenzin nur mit Schweröl betanke und darüber hinaus noch zu wenig schlafe, darf ich mich nicht wundern, wenn meine Leistungsfähigkeit den Bach runtergeht.

Einen weiteren großen Einfluss auf das Wohlbefinden und die Leistungsfähigkeit habe jedoch, so war jetzt zu hören, der

Umgang zu anderen Personen im Unternehmen, der Umgang mit Gästen, aber auch mit Kollegen. Der dürfe nicht von Angst geprägt sein. Diese Aussage erinnerte mich umgehend an die Aussage des Hoteliers, der sagte, dass die Stimmung in einem Unternehmen wichtiger ist als jedes Kapital.

Schließlich sollte das, was wir gehört hatten, uns bewusst machen, dass wir unser Glück zum Großteil selbst in der Hand haben. Nicht nur wir selbst als Mensch, sondern auch als Unternehmen haben wir es in der Hand, wie sich die Mitarbeiter fühlen, wie die Stimmung ist. Voraussetzung dafür ist, dass wir zu sogenannten *Active Agents* werden, die lieber handeln, als gehandelt zu werden, die eben nicht zu den ewig jammernden und murrenden Menschen gehören, die nur darauf warten, dass andere etwas tun, damit sich die Situation verändert. *Active Agents* gehören zu denen, die dazu bereit sind, Verantwortung für sich, ihr Leben und damit auch ein Stück weit für das Umfeld oder die Gemeinschaft, in der sie arbeiten oder leben, zu übernehmen. Verantwortung übernehmen heißt auch, sich zu fragen, was ich tun kann, anstatt zu überlegen, wer Schuld hat. Und auch die Frage »was haben andere davon, dass es mich gibt?« spielt hier eine wesentliche Rolle.

Die Stimmung bei uns im Unternehmen war nicht gut, das wusste ich. Bei der Analyse durch die Studenten kamen nach den durch die Mitarbeiterbefragung schon bekannten Punkten noch zwei weitere Probleme zum Vorschein. Das erste bezog sich auf meinen Projekt- und Entwicklungswahn. Die Mitarbeiter litten offensichtlich darunter, dass ich immer neue Ideen hatte und versuchte, diese auch spontan umzusetzen. Dies hatte zur Folge, dass aufgrund meiner Initiative unendlich viele Projekte entstanden, die unter Berücksichtigung des operativen Geschäfts nicht ansatzweise umgesetzt werden konnten. Dies führte zu Überlastung und Frust. Die Mitarbeiter hatten hierzu auch ein schönes Bild gemalt. Auf dem Bild waren zwei Züge zu sehen. Auf der oberen Hälfte des Papiers malten sie einen ICE, in dessen Triebwagen sie mich als Lokführer hineinmalten, auf der unteren Seite malten sie dann eine Dampflok, in der sie sich als Team wiederfanden. Tja, ein Bild sagt mehr als tausend Worte.

Das zweite Problem, das Oliver Haas mir aufzeigte, war, dass es unter den Mitarbeitern innerhalb Upstalsbooms keine Verbundenheit gab. Verbundenheit ist ein Grundbedürfnis des Menschen, und dazuzugehören ist für ihn von großer Bedeutung.

Diesbezüglich kam Oliver eines Tages auf mich zu und sagte: »Bodo, wir sind ja gerade in einigen von deinen Häusern unterwegs, und dabei ist mir eine Sache aufgefallen …« Er legte eine bedeutsame Pause ein.

»Mach's nicht so spannend«, erwiderte ich. »Raus damit.«

»Die Mitarbeiter fühlen sich nicht untereinander und auch nicht mit dem Unternehmen verbunden.«

»Mmmh, wie meinst du das?« Im ersten Moment wusste ich mit der Bemerkung von Oliver überhaupt nichts anzufangen.

»Na ja, die Mitarbeiter von Hotel A sind die Mitarbeiter von Hotel A. Und die Mitarbeiter von Hotel B sind die Mitarbeiter von Hotel B. Die Mitarbeiter der Abteilung Z sind die Mitarbeiter der Abteilung Z. Aber keiner von ihnen fühlt sich als Upstalsboomer, und auch untereinander besteht dieses Verbundenheitsgefühl nicht. Jeder macht hier seinen Job und nicht mehr.«

Olli fügte hinzu, inzwischen saßen wir bei sommerlichen Temperaturen auf der Terrasse des Emder Parkhotels, das ja direkt neben der Firmenzentrale liegt: »In dem Unternehmen gibt es mehrere Königreiche, aber kein alles vereinigendes Kaiserreich. Es existiert somit keine alles übergreifende Gemeinschaft. Wir sollten darüber nachdenken, die Mitarbeiter aller Häuser miteinander zu verbinden.« Danach erklärte er mir, dass Verbundenheit ein Grundbedürfnis des Menschen sei – ich nickte, das war mir inzwischen bekannt. Das beginnt schon im Mutterleib über die Nabelschnur und auch nach der Geburt sorgt das Hormon Oxytocin dafür, dass sich Mutter und Kind verbunden fühlen.

Mit einem Schmunzeln erwiderte ich, ob wir nun Oxytocin-Sprays in allen Hotels verteilen sollten. »Oder hast du eine andere Idee? mir fällt gerade nichts ein.«

»Wir müssen die Mitarbeiter miteinander verbinden, aber die von uns zur Umsetzung von *Corporate Happiness* zusammengestellten Projektgruppen finden nur in einzelnen Hotels statt und können so diese Herausforderung nicht flächendeckend meistern.«

Bernd Gaukler, der bei uns saß und das Gespräch konzentriert verfolgt hatte, warf nun ein: »Was haltet ihr davon, wenn wir hotelübergreifend abteilungsspezifische Peergroups bilden, also aus sämtlichen Hotels alle Küchenchefs, alle Hausdamen, alle Frontoffice-Manager und so weiter zusammenkommen? Wir treffen uns dann mit den jeweiligen Gruppen und schauen, was wir daraus machen können.«

»Das mit den Peergroups ist sofort akzeptiert, aber einfach mal schauen, das halte ich für wenig sinnvoll«, bemerkte ich. »Es muss irgendwie eingebunden sein in das, was wir gerade zu erarbeiten versuchen, also in unser Anliegen, sich selbst und andere zu führen. Das muss da irgendwie eingepasst werden.«

Olli nickte, während er die Zierbeete auf der Terrasse inspizierte, als wolle er jede Pflanze einzeln versetzen, um ein neues Gesamtbild zu gestalten. »Ich werde mir was überlegen. Und du kannst ja auch weiter an deinen Gedanken weiterstricken.«

Ich nahm die Gedanken aus diesem Dreiergespräch auf der Terrasse des Parkhotels mit auf und erarbeitete auf Grundlage meiner klösterlichen Erfahrung und der uns vermittelten wissenschaftlichen Erkenntnisse aus der Positiven Psychologie ein internes Curriculum für Upstalsboom mit dem Titel »Sich selbst und andere führen«. Dieses bestand aus drei Modulen, die jeweils anderthalb Tage dauern sollten. Den einzelnen Modulen teilte ich je einen Schwerpunkt zu. Im ersten Modul ging es um den Schwerpunkt »Sich selbst führen«. Hier wollte ich gemeinsam mit den Teilnehmern ein Bewusstsein für die Wichtigkeit eines persönlichen Leitbilds erarbeiten. Es ging sozusagen um das, was für das individuelle Leben eine große Bedeutung hat, um die eigenen Ziele, persönlichen Eigenschaften und Fähigkeiten. Belange des Unternehmens sollten vollkommen außen vor gelassen werden.

Für das zweite Modul wählte ich den Schwerpunkt »Andere führen und geführt werden«. Die Quellen des Führungserfolgs sollten innerhalb eines Team, einer Abteilung oder einer Gemeinschaft herausgearbeitet werden. Anders gesagt: Wie kann ich das, was für mich von großer Bedeutung ist, und das, was mir leichtfällt und was mir große Freude bereitet, in mein berufliches Umfeld einbringen? Im dritten Modul stand die Beschäftigung mit den Instrumenten wirksamer Führung im Mittelpunkt. Dabei ging es nicht um die im klassischen Management bisher verwendeten Instrumente der Dressur von Menschen, wie zum Beispiel Zuckerbrot (Bonus) und Peitsche (Malus), sondern ausschließlich um unsere Sprache als Führungsinstrument.

11 | Ein Unternehmer als Coach

Am ersten Tag legten wir um 8:30 Uhr mit dem Curriculum »Sich selbst und andere führen« los. Insgesamt sieben Peergroups hatten wir zusammengestellt, und ich verteilte die Module auf ein ganzes Jahr, damit alle im Gleichschritt mit mir an denselben Themen arbeiten konnten. Dann waren die Einladungen rausgegangen. Als Ort hatte ich das Landhotel Friesland in Varel ausgesucht, ein junges Mitglied in der Upstalsboom-Familie.

Um ein Bewusstsein für die Entwicklung eines persönlichen Leitbilds zu bekommen, ging ich mit den Mitarbeitern auf eine ähnliche Art und Weise vor, wie ich es während meiner Klosterzeit erfahren hatte. Hierfür hatte ich meine gesamte Klosterzeit so aufgearbeitet, dass ich die selbst erfahrenen Inhalte, Übungen und Erkenntnisse nun aus der Sicht des Trainers, den ich in diesem Fall selbst abgab, den Teilnehmern auf der Grundlage möglichst starker Emotionen vermitteln wollte.

Auch hielt ich es für wichtig, alle Themen mit den uns zuteilgewordenen wissenschaftlichen Erkenntnissen zu unterlegen. Diese waren auch der Grund, weshalb ich ein hohes emotionales Level forcieren wollte. Aus der Positiven Psychologie, aber insbesondere auch aus der Gehirnforschung war bekannt, dass starke Emotionen Menschen im übertragenen Sinne bewegen. Oft hatte ich im Kloster gehört: »Wer Menschen bewegen will, muss sie berühren.« Deshalb wollte ich es zudem wagen, mich gegenüber meinen Mitarbeitern auf eine persönliche Art zu öffnen. Je mehr ich mich öffne, so dachte ich, desto größer wird die Chance sein, dass sie anfangen, mir zu vertrauen. Je mehr sie von mir wissen, desto besser können sie mich einschätzten, desto berechenbarer werde ich für sie. Überdies hatte ich das Gefühl, meinen Mitarbeitern mit dieser Offenheit menschlich auf Augenhöhe zu begegnen.

Um diese Haltung zu unterstützen, nannte ich den Teilnehmern, die nun vor mir saßen, die wichtigsten Grundlagen für die gemeinsame Zeit: »In diesem Kurs gibt es kein Richtig oder Falsch, kein Gut oder Schlecht. Die Würde jedes Einzelnen ist unantastbar, schließlich steht das ja auch in unserem Grundgesetz. Zusammen mit euch will ich an unserem Zeit-, Selbst,- und Zielbewusstsein arbeiten. Dass ich hier bin, hat überwiegend damit zu tun, dass es mir große Freude bereitet, mit euch zusammen zu sein. Und ganz wichtig, ich hege keine Erwartungen daran, was ihr mit dem hier besprochenen anfangt. Das ist euer Ding.«

Um einen guten Einstieg zu bekommen, bat ich die Teilnehmer nun, sich im Raum zu positionieren, um erst einmal zu schauen, aus welcher Gegend jeder angereist war. Danach ging es um die eigene Herkunft, die geografischen Wurzeln und um das, woran sich die Teilnehmer mit Freude aus ihrer Kindheit erinnern konnten. Es war schön zu sehen, wie die gemeinsam ausgetauschten Erinnerungen schnell zu einem vertrauten Miteinander führten.

Dann forderte ich die Teilnehmer dazu auf, sich in zwei Gruppen aufzuteilen und sich mit der Beantwortung der Frage »Was verstehe ich darunter, mich selbst zu führen?« zu beschäftigten. Die Antworten lauteten: Werte leben, Ziele erreichen, glücklich sein, Verantwortung übernehmen, sich selbst erkennen, Vorbild sein, Disziplin haben, loslassen können, Träume verwirklichen und vieles mehr. Dann stellte ich die Frage: »Was braucht ihr, um euch selbst führen zu können?« Die Antworten waren sehr präzise: »Wir brauchen Ziele, wir müssen wissen, wo wir stehen und was uns wichtig ist, Werte sind wichtig, wir brauchen Klarheit darüber, was wir wollen.« Die Antworten, die alle ablieferten, empfand ich als sehr reflektiert, und sie bildeten eine tolle Grundlage für die nächsten Schritte.

Um zu erfahren, wohin ich will, ist es gut zu wissen, was mir wichtig im Leben ist. Denn bei der Führung seiner selbst macht es Sinn, als Ziel das anzustreben, was für einen selbst von großer Bedeutung ist. Um dem näherzukommen, beschäftigten wir uns nun mit dem Thema Zeit. Allerdings ging es hierbei nicht um Zeitmanagement, sondern um Zeitbewusstsein.

»Was ist Zeit?«, fragte ich. »Wie erlebt ihr Zeit? Wie geht ihr mit ihr um?« Inzwischen hatte sich bei uns das Duzen durchgesetzt.

Es kamen die klassischen Antworten:

»Zeit ist Geld.«

»Ein Tag hat vierundzwanzig Stunden.«

»Zeit beinhaltet Vergangenheit, Gegenwart, Zukunft.«

»Einstein hat gesagt, dass die Zeit relativ ist.«

Andere sagten aber auch:

»Mangelnde Zeit ist für mich ein großes Problem.«

»Zeit vergeht so schnell. Sie ist für mich sehr begrenzt. Das macht mir zu schaffen.«

»Mehr Zeit für mich und meine Familie zu haben, das wäre schön.«

Mich beeindruckte, mit welchem Engagement und mit welcher Offenheit sich die Mitarbeiter den von mir angebotenen Fragen widmeten, und ich nutzte die Aufmerksamkeit für ein paar weitere Aspekte und Geschichten zum Thema Zeit.

Das Zeitempfinden ist eine der erstaunlichsten Leistungen unseres Geistes. So erscheinen uns die Jahre mit zunehmendem Alter immer kürzer, was mit der Zahl der subjektiven

Erlebnisse zu tun hat. Folgen viele Ereignisse rasch aufeinander, wird die Zeit dazwischen als kurz wahrgenommen. Zudem läuft dann die biologische Uhr langsamer, weshalb die physikalische Zeit nahezu wie im Flug vergeht. Psychologen nennen dieses Phänomen subjektives Zeitparadoxon, fast alle Funktionen des Gehirns wirken dabei zusammen.

Interessant war auch für alle, dass wir als Mensch über eine genetisch bedingte »innere Körperuhr« verfügen, die die Ursache dafür ist, ob jemand ein Morgen- oder Nachtmensch ist. Bezeichnenderweise trägt das Gen, das dafür verantwortlich ist, ob jemand ein Frühaufsteher oder Langschläfer ist, den Namen »Clock«.

Die Geschichte von Till Eulenspiegel und dem Kutscher durfte ebenfalls nicht fehlen. In ihr geht es darum, was passieren kann, wenn man durch die Gegend hetzt. Till Eulenspiegel, der legendäre Schalk aus dem 14. Jahrhundert, war mal wieder unterwegs. Mit seinen Habseligkeiten lief er am Wegesrand entlang. Er hörte hinter sich Hufschläge, und schließlich kam eine Kutsche neben ihm zum Stehen. Der Kutscher war in Eile, deshalb rief er Till Eulenspiegel zu:

»Sag schnell – wie weit ist es bis zur nächsten Stadt?«

Till Eulenspiegel antwortete: »Wenn Ihr langsam fahrt, dauert es wohl eine halbe Stunde. Fahrt Ihr schnell, so dauert es zwei Stunden, mein Herr.«

»Du Narr«, schimpfte der Kutscher und preschte los.

Till Eulenspiegel ging gemächlich weiter, umrundete bedacht die vielen Schlaglöcher. Nach etwa einer Stunde sah er eine Kutsche mit gebrochener Vorderachse im Graben liegen, das Gefährt kam Till Eulenspiegel bekannt vor. Der Kutscher fluchte wie ein Rohrspatz, während er versuchte, das Gefährt zu reparieren. Till Eulenspiegel warf er einen vorwurfsvollen Blick zu, woraufhin dieser meinte: »Ich sagte es doch: »Wenn Ihr langsam fahrt, eine halbe Stunde …«

Aus unterschiedlichen Perspektiven heraus hatten wir uns auf das Thema Zeit eingestimmt, und ich hatte das Gefühl, hier nun weiter in die Tiefe gehen zu können. Ich nahm die Aussage auf, dass Zeit aus Vergangenheit, Gegenwart und Zukunft besteht, und wir kamen überein, dass Vergangenheit und Zukunft nur Konstrukte unserer Gedanken sind, und die Zeit, in der wir tatsächlich leben, die Gegenwart ist. Ich zitierte in diesem Zusammenhang eine Textzeile aus John Lennons Lied *Beautiful Boy: »Life is what happens to you / while you're busy making other plans«*, was übersetzt ungefähr heißt: »Das Leben findet statt, während du dabei bist, es zu (ver)planen.«

Ich verdeutlichte, dass die vielen Gedanken an die Zukunft die Gegenwart auffressen, hierzu verwendete ich ein Beispiel aus der griechischen Mythologie. Der Gott Chronos versuchte, um selbst an der Macht zu bleiben, seine Kinder aufzufressen. Ich sagte: »Wir sind immer auf dem Weg zum nächsten Moment, und das im Glauben, dass der nächste Moment besser wird. Doch fehlt uns durch ein solches Verhalten die Aufmerksamkeit für das, was Leben ist, die Gegenwart.«

Dieses Fehlen der (gegenwärtigen) Zeit wollte ich mit einer Übung demonstrieren, die – das war Absicht – für Betroffenheit in der Gruppe sorgen sollte. Sie hieß »Wenn ich mehr Zeit hätte« und war eine Übung, die ich unter der spirituellen Anleitung von Pater Anselm und Friedrich Assländer selbst durchgeführt hatte. Ich lud die Teilnehmer dazu ein, Folgendes auf ein Stück Papier zu schreiben: »Wenn ich mehr Zeit hätte, dann würde ich ...« Danach sagte ich: »Darunter notiert das, was ihr tun würdet, hättet ihr mehr Zeit. Lasst aber ein wenig Zwischenraum zwischen dem ersten Satz und dem, was ihr notiert.«

Die Gedanken flossen nur so, das konnte ich an den Geräuschen hören, die die Stifte auf dem Papier verursachten. Nach einer Weile hatten alle ihre Kugelschreiber niedergelegt, und ich forderte die Teilnehmer auf, ihr Festgehaltenes vorzulesen:

»Mehr Zeit mit der Familie verbringen ... mehr Sport treiben ... mich um eine gesündere Ernährung kümmern ...«
Jeder wartete darauf, wie ich diese Wünsche kommentieren würde. Auffordernde Blicke trafen mich.

»Streicht den ersten Satz durch«, sagte ich.

Kurzes irritiertes Innehalten, doch dann strich jeder der Teilnehmer den ersten Satz durch.

»Und nun?«, fragte Nadine, eine Mitarbeiterin vom Frontoffice (Rezeption) unseres Hotels auf Usedom, ungeduldig.

»Schreibt jetzt einen neuen Satz unter den durchgestrichenen und zwar: ›Ich will nicht ... Ich will nicht mehr Zeit mit der Familie verbringen. Ich will nicht mehr Sport machen, ich will mich nicht gesünder ernähren.‹«

Große Betroffenheit machte sich breit. Dann Empörung. Widerstand.

»Wie, was soll das denn?«

»Das ist doch jetzt richtig blöd!«

»Ich will nicht ›ich will nicht‹ hinschreiben. Nicht mit mir.«

»Das fühlt sich doof an, oder?«, fragte ich in die Runde. »Aber wenn ihr etwas wirklich wollt, dann habt ihr auch die Möglichkeit, es zu tun. Bislang habt ihr es nur nicht gemacht.«

Erneute Betroffenheit. Und Ausflüchte.

»Aber so einfach geht das doch nicht.« Lars, Betriebsassistent aus unserem Hotel in Schillig, schüttelte den Kopf. »Aber es gibt Abhängigkeiten, die kann man nicht einfach von heute auf morgen über Bord werfen.«

»Richtig, es gibt Abhängigkeiten und Grenzen«, stimmte Mareike ihrem Kollegen zu. »Wir sind nicht wirklich frei.«

»Das sehe ich auch so«, erwiderte ich. »Die Freiheit ist nur eine Seite der Medaille, auf der anderen Seite steht Verbundenheit. Aber es liegt an uns zu entscheiden, wie sehr wir uns binden und wie viel Freiheit wir erleben wollen. Die Entscheidung, in welche Richtung wir tendieren, ist unsere.«

Ich machte eine kleine Pause, dann fuhr ich fort: »Sind wir Menschen tatsächlich so begrenzt? Oder begrenzen wir uns selbst durch das, was wir für vermeintlich wichtig halten? Oder von dem wir glauben, anhängig zu sein? Liegt es nicht an uns, mit den Konsequenzen unserer Entscheidungen zu leben?«

»Du als Unternehmer bist vielleicht so frei, Entscheidungen treffen zu können, wir sind deine Mitarbeiter, wir haben unsere Aufgaben und täglichen Zwänge.« Thomas, ein weiterer Teilnehmer mit Führungsaufgaben, sah mich aufgebracht an.

Meine Antwort kam schnell: »Ich glaube, ein wichtiger Schlüssel für ein glückliches Leben besteht darin, seine Zeit nicht nur zu managen, sondern sich seiner Zeit vorab bewusst zu werden. Gebe ich meinen Terminen Prioritäten oder gebe ich meinen Prioritäten, also dem, was mir wirklich wichtig ist, Termine? Die Voraussetzung dafür ist, dass ich mir meiner Prioritäten und der Folgen meiner Ausrichtung auf deren Umsetzung bewusst werde und sie in Kauf nehme. Es geht um die Fragen: Was ist mir wirklich wichtig? Und wie finde ich es heraus?«

Gesammeltes Schweigen, jeder dachte nach.

Ich stellte jetzt die Frage, was unsere Lebenszeit an sich denn so wertvoll macht. Auch wenn viele der Teilnehmer noch in dem täglichen Selbstverständnis lebten, dass wir unendlich viel Zeit zur Verfügung haben, wurde den meisten langsam bewusst, dass der Wert unserer Zeit darin liegt, dass sie uns nur begrenzt zur Verfügung steht. Sie erkannten, dass die Begrenzung des Lebens auf der einen Seite durch die Geburt und auf der anderen Seite durch den Tod bestand.

Ich brachte Janus ins Spiel. Denn dem begegnen wir immer wieder, kurz bevor und kurz nachdem wir etwas erreichen wollen oder erreicht haben, von dem wir glauben, dass es uns noch glücklicher macht. Janus, jener römische Gott mit den zwei Gesichtern. Die Zweigesichtigkeit der Zeit besteht darin, dass das glückliche Gesicht von Janus sich vor uns zeigt und uns zu verstehen gibt: »Nur nicht anhalten, es wird alles noch viel schöner.« Und so rennen und hecheln wir Menschen diesem glücklichen Gesicht von Janus hinterher, in der Hoffnung, dass es für uns in Zukunft sicher besser wird. Immer weiter, immer weiter, noch ein besseres Essen, noch ein schöneres Auto, noch ein längerer Urlaub, häufig aus der Angst heraus, nicht genug oder weniger als die anderen zu bekommen. Und mit ein bisschen Glück erreichen wir trotz aller Hetze das 65. Lebensjahr. Doch dann, vielleicht auch ein bisschen später, dreht sich das Janusgesicht plötzlich um, und wir sehen anstatt dieses uns bisher anlächelnden und vielversprechenden Gesichts eines mit einem Totenkopf. Und dann war's das mit unserem Wunsch, den vermeintlich immer schöner und besser werdenden Dingen und mit ihnen der Zukunft hinterherzulaufen und sie auch zu erreichen.

Auf einmal wollen wir diesem Janus gar nicht mehr folgen, stattdessen wollen wir umkehren und die Zeit zurückdrehen. Das ist aber nicht mehr möglich. Und in diesem Moment kehren sich die Gedanken in die Vergangenheit und jeder überlegt, was er doch noch alles gern gemacht hätte. Und je früher und unvorbereiteter sich dieser Totenkopf zeigt, desto schneller kommt vielleicht die Aussage »Hätt ich doch …«. Im Angesicht des Todes bin ich dazu verdammt, genau diesen Konjunktiv zu benutzen, besonders wenn ich mich verhalten habe, wie John Lennon es uns vorgesungen hat, wie Chronos es uns gezeigt und Janus es uns vorgegaukelt hat.

Und so ist es: Im Angesicht des Todes werde ich mir darüber bewusst, was für mich wirklich wichtig und wesentlich ist. Nicht nur der Rückschluss aus der Aussage »Hätte ich doch …« (zum Beispiel mehr Zeit mit meiner Familie, mit Freunden oder mit dem Erhalt meiner Gesundheit verbracht) lässt mir bewusst werden, was für mich wichtig gewesen wäre.

Der Tod meines Vaters, so erzählte ich weiter, machte mir wiederholt klar, dass wir weder Zeit noch Ort kennen, wenn es um uns geschehen ist.

»Der Tod deines Vaters – das ist nachvollziehbar«, sagte einer. »Viele von uns haben einen Menschen verloren, und dennoch haben sie danach nicht ein solches Zeitbewusstsein entwickelt wie das, über das wir hier gerade sprechen.«

Ich zögerte ein wenig, doch ich hatte das Bedürfnis mich meinen Mitarbeitern mit einer weiteren persönlichen Geschichte zu offenbaren. Ich nahm sie mit auf eine längere Reise, die mich im Rahmen meiner Entführung zum Angesicht meines Todes führte.

»Nie habe ich damit gerechnet, einmal entführt zu werden«, sagte ich. »Es war ein tiefer Einschnitt zu erfahren, dass von heute auf morgen etwas geschehen kann, das die eigene Lebenszeit beendet. Damals dachte ich fast jeden Tag, dass es mein letzter sein würde. Acht Tage lang, Und während dieser acht Tage erlebte ich mehrere Scheinhinrichtungen, die mit mir durchexerziert wurden. Ich musste mich hinknien und mir einen Jutesack oder eine Plastiktüte über den Kopf ziehen und mein Kinn auf die Brust legen. Im nächsten Moment spürte ich eine Pistole am Hinterkopf. Jetzt ist es gleich vorbei, gleich hast du es geschafft, dachte ich. In diesen Sekunden, in diesen vermeintlich letzten Augenblicken des eigenen Lebens passierte etwas ganz Einzigartiges. Zuerst einmal empfand ich eine große Ungläubigkeit, dann folgte Empörung. Das geht doch nicht, nicht jetzt, ich muss doch zu meiner Vorlesung. Du darfst jetzt nicht sterben, du musst diese Vorlesung besuchen. Kurioserweise dachte ich im unmittelbaren Angesicht des Todes zunächst an etwas völlig Unwichtiges, in diesem Fall an etwas Terminliches. Aber das änderte sich schnell. Nach und nach wurden die Dinge, von denen ich mich verabschiedete, immer bedeutungsvoller.«

Ich hielt kurz inne, aber jeder hörte konzentriert zu. Also fuhr ich fort: »Vor meinem inneren Auge begann ich innerhalb in Bruchteilen von Sekunden mein Leben zu kategorisieren. Und je mehr ich davon überzeugt war, dass mir mein Tod nun unmittelbar bevorsteht, desto wichtiger wurden die Dinge, von denen ich mich verabschiedete. Dadurch, dass ich diese Prozedur mehrfach durchmachte, hatte ich die Chance, wenn auch keine gewollte, mich von vielem zu befreien, was mich bis dahin geprägt hatte, und all das loszulassen, was ich bis dahin für vermeintlich wichtig gehalten hatte.

Nach den terminlichen Dingen ging es dann um Gegenständliches. Ich verabschiedete mich von meinem Hab und Gut, meiner tollen Wohnung, meinem Cabrio, den Partys. Dann kamen mir die Menschen ins Bewusstsein, die ich nun nicht mehr wiedersehen würde. Da waren Bekannte, Freunde, Freundinnen, Familie, genau in dieser Reihenfolge. Ich sah vor meinem inneren Auge meine Schwester, meinen Vater und meine Mutter, wie sie in meinem Elternhaus saßen. Ich verabschiedete mich von ihnen. Und am Ende ging es dann nur noch um mein Leben an sich.«

Ich machte abermals eine kleine Pause, durchdrang dann aber wieder mit meiner Stimme die Stille: »Wie in einem Zeitraffer gingen mir diese Bilder durch den Kopf, und jedes Mal mit einem Haken dahinter. Dieser Haken war das Endgültige. Alles hatte ich gerastert, bis letztlich das Raster in sich zusammenbrach und ich einen Haken hinter mein eigenes Leben machte. Hatte ich anfangs noch versucht, krampfhaft am Leben festzuhalten, so war der letzte Haken eine Akzeptanz, dass das Leben nun endet und ich bereit bin, den Tod anzunehmen. Vor meinem inneren Auge, in meinem Geiste, ließ ich mein Leben los, und es stellte sich eine Art Befreiung ein, eine Befreiung von dem auf mir liegenden Druck. Doch der Schuss blieb aus.«

»Wie hast du dieses schreckliche Erlebnis verarbeitet? Bleiben da keine Schäden zurück?« Diese Fragen stellte Heidi aus der Gruppe der F&B'ler (Restaurant), eine eindrucksvolle Restaurantfachfrau, die nichts außer Ruhe bringen konnte.

»Ich hatte professionelle Unterstützung«, antwortete ich. »Ein weiterer wichtiger Schritt war meine Zeit der Besinnung im Kloster. Hier entwickelte ich das Bewusstsein, dass mich diese extreme Erfahrung von vielem befreit hat, von dem ich geglaubt hatte, dass es für mich wichtig wäre. Im Nachhinein bin ich für die während meiner Entführung gemachten Lebens- oder auch Todeserfahrungen sehr, sehr dankbar. Im Rahmen der Ermittlungen wurde deutlich, dass ich die Entführung nicht überleben sollte. Aber mein Glaube ist, dass gerade dadurch, dass andere Menschen mir mein Leben nehmen wollten, sie mir dadurch mein richtiges Leben geschenkt haben. So wurde mir im Nachhinein die Begrenztheit meines eigenen Lebens bewusst. Und im Bewusstsein dieser Begrenzung fiel es mir leichter, das zu finden, was für mich wirklich wesentlich ist. Der Tod ist so gesehen der Freund des Lebens. Wenn ich mir regelmäßig die Frage stelle, was ich dafür tun kann, um am Ende meines Lebens nicht den Konjunktiv verwenden zu müssen, dann ist das eine gute Frage, mit deren Beantwortung ich einen weiteren Grundstein für ein erfülltes und glückliches Leben setzen kann.

Den Tod kann ich nicht ausklammern, ich muss ihn mir vor Augen führen und ihn annehmen. Wir können nicht entscheiden, wo und wie wir sterben, aber wir können entscheiden, wo und wie wir leben. Der Tod ist ein Freund, ein Freund des Lebens. Denkt an den Raben, in der Mythologie ist er der einzige Vogel, der ins Jenseits fliegt und wieder zurückkehrt. Er ist ein spiritueller Botschafter. Seit der Christianisierung wurde er jedoch als Unglücksbote gesehen, als Todesbote, nicht jedoch als ein Vogel der freiheitsliebenden Piraten. Für sie war er der Weise, den man in brenzligen Situationen befragte: ›Wie würdest du dich jetzt entscheiden?‹«

»Das müssen wir erst mal verdauen«, sagten alle unisono, »das ist schwere Kost.«

Was mich dazu veranlasste, noch eine weitere persönliche Geschichte nachzulegen, die allen den Nutzen der Auseinandersetzung mit dem Tod ein bisschen greifbarer machen konnte. Ich bin ein leidenschaftlicher Angler, doch ich nehme mir viel zu selten Zeit, um diesem Hobby nachzugehen. Wenn sich dann doch eine Gelegenheit ergibt, freue ich mich sehr darauf, endlich wieder Fische anbeißen zu sehen.

Eine solche Gelegenheit schien gekommen zu sein, als ich einen Termin in Koblenz hatte, bei Herrn König. In der Nähe befindet sich das Gerolsteiner Land, durch das die Kyll fließt, ein kleiner Geheimtipp für Angler (jetzt wohl nicht mehr). Den Termin hatte ich so gelegt, dass ich an einem Donnerstagabend in der Gegend übernachten konnte, um am nächsten Morgen Bachforellen zu angeln und mit nach Hause zu nehmen. Das Wasser lief mir schon im Mund zusammen, wenn ich nur daran dachte, wie ich sie zubereiten und essen würde. Fast einen Monat im Voraus hatte ich alles geplant. Schon zwei Wochen vor Reiseantritt war das Auto mit entsprechender Angelausrüstung gepackt.

Eine Woche bevor ich in den Süden aufbrechen wollte, sagte jedoch Claudia freudestrahlend: »Bodo, ich habe Julius beim Fußball angemeldet.«

»Das ist ja großartig«, erwiderte ich sehr erfreut.

»Find ich auch. Am kommenden Freitag hat er sein erstes Training.«

»Nächsten Freitag?« Entgeistert sah ich Claudia an.

»Du hast richtig gehört.«

Das war der Moment, in mich zu gehen und meinen Raben, also den Tod, um eine Entscheidung zu bitten. Dazu sprach ich mit mir selbst. »So, wenn du an diesem Freitag-abend das Zeitliche segnest, was möchtest du bis dahin noch gesehen haben? Deinen Sohn bei seinem ersten Fußballtrai-ning oder die Forellen an der Angel?« Die Antwort auf die Frage erübrigte sich, intuitiv wusste oder besser fühlte ich es sofort. Der Tod ist für mich tatsächlich der Freund meines Le-bens geworden.

Für alle war das eben Gehörte ziemlich emotional gewe-sen, alle waren spürbar aufgewühlt. Und damit war der Boden für die Dioden-Übung aufbereitet. Das Ziel dieser Übung bestand darin, sich dessen bewusst zu werden, was dem eige-nen Wesen entspricht, also für einen selbst wesentlich ist. Zwei Mitarbeiter setzten sich gegenüber, so wie ich es im Kloster kennengelernt hatte. Jeder fragte den anderen sieben Minuten lang: »Was ist für dich wesentlich?« Dazu gehörte auch die Einladung, sich vorzustellen, in welchen Situationen das Gegenüber ein tiefes Glücksgefühl empfunden hatte.

Bei dreizehn Personen in diesem Curriculum ging es nicht mit der Diode auf, und so machte ich die Übung mit einem Mitarbeiter, der fast zwei Meter groß war und ungefähr hun-dertsechzig Kilogramm auf die Waage brachte.

»Was ist für dich wesentlich?«, fragte ich ihn.

»Meine Familie, mein Motorrad, mein Team«, antwortete Frank.

»Was ist für dich wirklich wesentlich?«

»Mein Team. Im Hotel und auch darüber hinaus muss ich für mein Team da sein.«

»Was ist für dich wirklich wesentlich?«

»Mein Team.«

Ich merkte, wie es jetzt in seinem Kopf anfing, stärker zu arbeiten.

Dann fiel ihm wie Schuppen von den Augen, dass er bei seinem unermüdlichen Einsatz für das Team sich selbst und das, was ihm wichtig ist, stark vernachlässigt hatte. Sein Team funktionierte einwandfrei, nur er blieb dabei auf der Strecke.

Dieser Mitarbeiter war nicht der Einzige, bei dem die Augen in der Erkenntnis dessen, was für sie wirklich wichtig ist, rot und glasig wurden. Für viele Führungskräfte war das eine sehr erstaunliche Reaktion.

Selbstbewusstsein – das war das Nächste, womit wir uns beschäftigten. Ich berichtete von meinen Erlebnissen, dass sich viele Menschen nicht darüber bewusst sind, was alles in ihnen steckt. Schon häufig hatte ich erlebt, dass Manager versuchten, gleichsam einen Pinguin den Baum hochzujagen, sich dann aber wunderten, dass es nicht funktionierte, und demjenigen dann unterstellten, ein sogenannter *Low Performer* zu sein, ein leistungsschwacher Mitarbeiter. Meiner Ansicht nach gibt es keine *Low Performer*, sondern maximal die Situation, dass Menschen und Aufgaben einfach nicht zusammengehören – oder die Menschen das, was sie tun sollten, als sinnlos erachteten. Viele wissen gar nicht, was sie alles können.

Um das zu verdeutlichen, erzählte ich jetzt eine Geschichte über die Bändigung der Elefanten in Indien. In beiden Fällen suchen sich Tierbändiger einen jungen Elefanten aus und ketten ihn an einen Baum. Dem jungen und vor allem wilden Elefanten gefällt das überhaupt nicht, er versucht, sich zu befreien. In der Hoffnung, wieder in seinen Dschungel zurückzukehren und seine Freiheit zu erlangen, zieht und zerrt das Tier manchmal über Tage und Wochen an der Kette. Er lehnt sich auf, doch irgendwann kommt dieser unsagbar traurige Moment, an dem der junge Elefant einfach aufgibt (wenn er nicht vorher seinen Strapazen erlegen ist). Und genau nach diesem tragischen Moment, dieser für ihn im wahrsten Sinne des Wortes einschneidenden Erfahrung, gehorcht der Elefant dem Bändiger und folgt ihm, obwohl er ihm mit seiner Kraft weit überlegen ist und ihn leicht pulverisieren könnte.

Fortan bindet der Tierbändiger den Dickhäuter auch nicht mehr mit einer schweren Kette an, sondern fixiert ihn nur noch an einer dünnen Schnur, der Elefantenschnur, an einem kleinen Pflock, der nicht einmal eine Handbreit tief in der Erde steckt. Für den Elefanten reichte nun der Widerstand allein dieser dünnen Schnur, um für sich zu glauben, dass es zwecklos ist, weiter daran zu ziehen. Für ihn wäre es ein Geringes, sich von dieser dünnen Schnur zu befreien. Er tut es aber nicht. Er hat schlicht vergessen, wie stark er ist.

»Und genau darum geht es«, sagte ich, »wenn ich von Selbstbewusstsein spreche. Die Elefantenschnur ist ein Symbol dafür, wie sehr oder wie wenig wir uns unser selbst bewusst sind, je nachdem, wie lang oder kurz, dick oder dünn diese Schnur ist.«

Bei Menschen, die seit ihrer Kindheit immer nur zu hören bekommen haben, was sie alles nicht können, kann man die Auswirkungen der Elefantenschnur sehr genau beobachten. Mit Absicht wurden sie runtergemacht, gebrochen und anschließend wieder aufgerichtet, und zwar so, wie es der aktuell gesellschaftlichen Norm entspricht. Doch wie kann ich das in mir wiederfinden, was mich ausmacht? Was meinem ursprünglichen Wesen entspricht? Wie kann ich wieder zur besten Version meiner selbst werden? Wie schaffe ich es, die Elefantenschnur zu dehnen oder – besser noch – sie zu zerreißen? Wo ist mein persönlicher Dschungel? Wo ist der Ort oder die Aufgabe, an dem oder bei der ich meine Potenziale, also all das, was wirklich in mir steckt, entfalten kann?

»Welche Möglichkeiten habe ich, mich selbst zu erkennen?«, fragte ich in die Runde.

»Durch Feedback von anderen«, lautete die erste Antwort.

»Sich selbst einfach einmal ausprobieren«, eine zweite.

»Sich Zeit nehmen und über sich nachdenken.«

»Gut«, sagte ich. »Wer von euch hat sich denn schon einmal bewusst Zeit genommen, um sich auszuprobieren oder über sich nachzudenken?«

Betretenes Schweigen.

»Es ist die operative Schwerkraft des Alltags, wie du immer wieder sagst, die uns davon abhält«, bemerkte Kathrin. »Tagein, tagaus sind wir in unserem Hamsterrad unterwegs, und täglich grüßt das Murmeltier. Ich habe das Gefühl, einfach nur noch zu funktionieren, sowohl im Hotel als auch im Privaten.«

Zustimmendes Nicken.

Udo fragte: »Und wenn wir uns tatsächlich mal Zeit nehmen, wie schaffen wir es dann aber, Zugang zu uns zu bekommen?«

»Es gibt mehrere Schlüssel, um klarer zu sehen«, erwiderte ich, »und das ist wichtig, denn sonst fischt ihr bei der Suche nach eurem inneren Gold im Trüben. Und wer im Trüben fischt, der wird kaum das finden, wonach er sucht. Ich möchte euch dazu ein Bild vermitteln, das ich von dem österreichischen Olympiasieger der Nordischen Kombination, Felix Gottwald, mit auf den Weg bekommen habe. Dazu steht bitte auf.« Felix Gottwald und ich hatten gemeinsam einen Vortrag gehalten, in ihm war es um ein Thema gegangen, das sich auch im Orakel von Delphi wiederfindet: »Erkenne dich selbst«, diese Worte stehen an der Tür des Apollo-Tempels. Gottwald verglich dieses Sich-selbst-Erkennen mit dem Schöpfen des Wassers aus einem Brunnen – und das wollte ich nun den Teilnehmern dieses Kurses nahebringen.

Die Gruppe erhob sich geschlossen.

»Stellt euch jetzt vor«, fuhr ich fort, »ihr beugt euch über einen Brunnen, dessen Wasserstand sich direkt unter dem Brunnenrand befindet.« Alle Teilnehmer versuchten es. »Und jetzt stellt euch vor, dass ihr mit einem kleinen Eimer anfangt, Wasser aus dem Brunnen zu schöpfen. Könnt ihr euch das ausmalen?« Alle nickten. »Was seht ihr?«, fragte ich.

»Das Wasser ist unruhig«, bemerkte Dirk.

»Und wieso ist das Wasser unruhig?«

»Weil wir das Wasser schöpfen und es dadurch Wellen schlägt und schäumt.«

»Gut erkannt. Und nun bitte ich euch, mit dem Schöpfen aufzuhören. Das Wasser wird ruhiger – was seht ihr nun, wenn ihr aufs Wasser schaut?«

Die Antwort kam prompt: »Unser Spiegelbild.«

Ich sagte: »Wenn wir uns über einen Brunnen lehnen, um Wasser daraus zu schöpfen, dann ist das Wasser darin so bewegt, dass wir uns nicht mehr in seinem Spiegelbild erkennen können. Und so schöpfen und schöpfen wir den ganzen Tag, und irgendwann sind wir vor lauter Schöpfen so erschöpft, dass wir die Möglichkeit verlieren, uns selbst zu erkennen. Erst wenn wir eine Pause machen und wir mit dem Schöpfen aufhören, dann wird das Wasser ruhiger und wir bekommen die Chance, uns immer besser im Spiegelbild zu erkennen. Je ruhiger das Wasser wird, desto klarer wird das Bild, welches wir von uns bekommen. Eine Voraussetzung dafür, sich selbst zu formen – die alten Griechen nannten das Askese.«

Alle waren neugierig geworden. Es schien auch, dass ihnen langsam die Zusammenhänge zwischen Zeitbewusstsein und Selbstbewusstsein klar wurden. Sie wollten mehr.

»Habt ihr noch Lust auf eine Übung, eine Reise in eure Vergangenheit, durch die ihr euch eurer Eigenschaften und Fähigkeiten, eurer Stärken, aber vielleicht auch eurer Schwächen bewusst werdet? Die Übung heißt *Timeline*, und ich selbst habe sie im Rahmen meiner Coaching-Ausbildung mehrfach gemacht. Für mich war sie eine der wichtigsten Übungen überhaupt.«

Abermaliges Nicken.

»Wer aus der Runde erklärt sich bereit, coram publico die Reise in die Vergangenheit anzutreten? Ich bin dabei der Reiseführer.«

Es dauerte nur einen kurzen Moment und es meldete sich ein Chefkoch. Ich lud Martin ein, eine Schnur innerhalb des Raums so zu verlegen, wie er sich vorstellt, dass sein bisheriges Leben verlaufen ist. Dann bat ich ihn, auf seiner gelegten Lebenslinie zu markieren, wo seine Geburt war und wo er jetzt steht, auch, wo die Linie in der Zukunft enden soll.

Das Ende deklarierte Martin als »Eintritt in den Ruhestand«.

Nun sollte er sich überlegen, an welcher Stelle auf der Linie, also zu welcher Zeit, es für ihn Wegpunkte, Meilensteine oder auch Schlüsselereignisse gegeben hatte.

»Gut«, sagte Martin, nahm sich mehrere Kärtchen und legte los, schrieb seine Meilensteine auf. Schließlich war er fertig. Wie vereinzelte Perlen auf einer Kette reihten sich auf seiner Lebenslinie Begriffe wie »Schule«, »Tod der Mutter«, »Ausbildung«, »Hochzeit«, »Geburt des ersten Kindes«, »Posten als Küchenchef« oder »Bandscheibenvorfall«. Gemeinsam gingen wir dann seine nun mit Leben erfüllte *Timeline* ab. Bei jedem Schlüsselereignis setzte er uns kurz ins Bild, worum es bei diesem Punkt ging. Dazu stellte ich Fragen wie: »Welche Fähigkeiten oder Eigenschaften hast du gebraucht, um dieses Ereignis erfolgreich zu bewältigen? Welche Fähigkeiten haben dazu geführt, dass du bestimme Erfolge feiern durftest? Welche deiner Eigenschaften und Fähigkeiten haben dazu beigetragen, dass du selbst schwierigste Situationen meistern konntest?«

Angeregt durch die Fragen, entstand entlang der Lebenslinie ein bunter und vor allem reichhaltiger Strauß an Fähigkeiten und Eigenschaften, die in Martin angelegt waren, ihm aber nicht bewusst gewesen waren und nun ihren Weg über die Moderationskärtchen auf die *Timeline* fanden.

Die nächste Frage lautete: »Gibt es etwas, was du in Zukunft erreichen möchtest? Ein Ziel?«

»Mehr Mut bei meinen Entscheidungen haben«, erwiderte Martin, noch das Ganze auf sich wirken lassend. Nach einer Weile meinte er noch: »Ich hätte nicht gedacht, dass so viel in mir steckt.«

»Und? Hast du alle Fähigkeiten, die du brauchst, um dein Ziel zu erreichen?«

»Keine Frage, alles ist da. Ich bin gerade reich beschenkt worden.«

Ich beendete die Übung, dankte dem Küchenchef für den von ihm gezeigten Mut und den Nutzen, den er nicht nur für sich, sondern damit für die ganze Gruppe erarbeitet hat. »Jeder von uns trägt während seines Lebens einen sinnbildlichen Rucksack«, sagte ich weiter. »In ihm sammeln wir alles, was wir brauchen, um ein gutes und erfülltes Leben leben zu können. Nur sind wir uns nicht immer darüber bewusst, wie wir Zugang zu all diesen Schätzen bekommen. Und es sind gerade die Krisen im Leben eines Menschen, die – im Nachhinein betrachtet – die Voraussetzung dafür bieten, besonders starke Fähigkeiten zu entwickeln.«

Im Weiteren ging es dann um die Frage, wofür ich das, was ich an Fähigkeiten in mir entdeckt habe, einsetzen möchte. Einen wichtigen Hinweis dafür bekamen wir auch durch die Beantwortung der Frage, was für mich wirklich wesentlich ist. Nun ging es darum, diese Erkenntnis in ein Zielbewusstsein zu übertragen. Den Einstieg fanden wir über die Differenzierung von Wünschen und Zielen. Schnell kam das Team überein, dass das eine passiv ist, dass andere aktiv. Wünsche werden erfüllt (oder auch nicht), Ziele erreicht man.

Dann fragte ich nach den unterschiedlichen Zielen, die allen bekannt waren. Private Ziele, wirtschaftliche Ziele, gesundheitliche Ziele etc. Bei den Zielen, die genannt wurden, handelte es sich vornehmlich um Ergebnisziele. Worum es mir bei dem Thema »Sich selbst führen« ging, waren aber nicht Ergebnisziele, sondern Verhaltensziele. Das Verhalten muss ich für das Erreichen eines Ziels voraussetzen. Ohne ein Verhalten kein Ergebnis. Eine Veränderung entsteht durch ein anderes Verhalten. Und wenn zum Beispiel die Zuverlässigkeit ein Wert ist, der für mich besonders bedeutungsvoll ist, dann geht es für mich zunächst darum, durch welches Verhalten ich diesem Wert, dieser Haltung Ausdruck verleihe.

Werte sind wertlos, wenn sie nicht erlebbar werden. Und die Voraussetzung für das Erleben der Werte ist ein darauf ausgerichtetes Verhalten. Ein weiterer Schlüssel für die tatkräftige Entwicklung meiner Persönlichkeit liegt in der Beantwortung der Frage »Durch welches Verhalten verleihe ich dem, was für mich wirklich wesentlich ist, Ausdruck?«. Wenn sich das eine mit dem anderen deckt, dann ist der Mensch authentisch, wahrhaftig oder auch echt. Dann spielt er keine Rolle.

Im Anschluss beschäftigten wir uns noch mit der Differenzierung zwischen Vision und Ziel. Bei einem Ziel geht es darum, was wir erreichen wollen. Es geht also um ein Ergebnis. Bei der Vision darum, wofür wir etwas erreichen wollen. Hier geht es also um den Sinn dessen, was wir da tun. Um den Teilnehmern das zu verdeutlichen, wählte ich eine Geschichte aus dem Buch *Gung Ho!* des amerikanischen Unternehmers Kenneth Blanchard, es ist die Geschichte eines Bibers. Biber sind tagein, tagaus damit beschäftigt, Bäume zu fällen und daraus Staudämme zu bauen.

»Warum macht ein Biber das?«, fragte ich in die Runde.

Einer der Teilnehmer wusste zu berichten, dass der Staudamm dazu dient, den Eingang der Bruthöhle unter die Wasseroberfläche des Bachs zu legen, damit der Nachwuchs vor Fressfeinden geschützt ist.

Damit war der Sinn des Staudamms geklärt.

»Was ist aber der Staudamm an sich?«, fragte ich weiter.

Auch hier kam eine Antwort. »Der Staudamm ist ein Ziel, um den Sinn zu erfüllen, die Brut zu schützen.«

Die nächste Frage meinerseits lautete: »Hat denn jemand schon einmal beobachtet, wie die Staudämme aussehen?«

Sofort kamen Kommentare, in denen immer wieder darauf aufmerksam gemacht wurde, wie unterschiedlich diese Staudämme aussehen. Hier konnten die Tiere ihre Kreativität voll entfalten. Hauptsache war, dass der Zweck des Wasserstaus und damit der Sinn erfüllt wurden.

Im letzten Punkt ging es um das Wie. Und dass das Wie, also wie etwas gemacht wird, in den Hintergrund tritt, wenn die handelnde Person weiß, wofür (Sinn/Vision) sie sich einsetzt, wenn sie weiß, welche Fähigkeiten ihr dafür zur Verfügung stehen. »Dann nämlich ist das Wie nur noch Mittel zum Zweck. Und so wird die Vision oder der Sinn zu etwas, was nicht nur in der Zukunft liegt, sondern tagtäglich gelebt werden kann. Und die durch die Vision gewonnene klare Ausrichtung ist letztlich auch eine gute Voraussetzung dafür, Verantwortung zu übernehmen. Der Biber weiß, was er täglich tun muss, um den Sinn seines Lebens zu erfüllen. Und so ist es auch bei mir. Der Sinn meines Lebens liegt darin, meinen Enkelkindern möglichst viele Geschichten erzählen zu können. Und auch deshalb stehe ich heute hier, spreche gemeinsam mit euch über diese Themen.«

Ich hörte im Hinterkopf schon den Kommentar meiner Frau angesichts des heutigen Tages: »Du hättest Pastor werden können.«

Kann sein, dass ich eine gewisse Mission verfolgte, aber das aus gutem Grund. Gerade unsere deutsche Vergangenheit ist voll von Beispielen, die dazu geführt haben, dass die Menschen sich von sich selbst distanzierten und das eigene Handeln unter den Deckmantel einer ganzen Gesellschaft stellten. Gerade hatte ich ein Buch gelesen, das mir hierzu sehr wertvolle Informationen gegeben hatte. Die Pädagogin und Sprachwissenschaftlerin Mechthild R. von Scheurl-Defersdorf hatte in ihrem Buch *In der Sprache liegt die Kraft* beschrieben, wie die Nazis über die systematische Veröffentlichung des unbestimmten Fürworts »man« dazu beigetragen hatten, dass damals immer mehr Menschen ihr Verhalten mit dem Verhalten einer ganzen Nation entschuldigten. »Man macht das so« – das war dann die Aussage. Doch wenn dieses »man« an die Stelle von »ich« rückt, entfernen wir uns von uns selbst und übernehmen auch nicht mehr die Verantwortung für unser Handeln. Diese übernimmt dann die Allgemeinheit für mich, und dadurch werde ich, wie ich schon mehrmals betont habe, gehandelt.

Aber wer wird schon gern gehandelt? Ich für meinen Teil wollte nicht mehr gehandelt werden, und meine Vision gab mir die Kraft dazu, selbstbestimmt, selbstverantwortlich, selbstbewusst, gesund und meinem Empfinden nach frei durchs Leben zu gehen. Und Freiheit war für mich ein sehr wichtiger Wert, dessen Erleben mein Leben für mich besonders wertvoll macht.

Die Kraft der eigenen Vision und das Bewusstsein für die eigene Freiheit waren auch die Quintessenz, die die Mitarbeiter in diesem ersten Modul für sich erfahren sollten. Ich konnte nur hoffen, dass ich nicht zu pastoral für sie war.

12 | Leben statt reden

»Gern würde ich mit euch eine weitgehend objektive Definition von ›Führen‹ erarbeiten«, begann ich drei, vier Monate später das zweite Modul, betitelt hatte ich es so: *Andere führen – und geführt werden. Wertschöpfung durch Wertschätzung.*«

Nach langer Diskussion schrieben wir auf: »Führen ist die zielorientierte Beeinflussung von Menschen.«

Als einer aus der Runde den Satz laut vorlas, waren alle bestürzt.

»Das ist verdammt negativ«, sagte Udo, Direktor unseres Hotels auf Usedom.

»Beeinflussen, das klingt, als wolle man einem anderen den eigenen Willen aufzwingen«, meinte Nadine, eine Mitarbeiterin vom Frontoffice.

Die Stimmung ging in den Keller.

»Kann man *beeinflussen* aber nicht auch positiv sehen?«, fragte ich.

»Wie soll das möglich sein?«

»Vielleicht, indem ihr die Definition mit Werten hinterlegt. Vielleicht wird sie dann für euch annehmbarer.«

»Und ›Ziel‹ ist auch kein schönes Wort«, meldete sich noch eine dritte Kritikerin.

»Klar, wenn es sich dabei um Ziele handelt, mit denen ich nicht konform gehe, dann bekommt ein Wort wie ›zielorientiert‹ eine schlechte Konnotation«, gab ich zu. »Also, welche Begriffe wären für euch entscheidend, damit ›beeinflussen‹ positiv wird?«

»Mitgestaltung.«

»Verbundenheit.«

»Gemeinsamkeit.«

Noch viele andere Werte wurden genannt, es wurden auch welche in den Raum geworfen und notiert, die grundsätzlich als wichtig angesehen wurden, etwa Achtsamkeit. Durch die Werte hatte das Führen oder die Beeinflussung von Menschen auf einmal eine andere Färbung bekommen. Aber diffus war weiterhin geblieben, was gleichsam, um es in Managersprache zu sagen, die »Instrumente« einer wirksamen (positiven) Führung waren.

Allen war bewusst, dass die eigene Führung mit dem Bild zu tun hatte, das man selbst abgab. Aber wollte man es so wie Benedikt von Nursia machen? Papst Gregor wusste über ihn zu berichten: »Wer sein (Benedikts) Wesen und sein Leben genauer kennenlernen will, kann in den Weisungen seiner Regel alles finden, was er als Meister vorgelebt hat: denn der heilige Mann konnte gar nicht anders lehren, als er lebte.« So heißt es im zweiten Kapitel von Benedikts Regula (2, 12): »Der Abt zeige mehr durch sein Beispiel als durch Worte, was gut und heilig ist.« Man kann es auch moderner formulieren, so wie es der Physiker Albert Einstein getan hatte: »Vorbild zu sein ist nicht das Wichtigste, wenn wir Einfluss auf andere nehmen wollen. Es ist das Einzige.« Beide klugen Männer waren der Ansicht, Vorbild könnte man anderen nur sein, wenn man etwas tat. Also war leben statt reden das Thema.

Nadine fragte nun: »Erinnerst du dich noch an das Leitbild, das du gemeinsam mit deiner Familie im Jahr 2005 erarbeitet hast?«

Ich drehte mich zu ihr. »Natürlich. Wir waren damals sehr fortschrittlich, da wir das Leitbild nicht von irgendeiner Werbeagentur formulieren ließen, die uns aus Sicht des Marktes vorgab, wie wir zu sein hatten, sondern wir, das heißt meine

Eltern, meine Schwester und ich, das Upstalsboom-Leitbild gemeinsam mit dem Unternehmensberater Cay von Fournier formulierten.«

Ich konnte mich aber auch daran erinnern, dass ich trotz aufwendiger Einführung damals immer das Gefühl hatte, dass die Mitarbeiter sich nur dann damit beschäftigten, wenn im Rahmen eines Qualitätsaudits nach den Inhalten gefragt wurde.»Der Mensch steht im Mittelpunkt«, hieß es dann von neunzig Prozent der Befragten, und im Nachhinein erfuhr ich, dass einige sich noch einen Spaß daraus machten und hinter vorgehaltener Hand ergänzten: »Das war bei den Kannibalen auch so.«

Nadine holte aus ihrer Tasche ein Exemplar unseres damals entwickelten Leitbilds. »Sieh dir die Werte, die ihr damals formuliert habt, einmal an.« Ich nickte. »Und betrachte dir dann die Werte dort auf der Metaplanwand.« Sie zeigte auf die Ergebnisse, die wir in diesem und dem vorherigen Modul erarbeitet hatten.

Ich verglich die Werte und erinnerte mich an die Aussage, die Bernd Gaukler angesichts seiner ersten Rundreise getroffen hatte, nämlich der, dass er einmal für ein Unternehmen arbeitet, wie ich es beschrieben habe, und einmal für ein Unternehmen, wie die Mitarbeiter es sahen, und dass das eine nichts mit dem anderen zu tun hätte. Nicht schon wieder, dachte ich, aber es stimmte: Auch hier hatte das eine mit dem anderen nichts zu tun.

Ich spürte, wie Nadine ein wenig unsicher wurde und sich umschaute. Doch plötzlich sagte sie: »Bodo, jeder kann erkennen, dass da eine Diskrepanz existiert. Bislang haben wir darüber gesprochen, dass die Quelle für den Führungserfolg nicht nur bei uns persönlich, sondern auch im Unternehmen das Leitbild ist. Du erinnerst dich an die diesbezügliche Aussage von Konfuzius? Was hältst du davon, wenn wir das Leitbild auf Basis dieser neuen, gemeinsam von uns erarbeiteten Werte noch einmal überdenken und daraus ein Erfolgsbild machen, an dem sich jeder im Unternehmen orientieren kann und das uns alle miteinander verbindet?« Obwohl Nadine lächelte, merkte ich, dass ihre Unsicherheit noch ein bisschen stärker geworden war.

Es dauerte nur einen kurzen Moment, bis ich befand, dass das eine sehr gute Idee war, dass wir damit die Chance hatten, all das, was sich insbesondere seit 2010 im Unternehmen weiterentwickelt hatte, in einem neuen Leit- oder, wie sie sagte, Erfolgsbild zu manifestieren. »Eine großartige Idee«, antwortete ich. Im gleichen Moment stellte sich Entspannung unter den Kursteilnehmern ein, aber auch Freude. »Ich werde mir darüber Gedanken machen.«

Genau das, wonach Nadine gefragt hatte, hatte gefehlt: Die Upstalsboomer brauchten ein gemeinsames Leitbild. Leitbilder dienen nicht nur Menschen persönlich, sondern auch Mitarbeitern in einem Unternehmen als Orientierung. Ein Leitbild zeigt, wofür die Mitarbeiter in einem Unternehmen stehen und wie sie miteinander umgehen wollen. Es bedingt, dass Entscheidungen getroffen werden können, und diese sind für die Entwicklung eines Unternehmens unabdingbar. Und nun besaßen wir auf einmal die Chance, ein Leitbild zu erarbeiten, in dem wir sämtliche Ergebnisse, Erkenntnisse und Erfahrungen der vergangenen Monate berücksichtigen konnten. Ich hatte ja inzwischen gelernt, dass Verbundenheit ein Grundbedürfnis des Menschen ist. Darauf machten mich später auch noch Sebastian Purps-Pardigol, Experte für Selbstführung, und der Hirnforscher Gerald Hüther aufmerksam. Von ihnen hatte ich gelernt, dass Verbundenheit besonderes dann entsteht, wenn Menschen mitgestalten dürfen. Wenn sie das nämlich tun, sind sie Teil des Ergebnisses und fühlen sich über ihren Beitrag mit dem Ergebnis verbunden. Und was kann es Besseres geben, als wenn unsere Mitarbeiter sich persönlich in die Entwicklung unseres Unternehmensleitbilds einbringen können? Ich war begeistert, mal wieder. Bis zum nächsten Modul, so hoffte ich, sollte mir etwas eingefallen sein.

In diesem letzten Modul standen die Instrumente wirksamer und nachhaltiger Führung im Fokus, wobei wir den Begriff »Instrument« nicht einmal ansatzweise mit den klassischen Managementtools in Verbindung brachten, die Menschen eher verbiegen, sie abrichten oder dressieren, anstatt sie stark zu machen und aufzurichten.

Menschen führen – Leben wecken war zu einem meiner Lieblingsbücher von Pater Anselm geworden, aber auch für mehr und mehr Führungskräfte in unseren Reihen zu einer wichtigen Grundlage. Menschen führen – Leben wecken, genau darum ging es doch. Als Führungskraft habe ich zwei Möglichkeiten, auf Menschen Einfluss zu nehmen. Einmal durch mein Verhalten und einmal durch das, was ich sage und – vor allem – wie ich es sage. Also durch Sprache. Im dritten Modul unseres Curriculums ging es um die Sprache als Instrument wertvoller und wirksamer Führung, wobei sich Führung nicht nur auf die Führung anderer bezog, sondern auch wieder auf die Selbstführung. Im Talmud heißt es: »Achte auf deine Gedanken, denn sie werden zu Worten, achte auf deine Worte, denn sie werden zu Taten, achte auf deine Taten, denn sie werden zu Gewohnheiten, achte auf deine Gewohnheit, denn sie werden zu deiner Persönlichkeit, achte auf deine Persönlichkeit, denn sie wird zu deinem Schicksal.« Die Sprache ist Ausdruck unserer Gedanken, und nicht zuletzt steht in der Bibel, im Johannesevangelium: »Am Anfang war das Wort …«

Mechthild R. von Scheurl-Defersdorf hatte mit ihrem Buch *In der Sprache liegt die Kraft* so viel in mir ausgelöst, dass ich mich näher mit ihr beschäftigt hatte. 1999 hatte sie Lingva Eterna gegründet, ein Institut für bewusste Sprache. Der sich dahinter verbergende Ansatz der Sprachwissenschaftlerin hatte mich sofort interessiert. Glück und Erfolg war ihr zufolge auch durch einen bewussten Umgang mit Sprache zu erlangen – das war ihre Botschaft. Einfach gesagt:»Du bist, was du denkst und aussprichst.«

»Wie wirken Worte?«, so fragte ich nun.»Was löst das Wort ›Apfelbaum‹ in euch aus?« Ich schaute Anna an, eine Sales-Managerin.

»Was verstehst du unter Wirken?«, wollte wiederum Anna wissen.»Ich habe als Jugendliche immer die Äpfel aus Nachbars Garten geklaut, obwohl wir selbst einen Apfelbaum hatten. Aber die, die man nicht haben konnte, schmeckten einfach besser.«

»Genau darauf wollte ich hinaus«, bemerkte ich.»Jeder hat seine persönliche Geschichte zu einem Wort. Es wirkt weiter in uns nach. Aber nicht jeder von uns verbindet positive Bilder mit dem Wort ›Apfelbaum‹. Der eine verbindet damit vielleicht einen wunderschönen Sommertag, an dem er vollkommen entspannt unter einem solchen Baum im Gras liegt und träumt, bei einem anderen tauchen sofort negative Erfahrungen auf, weil er sich vielleicht einmal so heftig an einem Apfelstück verschluckt hatte, dass er kaum noch Luft bekam.«

»Der Apfel war sicher geklaut«, warf Anna schmunzelnd ein.»Zum Glück ist mir das aber nie passiert.«

»Sprache ist die Vertonung unserer Gedanken«, fuhr ich fort,»und zeigt, wie es in meinem Kopf aussieht. Jemand, der hauptsächlich Indefinitpronomen benutzt, in meiner Schulzeit hieß es noch unbestimmte Fürwörter, anstelle eines Subjekts, also ständig sagt:›Man macht es, weil …‹, statt:›Ich mache es, weil …‹ – was fällt euch dabei auf?«

Eva, eine Empfangsleiterin, sagte: »Das ist dann ein eher unverbindliches Sprechen. Der Sprechende distanziert sich von sich selbst.«

»Stimmt«, sagte ich. »Du stellst damit dein Handeln unter den Deckmantel der Allgemeinheit. Wir sprachen ja auch im zweiten Modul davon. Ähnlich ist es mit Aktiv- und Passivsätzen. Verwenden Menschen Passivsätze, so ist das häufig ein Indiz dafür, Dinge mehr geschehen zu lassen, als eigeninitiativ etwas zu tun, um eine Sache zu erreichen. In diese Kategorie fällt auch der Gebrauch von Wörtern aus der, wie Frau von Scheurl-Defersdorf es nennt, Wischiwaschi-Sprache, zum Beispiel das Wort ›eigentlich‹. Es ist sehr beliebt und häufig zu hören, und so beliebig und wenig bedeutsam es erscheint, so hat es dennoch eine starke Auswirkung – von einer großen Klarheit kann man bei denjenigen, die es oft im Mund führen, nämlich nicht unbedingt sprechen. Sie verlieren dadurch schlicht an Glaubwürdigkeit, und es kommt öfter zu Missverständnissen. Diese wiederum sind häufig die Ursache für eine schlechte Stimmung im Unternehmen. ›Sag, was du willst, und du bekommst, was du brauchst‹, ist das Motto.«

»Das erlebe ich auch beim Gebrauch des Konjunktivs«, bemerkte Marc. Er gehörte mit zu den Besten in puncto Führung, er besaß eine große Aufmerksamkeit gegenüber seinem Team und den Gästen.

Ich nickte und lächelte ihn an. »Eine Kommunikation mit ›sollte‹, ›müsste‹ oder ›könnte‹ führt dazu, dass Ziele nicht erreicht werden. Nicht umsonst wird der Konjunktiv auch als Möglichkeitsform bezeichnet.«

»Und was muss man jetzt tun?«, fragte mich eine Mitarbeiterin, die an der Rezeption arbeitete.

»Achte zuerst darauf, ob andere das Wort ›man‹ benutzen, nach einer Zeit wirst du es dann auch bei dir selbst bemerken.

Und dann wirst du darauf verzichten. Ihr werdet merken, wie machtvoll Worte sind. Ihr werdet euch überlegen: Sage ich überhaupt das, was ich meine?«

Es ging mir um kleine Schritte, keiner der Mitarbeiter sollte sich zum Linguisten entwickeln. In der Emder Unternehmenszentrale setzte Bettina, eine leitende Mitarbeiterin aus dem Ferienwohnungsbereich, nach diesem Modul und einem von Frau von Scheurl-Defersdorf bei uns selbst durchgeführten Seminar zum Beispiel Karten von Lingva Eterna ein. Auf einer von ihnen steht auf der Vorderseite:

Ich schreibe noch schnell den Satz zu Ende / Ich schreibe den Satz zu Ende.

Auf der Rückseite ist zu lesen:

Der gewohnheitsmäßige Gebrauch von »schnell« erzeugt Hektik und Fehler. Sei besonnen, dann strahlst du Ruhe aus.

Immer flächendeckender fingen wir an, mit diesen Karten zu spielen, und bemühten uns, automatisiertes Sprechen gegen eine bewusste Sprache auszutauschen. Wir fanden, dass sich unsere Kommunikation im Unternehmen durch eine gewisse Spracharmut auszeichnete, ihr wollten wir etwas entgegensetzen. Der Einsatz der Karten und die Achtsamkeit beim Sprechen wurden belohnt, es tat sich einiges, was sich auch auf die Mitarbeiter auf allen Ebenen auswirkte. Es wurde klarer kommuniziert, Missverständnisse traten seltener auf, in der Folge gab es viel weniger Nachbearbeitungszeiten. Und das wiederum wirkte sich auf die Stimmung in den Teams aus. Schlechte Stimmung in Unternehmen ist oft genug Ergebnis, wenn etwas nicht rundläuft oder die Mitarbeiter sich nicht deutlich oder nicht wertschätzend ausgedrückt haben.

Sage ich zu einem Auszubildenden: »Los, los, komm schnell in die Küche, du musst hier aushelfen!«, wird er nicht gerade begeistert sein. Anders wird die Reaktion bei folgender Formulierung sein: »Bosse, wir haben hier einen Engpass. Bitte hilf uns, wir brauchen deine Unterstützung.« Nachdem dieses »neue Sprechen« trainiert war, sah ich viel mehr lächelnde Mitarbeiter. Menschlichkeit ist eben kein Zufall, begeisterte Mitarbeiter sind keine Selbstverständlichkeit.

Es geht nicht nur darum, wertschätzend zu sprechen, sondern überhaupt mit den Mitarbeitern zu sprechen. Etwas, worüber ich mir anfangs nie Gedanken gemacht hatte. Heute spreche ich mit unseren Auszubildenden oder lade Mitarbeiter zu gemeinsamen Essen ein. Auch ist es für mich bei meinen Hotelbesuchen eine große Freude, wenn ich durch die Bereiche gehe und mich mit den Mitarbeitern austausche. Denn dabei kommen ihre Anliegen auf den Tisch, und sie spüren, dass ich sie ernst nehme. Bei dieser Wertschätzung geht es um Achtsamkeit, um ein Wahrnehmen der jeweiligen Persönlichkeit. Früher hatte ich immer das Gefühl, dass die Mitarbeiter sich durch meine Besuche gestört fühlten. Bis mich ein Direktor darauf aufmerksam machte, dass dies doch eher ein Problem meines Denkens sei und nicht so sehr das der Mitarbeiter.

Überhaupt zeigten die Kurse Wirkung: Besonders beeindruckend war die Lebensgeschichte von Werner, einst als Koch ins Berufsleben gestartet. Im Curriculum erzählte er, dass er von seiner Persönlichkeit her ein eher ängstlicher Mensch sei. Sein Vater sei sehr perfektionistisch veranlagt, sehr akribisch, kein Wunder, dass er, der Sohn, immer höllische Angst davor hatte, Fehler zu machen. Der Perfektionismus des Vaters ging so weit, dass Thomas sogar gern rückwärts einparkte, nur um schnell wieder wegzukommen, wenn es brenzlig wurde.

Als ich das hörte, dachte ich: grausam, diese Pedanterie. Denn wenn ich ständig Furcht vor etwas habe, dann macht mein Hippocampus schlapp. Permanent wird Adrenalin ausgeschüttet, da leidet unweigerlich die Kreativität. Bin ich auf Flucht eingestellt und will am liebsten immer gleich wieder weg, kann ich niemals die schönen Blumen im Garten sehen. Oder wie ich einen Garten zu einem schönen Garten umgestalten kann. Dann funktioniere ich nur noch im archaischen Notfallmanagement auf Stammhirnniveau, wie es Sebastian Purps-Pardigol so schön in seinem für uns so wichtig gewordenen Potenzialtraining ausdrückte.

»Ich gehe sehr gern mit Zahlen um«, fuhr Thomas fort, »schon früher stimmten die Berechnung meiner Wareneinsätze immer auf den Cent genau. Aber mit der Kreativität in der Küche klappte es nicht so gut. Deshalb bin ich aus der Küche raus. Anfangs war das schon ungewohnt, ich war doch ein Koch. Als ich dann Hoteldirektor wurde und stärker mit Zahlen konfrontiert wurde, merkte ich aber schnell, dass es genau die Zahlen sind, die mich begeistern.«

Ich erinnerte mich daran, dass Thomas sehr geschickt im Umgang mit Zahlen war und dadurch bei diesen Themen immer erfolgreicher wurde. Durch die Veränderung seiner Aufgaben wurde er sich seiner Stärken bewusst, was ihm, wäre er weiter in der Küche geblieben, sicher nicht klar geworden wäre. Und schließlich stieg er zum Hoteldirektor auf und war damit immerhin zum Teil seinen Stärken gemäß eingesetzt. Das war schon ein Schritt in eine für ihn gute Richtung, aber im Zwischenmenschlichen passte es noch nicht so ganz. Er wirkte immer ein bisschen steif im Umgang mit Menschen. Wenn er zur Stippvisite durchs Restaurant ging, wirkte das ein bisschen so, als hätte er einen Stock verschluckt. Trotz aller Erfolge als Hoteldirektor fanden wir das wirklich perfekte Spielfeld für ihn, und er wurde Chefcontroller – besser konnte es für ihn und uns nicht sein. Jetzt passten er und seine Aufgabe perfekt zusammen.

Thomas war ein gutes Beispiel dafür, wie man sich seiner Stärken bewusst wurde, und mit uns hatte er ein Unternehmen, in dem er seine Stärken entfalten konnte. Eine schöne Karriere. Vom Koch zum Chefcontroller. Und was mir – und sicher auch ihm – besonders gut gefiel, war, dass er mit zunehmender Erkenntnis seiner selbst immer mutiger wurde. So mutig, dass er Jahre später einen Strich unter seine Hotellaufbahn zog und seiner Familie in eine andere Stadt folgte. Großartig. Dieser Schritt hat mich zutiefst beeindruckt. Ich hatte das Gefühl, dass dieser Mensch für sich verstanden hatte, was wirklich zählt im Leben. Entsprechend kompromisslos konnte er seine Ziele auch verfolgen.

Wir waren weitergekommen, näher zusammengerückt, zumindest in den jeweiligen Peergroups, doch die von Oliver Haas artikulierte fehlende Gesamtverbundenheit war weiterhin noch nicht vorhanden. Wir hofften, in den Peergroups würde sich offenbaren, was zu tun war – und vielleicht war es tatsächlich das Leitbild, von dem die eine Mitarbeiterin gesprochen hatte. Vielleicht musste es tatsächlich neu formuliert werden, um gemeinsam die Flagge der friesischen Freiheit zu hissen. Je länger ich darüber nachdachte, umso begeisterter war ich davon, diesen Schritt zu gehen.

TEIL III

Was wir sind und was wir sein können[3]

---
3 Gerald Hüther

13 | Upstalsboom, so einzigartig wie sein Name

Sie trommelten und trommelten, die Mitarbeiter von Drum Cafe, einer Eventagentur, die sich zum Ziel gesetzt hat, speziell auf Meetings, Kongressen und Seminaren mit ihren Trommelwirbeln die Zuhörer mitzureißen. Die jungen und die erfahrenen Führungskräfte von Upstalsboom wurden beim Betreten des Landhotels Friesland mit den schnellen Rhythmen begrüßt. Aber nicht nur das, auf jedem im Halbkreis aufgestellten Mitarbeiterplatz stand eine Trommel, sodass zur großen Zusammenführung im Rahmen der durch eine Mitarbeiterin avisierten Überarbeitung unseres Leitbildes von rund achtzig Teilnehmern gemeinsam ein Takt gefunden werden konnte. Und das geschah auch. An diesem Märztag 2013 wurde beim »Gipfeltreffen« getrommelt, was das Zeug hielt. Das gemeinsame Trommeln war ein Mittel, um einen Transfer zur Zusammenarbeit im Arbeitsalltag herzustellen, um gute Stimmung zu machen. Danach gab es kleine Lockerungsübungen, die Führungskräfte massierten sich gegenseitig die Schultern – und langsam entspannten sich auch alle.

Geleitet wurde unser zweitägiger Workshop von Cay von Fournier, Arzt und Geschäftsführer einer Unternehmensberatung in Berlin. Der Facharzt für Chirurgie und Unternehmer ist ein leidenschaftlicher Verfechter von Ganzheitlichkeit, sowohl in der Medizin wie auch in der Führung von Unternehmen. Führung – für ihn ist das die Königsdisziplin, auch für ihn heißt führen dienen. Für mich war das genau der richtige Mann, um in Vergessenheit geratene Werte wieder lebendig werden zu lassen, um Werte überhaupt als gelebte Werte zu begreifen. Cay und ich kannten uns von meinen ersten Kongressbesuchen beim SchmidtColleg und von unserer ersten Leitbilderarbeitung, und wir beide waren uns darüber bewusst: Hier geht es darum, einen richtungsweisenden Meilenstein zu setzen.

Nachdem wir allen Anwesenden ins Bewusstsein gerufen hatten, um was es in diesen zwei Tagen gehen sollte, nämlich um die Entwicklung eines neuen Leitbilds, teilten wir die Führungskräfte in fünf Gruppen auf. Im Vorfeld hatten wir allen die schon im Curriculum erarbeiteten persönlichen Werte zur Disposition gestellt. Hierfür hatten wir ein Cluster gebildet, in dem sich die während der eineinhalb Jahre des Curriculums am häufigsten genannten Werte wiederfanden. Es waren insgesamt dreißig. Die Aufgabe der Mitarbeiter war es nun herauszufinden, welche dieser Werte sie als wichtige Grundlage für unser Verhaltensleitbild ansahen. Mit Begeisterung widmeten sich alle den Unterlagen, auf Flipcharts wurde geschrieben und notiert, bis sich alle wieder in großer Runde trafen und die jeweiligen Gruppenergebnisse präsentierten. Es war schön zu sehen, dass die Werte, die alle als wichtig empfanden, so gut wie gar nicht voneinander abwichen. Es gab eine große Schnittmenge, und am Ende hatten die achtzig Upstalsboomer zwölf Werte herausgearbeitet, die sie miteinander verbinden und ihnen Orientierung im Umgang miteinander geben konnten: Vorbild, Loyalität, Offenheit, Zuverlässigkeit, Wertschätzung, Fairness, Achtsamkeit, Vertrauen, Verantwortung, Herzlichkeit, Lebensfreude und Qualität.

Als ich die Ergebnisse sah, dachte ich: Das ist ein wirklicher Schatz, den wir da geborgen haben. Wir haben jetzt endlich den Schlüssel zu einer wertvollen Schatztruhe gefunden.

»Gut, jetzt stehen diese Werte da an der Tafel – aber was machen wir mit ihnen?«, fragte ich. »Werte sind wertlos, wenn sie nur auf dem Papier stehen, aber nicht erlebbar werden.«

»Im Curriculum hast du uns doch mit auf den Weg gegeben, dass ein Wert nur ein anderer Ausdruck für eine Haltung ist und dass eine Haltung wiederum sichtbar wird im Verhalten«, warf ein Mitarbeiter unserer Upstalsboom-Hotelresidenz in Kühlungsborn ein.

»Sehr aufmerksam«, merkte ich an. »Und unsere nächste Aufgabe besteht nun darin, Klarheit darüber zu bekommen, welches Verhalten wir in Verbindung mit dem einen oder anderen Wert bringen. Frage ich in die Runde, was zum Beispiel Loyalität für euch bedeutet, werde ich mit Sicherheit achtzig verschiedene Antworten erhalten. Das ist auch völlig normal. Jeder von euch bringt seine eigene Geschichte ein, hat sein eigenes inneres Bild zu diesem Wert. Ihr erinnert euch vielleicht an das erste Modul unseres Curriculums, in dem es um Verhaltensziele ging. Aus diesem Grund ist es wichtig, jedem unserer Werte ein konkretes Verhalten zuzuordnen, sodass wir ein gemeinsames Verständnis dafür haben, wie wir diesem Wert Ausdruck verleihen können.«

»Sodass wir wissen, wie dieser Wert bei uns im Unternehmen gelebt wird.« Das war Nadine, die Mitarbeiterin, die mich an das alte Leitbild erinnert hatte.

Sie hatte es auf den Punkt gebracht.

In Arbeitsgruppen wurden nun zu allen Werten Verhaltensweisen beschrieben. Bei »Loyalität« hieß es etwa: »Mit Menschen sprechen, anstatt über sie zu reden.« Es fiel in diesem Zusammenhang auch der Kinderspruch »Alle schauen aufs brennende Haus, nur nicht Klaus, der schaut raus«. Das war den Mitarbeitern besonders wichtig, denn es gefiel ihnen offensichtlich nicht, wie innerhalb des Unternehmens teilweise getratscht wurde, wie viele Kläuschen es gab, die aus dem brennenden Haus schauten. Und fühlte sich jemand als Kläuschen, dann fühlte er sich nicht wohl. Die Saat für Misstrauen war gelegt, schlechte Stimmung war so vorprogrammiert.

Oder »Zuverlässigkeit«: »Ein Upstalsboomer, ein Wort.« Das war unmissverständlich, auf einen Upstalsboomer sollte sich jeder verlassen können.

Ein paar Wochen später befand ich mich genau in einer solchen Situation. Ich war zu Hause, der Abend schon fortgeschritten, und plötzlich fiel mir ein, dass ich im Büro vergessen hatte, eine E-Mail zu schreiben, die ich einem Mitarbeiter versprochen hatte. Nein, der Laptop bleibt aus, sagte ich mir, zu Hause wird nicht gearbeitet. Dennoch hatte ich es versäumt, diese versprochene E-Mail abzusenden. Mist. Da saßen nun der Teufel rechts auf meiner Schulter und der Engel links. Der Teufel sagte: »Bodo, die Mail brauchst du nicht zu schreiben, die liest er heute Abend eh nicht mehr. Es reicht, wenn du es morgen früh machst, heute hast du lange genug im Büro gesessen. Wirklich, das brauchst du nicht zu tun.« Der innere Schweinehund war laut am Brüllen. Ungehindert dessen meldete sich der Engel auf der anderen Seite der Schulter zu Wort: »Hey, Bodo, drei Wochen ist es her, als es hieß: ›Ein Upstalsboomer, ein Wort‹. Willst du derjenige sein, der das schon nach drei Wochen bricht?« In diesem Moment klappte ich den Laptop auf, verfasste die E-Mail und drückte auf »Senden«. Es dauerte keine drei Minuten, und ich hatte eine Antwort: »… ein Upstalsboomer, ein Wort! Und ich dachte schon, du hättest unsere Werte schon wieder vergessen.« So einfach war es, ein Vorbild zu sein.

Zu allen zwölf Werten gab es knackige Slogans. Wie die Werte an sich kamen auch sie aus dem tiefsten Innern der Mitarbeiter, und in einem nächsten Schritt »banden« wir sie am Upstalsboom fest wie einst die friesischen Häuptlinge ihre Pferde. Das sah dann wie in der folgenden Abbildung

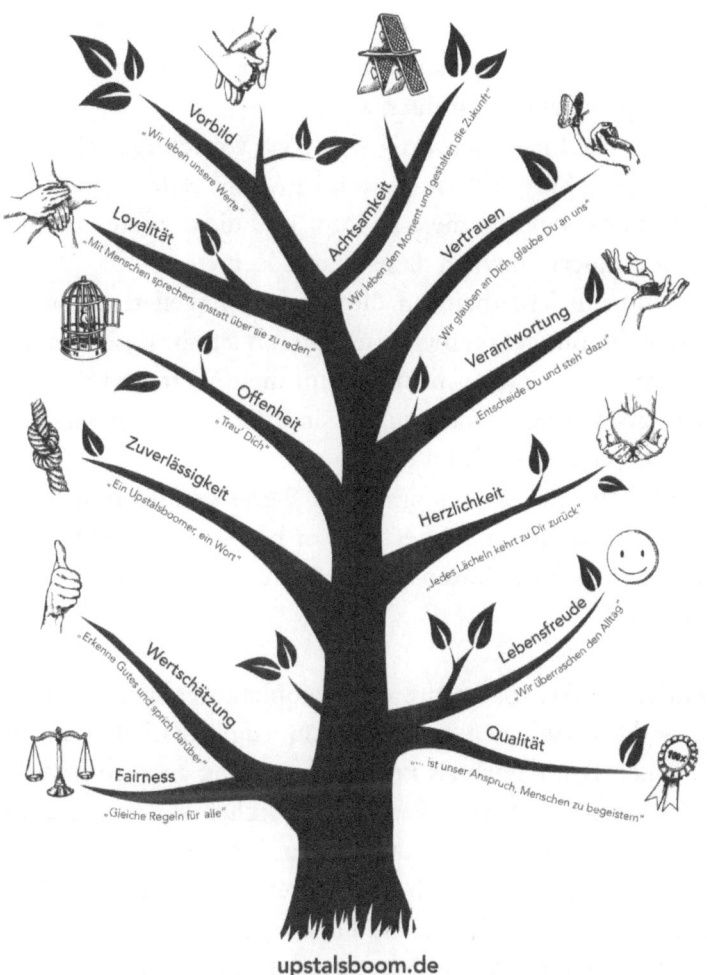

upstalsboom.de

dargestellt aus. Also, noch nicht ganz so formvollendet gestaltet, aber die Ansätze mit Filzstift waren gar nicht so weit von der plakativen Fassung entfernt:

Anlässlich eines späteren Workshops mit Linde Gas, einem Industrieunternehmen, erzählte ich, wie es zu unserem Leitbild gekommen war. Topführungskräfte des Unternehmens schauten sich dabei intensiv den Baum an, und plötzlich fing einer von ihnen angesichts meiner dazu formulierten Entstehungsgeschichte zu weinen an.

»Was hat Sie so berührt?«, fragte ich vorsichtig nach.

»Wissen Sie«, erklärte er. »Ich hatte eine traumhafte Kindheit, nur leider war diese zu kurz, und diese Werte und Slogans erinnern mich an diese schöne Zeit.«

Und eine Mitarbeiterin, die erst nach Erstellen des Wertebaums zu uns gekommen war, sagte, als ich ihr unser Leitbild zeigte: »Ich verstehe nicht, warum diese Werte extra aufgeschrieben werden mussten, sie sind doch selbstverständlich. Darum geht es doch im Leben.«

Offenbar hatten wir im Team Werte gefunden, die sich nicht allein auf das Unternehmen bezogen, sondern Menschen an sich berührten, Werte, die für viele wertvoll waren und sind.

Hübsch sah der Baum aus, aber Schönheit war keine Garantie, dass die inzwischen fünfhundertfünfzig Mitarbeiter diesen schönen Baum auch als Praxisaufforderung ansahen und die daran »angebundenen« Werte auch wirklich lebten. Ich nahm mein Herz in die Hand und unternahm etwas, was ich erst einmal nur unter »Versuch« verbuchte: So verknüpfte ich nämlich mein persönliches Leitbild mit dem des Unternehmens.

Das tat ich am Abend, kurz bevor das Essen serviert wurde. Da ließ ich die Mitarbeiter an dem teilhaben, was für mich von großer Bedeutung war und ist. Mir selbst kam es wie eine Art Befreiung vor, das zu offenbaren, was mir als Mensch so viel bedeutete. Und: Nicht zuletzt hatte ich bewusst afrikanische Trommler für dieses Modul gewählt.

Zu den Mitarbeitern sagte ich: »Wie ihr wisst, gibt es etwas, was mich stark bewegt, nämlich meine Vision von glücklichen Menschen. Ich möchte später in meinem Ohrensessel sitzen und meinen Enkelkindern Geschichten von glücklichen Menschen erzählen können, und diese Geschichten sollen nicht nur auf dieses Unternehmen und unsere Gäste beschränkt sein, sondern auf die Menschen in der ganzen Welt.«

»In der ganzen Welt?«, fragte jemand. »Habe ich das richtig verstanden?«

»Ja. Ich bin begeistert, was in euch, in allen Mitarbeitern von Upstalsboom steckt. Aber Upstalsboom ist nicht alles, es gibt noch etwas Größeres als das, für das wir uns hier im Unternehmen einsetzen. Und für mich als Unternehmer geht es nicht mehr nur um mehr Gewinne. Wir dürfen die Menschlichkeit nicht vergessen. Was ich euch jetzt sage, ist keine neue Idee, sie ist schon ein wenig in mir gereift. Ich habe mir schon seit Längerem gewünscht, in Afrika Schulen zu bauen.«

Gemurmel breitete sich aus.

Weitere Fragen wurden gestellt: »Wieso gerade in Afrika? Und was hat das mit uns zu tun?«

Ich erklärte: »Keine drei Jahre ist es her, da wolltet ihr mich als Chef loswerden. Die Stimmung war schlecht, von Zufriedenheit keine Spur. Die Stimmung ist besser geworden, wir sind auf einem guten Weg. Doch ich bin der Meinung, dass wir mit dem, was wir hier geschaffen haben, noch besser werden könnten. Wir haben Werte formuliert, die uns allen wichtig und wertvoll sind. Fast zwei Jahre haben wir darauf hingearbeitet. Orientiert sich jeder daran, müsste es doch möglich sein, die Stimmung bei Upstalsboom noch besser werden zu lassen.«

»Na klar«, sagten alle unisono.

»Wir haben uns also miteinander über Werte verbunden«, hob ich wieder an. »Diese Werte sind da, doch jetzt geht es darum, sie tatsächlich mit Leben zu füllen, wie Nadine vorhin zu Recht betonte. Ihr wisst, wir haben mehrere interne Mitarbeiterbefragungen gemacht, da haben wir selbst gemessen, wie sich die Zufriedenheit bei uns im Unternehmen entwickelt hat. Dies war jedoch nur ein subjektiv angelegter Maßstab. Aber wenn wir jetzt diese Werte leben, müsste sich doch auch objektiv zeigen, dass unsere Mitarbeiter zufriedener sind als vielleicht die anderer Unternehmen.«

»Und was wäre ein objektiver Maßstab?«

»Ich melde uns bei TOP JOB an.«

Erneutes Raunen. TOP JOB ist eine Organisation, die die besten und außergewöhnlichsten Arbeitgeber in verschiedenen Branchen des Mittelstands jährlich mit einem Qualitätssiegel auszeichnet, ihr Mentor ist Wolfgang Clement, einstiger Bundesminister für Wirtschaft und Arbeit.

»TOP JOB ist aber schon eine Hausnummer«, meinte ein Mitarbeiter aus der Runde. »Wir kommen aus der Hotellerie, wir sind als Branche nicht dafür bekannt, ein besonders fürsorglicher und attraktiver Arbeitgeber zu sein.«

»Ich weiß, wie man uns sieht, aber lasst uns das dennoch angehen. Ich glaube nämlich, dass unsere Branche weit besser ist, als man ihr nachsagt. Wir arbeiten in einer Branche, in der sich täglich das wiederfindet, was Menschen brauchen. Und das ist der Kontakt mit Menschen … Also, es muss ja nicht gleich im nächsten Jahr sein, dass wir ausgezeichnet werden, aber wenn uns ein solches Siegel in den kommenden Jahren zugesprochen wird, wäre das eine besondere Auszeichnung für das, was uns wichtig geworden ist und was unsere Branche auszeichnet. Lasst uns mit gutem Beispiel vorangehen. Lasst uns Vorbild werden. Und sollte es uns tatsächlich einmal gelingen, unter die Top 5 der besten Arbeitgeber Deutschlands gewählt zu werden, dann möchte ich euch zu etwas einladen. Und das hat eben etwas mit Afrika, genauer gesagt mit Ruanda, zu tun.«

Ich stellte den CD-Player an, und es erklang der Song »People Help The People« von der britischen Popsängerin

Birdy, die als Jasmine van den Bogaerde zur Welt kam. Im Refrain heißt es dort in deutscher Übersetzung: »Menschen, helft den Menschen / und wenn du Heimweh hast, gib mir deine Hand und ich werd sie halten / Menschen, helft den Menschen / und nichts wird dich runterziehen.« Passend für das, was ich vorhatte – fand ich.

»Schließt bitte eure Augen«, bat ich. »Wenn wir also branchenübergreifend unter den Top 5 der besten Arbeitgeber sind, machen wir Folgendes: Stellt euch vor, wir stehen in Frankfurt am Flughafen und warten auf den Flieger nach Brüssel. Dort, in Brüssel, geht es in den Transitbereich nach Afrika und wir steigen in unseren Flieger nach Kigali. Am Flughafen in Kigali steigen wir aus, ihr spürt die warme, feuchte Luft Zentralafrikas, wir steigen in Jeeps, die uns in die Hochebene nach Murambi bringen. Dort angekommen, seht ihr, wie uns plötzlich zweihundert Kinder entgegenkommen und uns landestypisch aufs Allerherzlichste begrüßen; sie tanzen, klatschen und jubeln, weil sie dankbar dafür sind, dass wir sie dabei unterstützt haben, eine Schule zu bauen, und sie damit die Chance bekommen haben, etwas zu lernen, zu lernen für ein selbstbestimmteres Leben, für mehr Freiheit. Könnt ihr euch vorstellen, wie wir gemeinsam mit Kindern dieses Ereignis feiern?«

Langsam öffneten die Teilnehmer unseres Workshops ihre Augen, die groß waren, leuchteten und manche blinkten auch feucht.

»Bodo, meinst du das ernst?«

»Ja, wenn es uns gelingt ...«

»... in den nächsten Jahren unter die Top 5 der besten Arbeitgeber Deutschlands zu kommen, wenn es uns gelingt, das, was wir heute erarbeitet haben, Wirklichkeit werden zu lassen, dann wird jeder von euch die Chance bekommen, gemeinsam mit mir nach Ruanda zu fliegen.«

»Was du so für Träume hast«, sagte Stephan, ein Veranstaltungsleiter. »Ich bin noch ganz platt. Da hast du echt 'ne Bombe losgelassen. Die Musik von Birdy trifft zwar nicht ganz meinen Geschmack, aber ich bin schon mächtig emotional berührt.«

Eine Weile blieb es daraufhin still, dann hörte ich plötzlich: »Das ist der Wahnsinn. Das ist ja was richtig Sinnvolles. Was können wir nur tun, damit das Wirklichkeit wird? Wie schaffen wir es nur, alle unsere Kollegen von Upstalsboom dafür zu begeistern, dass sie unsere Werte verinnerlichen und im Unternehmen leben?«, wandte sich eine Teilnehmerin fragend an mich.

Und damals gab ich dann die zweitwichtigste Antwort in meinem Leben – die wichtigste war bei meiner Hochzeit mit Claudia das Ja: »Ich weiß es nicht.«

Erstaunt sahen mich die Mitarbeiter an.

»Wie? Du weißt es nicht?«

»So ist es. Ich weiß es nicht.« Ich musste an den Kalender in meinem Büro denken, der jeden Monat einen anderen Spruch vom Dalai Lama zum Nachdenken sichtbar werden ließ. In diesem Monat lautete er: »Wer selbst spricht, erfährt nichts Neues.« Der Kalenderspruch war für mich eine Orientierung, als ich wiederholte: »Ich weiß es wirklich nicht.« Und fügte hinzu: »Überlegt selbst, wie das gelingen kann, wie das, was wir gemeinsam erarbeitet haben, und das, was uns wichtig geworden ist, auf den Weg gebracht werden kann, um dann die Schule in Ruanda wahr werden zu lassen.«

Inzwischen war es Essenszeit, aber niemanden interessierte das wirklich. Voller Begeisterung setzten sich alle in die Bar des Landhotels in Gruppen zusammen und überlegten, was sie tun konnten, um den Traum real werden zu lassen.

Am Ende unseres Leitbild-Workshops setzten sämtliche Führungskräfte ihre Namen unter den mit Filzstiften gezeichneten Leitbildbaum – auch das war ein Zeichen: »Ich bin dabei gewesen, und ich werde meinen Teil dazu beitragen, dass diese Werte bei Upstalsboom Wirklichkeit werden.« Und nicht nur die Werte, sondern auch das Sinn-Projekt, welches mit dem Titel: *Moin, moin to Ruanda / Friesenherzen grenzenlos* dem Leitbildbaum den letzten Schliff gab.

»Upstalsboom ist ein Stück Lebensqualität« oder »Upstalsboom ist Weiterentwicklung, und das auf höchster menschlicher Ebene« waren zwei von vielen Aussagen dieser Art, die ich nach unserem Workshop zu hören bekam. Und das nicht nur in unserer dreißigminütigen Filmzusammenfassung über den Workshop.

Die Anstrengungen der vergangenen anderthalb Jahre hatten sich gelohnt. Ich hatte keinen Zweifel daran gehabt.

In der Folge entstanden die unterschiedlichsten Initiativen. Der Wertebaum in seinem heutigen Design wurde gestaltet, ein Plakat von ihm entworfen, damit auch die anderen Mitarbeiter, die nicht an dem Workshop teilgenommen hatten, von unserer Wertediskussion erfuhren und selbst noch an der Weiterentwicklung mitwirken konnten. Anfangs hatte der Baum noch ungeklärte Punkte, sodass jeder eingeladen wurde, sich an dieser Diskussion zu beteiligen. Nach und nach wurde er dann auch bei unseren Gästen ein Thema. Plötzlich wurden uns die Wertebäume wie warme Semmeln aus der Hand gerissen. Alle wollten die Bäume haben, es entstand eine unglaubliche Dynamik.

Der Baum wurde dadurch extrem wichtig, wurde zu einem starken Sinnbild für das Leben an sich sowie für das Leben und Wirken in unserem Unternehmen. Er bot Schutz, stand für die Vereinbarkeit von Himmel und Erde, für ein friedliches Zusammenleben, für Kraft und Stärke einerseits, für Flexibilität andererseits. Einige schenkten mir den Wertebaum in einer Miniaturausgabe aus Messing, in größeren und sehr vielfältigen Varianten fand er seinen Platz in allen unseren

Hotellobbys. Der Baum, der mir in unserem Hotel Deichgraf in Wremen überreicht wurde, hatten die Mitarbeiter sogar von ihrem Trinkgeld anfertigen lassen. Es gab Broschen mit unseren Werten, Aufsteller, T-Shirts, auf denen der »Wert des Monats« gedruckt war. Immer sichtbarer wurden die Werte in den einzelnen Hotels – und nicht nur das, auch in den Besprechungen wurden Diskussionen verstärkt unter Heranziehung unseres Wertebaums geführt.

Parallel wurde mit Kristian Gründling, einem Freund und »Wertefilmer«, ein Film produziert, mit dem wir das zum Ausdruck bringen wollten, was für uns so wichtig geworden war. Er sollte dazu dienen, all jenen, die beim Workshop nicht anwesend waren, zu zeigen, worum es uns ging. Als er fertig war, wurde er dann auch in allen Hotels gezeigt. Von dort gelangte er in soziale Netzwerke, wo er mittlerweile mehrere hunderttausendmal heruntergeladen wurde, nicht nur in den deutschsprachigen Ländern, sondern in über hundertzwanzig Ländern. Sogar in einigen Kinos in Deutschland, Österreich und der Schweiz wurde er gezeigt und gewann einen Filmpreis nach dem anderen, auch dies wieder weltweit. Er löste eine richtige Welle aus, und durch die Aufmerksamkeit, die er in der Öffentlichkeit bekam, bekamen unsere Themen auch intern eine immer größer werdende Aufmerksamkeit bei den Mitarbeitern. Sie erhielten dadurch Bestätigung für das, was sie taten. Klar, dass die Begeisterung für ihren Arbeitsplatz wuchs.

Ich hatte alles begonnen mit der Absicht, die Stimmung im Unternehmen zu verbessern. Aber das, was sich weiter daraus entwickelt hatte, war ohne Absicht passiert, ohne eine bestimmte Erwartung. Es schien, als hätten die Mitarbeiter gleichsam die Gelegenheit, die sich ihnen gab, beim Schopfe gefasst.

2013 erhielt ich auch meine erste Anfrage für einen Vortrag Ohne darüber nachzudenken, ob er bezahlt werden würde, sagte ich zu – ich sollte auf einem Kongress in Berlin meine Vision von glücklichen Menschen erzählen. Es war ein Personalmanagement-Kongress, bei dem ich – leicht untertrieben formuliert – aus dem Rahmen fiel. Alle trugen Anzug, ich Business Casual, frei trug ich meine Vision vor. Gebannt hörten die Leute zu, kein Geraschel war zu hören. In der Pause wurde ich dann von vielen angesprochen. Ich interpretiere es heute so: Ich hatte etwas gemacht, den Vortrag gehalten, weil ich das Bedürfnis hatte, von etwas zu berichten, das für mich von Bedeutung ist. Vielleicht weckte das die große Aufmerksamkeit im Nachgang.

Durch einen der Kongressteilnehmer bekam ich wenig später eine Anfrage von der Bayerischen Versorgungskammer mit Sitz in München. Könnte ich nicht auch in Bayern einen Vortrag über meine Vision halten? Die Einladung nahm ich ebenfalls an. Organisiert hatten sie die Musterbrecher, eine Initiative von vier Wirtschaftswissenschaftlern, die in Unternehmen gehen, »Muster« im Führungsstil und in der Führungskultur ausmachen und dann genau diese Muster brechen wollen. Tatkräftige Querdenker.

Nach dem Vortrag gaben sie mir zu verstehen: »Wir möchten uns gerne einmal kurz mit Ihnen austauschen.« Aus dem kurzen Austausch wurde eine Reise der Wirtschaftswissenschaftler in unser Hotel nach Wremen. Wir tauschten uns lange aus, über das, was wir bei Upstalsboom anders machen, wie wir Routinen brechen und eingefahrene Denk- und Handlungsmuster verlassen haben. Es ging aber auch darum, ob derjenige, der etwas verändern will, nur ein Andersmacher ist oder gar ein Rebell, ein Nonkonformist, weil er nicht mehr auf der Bühne der üblichen Wirtschaftsführer mitspielen will. Wie viel riskiert er? Und wenn man ein Rebell sein will, gar ein Revolutionär – hatte das nicht heutzutage eine negative Bedeutung? Gleichförmigkeit schien ein Wert zu sein, der favorisiert wurde. Der Fassadenbauer hatte mehr Standing in der Wirtschaft als jemand, der eigene Entscheidungen trifft, insbesondere Entscheidungen, die die üblichen Organisationsformen in einem Unternehmen nicht berücksichtigen. Es wurde weiterhin über kollektive Intelligenz gesprochen, inwieweit Menschen gemeinsam schlau sein können und was das für den Einzelnen bedeutet. Es war ein spannendes Gespräch, das ich nicht missen möchte. Es fand auch Eingang in das Buch von Stefan Kaduk, Dirk Osmetz, Hans A. Wüthrich und Dominik Hammer: *Musterbrecher. Die Kunst, das Spiel zu drehen*. So ergab sich aus einem Impuls ein weiterer. Und so ging es immerzu voran.

14 | Der Norden tut Gutes

Das Bergfest stand vor der Tür. Knapp vier Monate waren seit dem Leitbild-Workshop vergangen, aber das war nicht der Grund für das Fest. Regelmäßig wurde es zur Jahresmitte veranstaltet – ein Treffen der Topleute, insgesamt eine Gruppe von zwanzig Mitarbeitern, bei dem offen über alles diskutiert wurde. Letztlich war die »Feier« auch nichts weiter als ein Workshop. Dieses Mal gab es aber eine Änderung, im Grunde zwei: Der Kreis der Eingeladenen, das war der neue Gedanke, sollte erweitert werden, zum ersten Mal sollten auch Fachkräfte an dem bisher »erlauchten« Zirkel teilnehmen. Mir war das wichtig, denn wir wollten das Leitbild ja auf allen Ebenen des Unternehmens vertiefen – und dazu gehörten nun einmal alle Mitarbeiter. Der eine oder andere von ihnen konnte stellvertretend für alle in dieser ausgewählten Runde dabei sein. Stattfinden sollte das Bergfest in Hamburg, und weil beim Bergfest abends traditionell immer ein besonderer Programmpunkt auf der Tagesordnung stand, bot sich in der Hansestadt der Besuch einer Aufführung der Hamburger Staatsoper an. Mit dieser Entscheidung trat Veränderung Nummer zwei auf den Plan.

Einige Tage vor dem Bergfest rief mich ein Mitarbeiter an, zwischen uns herrschte ein immer größer werdendes Vertrauen. Folglich sprach er nicht lange um den heißen Brei herum, sondern kam gleich zur Sache: »Bodo, wir finden die Sache mit der Leitbildvertiefung perfekt, auch, dass Mitarbeiter aus allen Ebenen am Bergfest teilnehmen. Aber da ist was, das uns nicht schmeckt.«

»Erzähl«, sagte ich.

»Es betrifft die Abendveranstaltung. Wir haben keine Lust, in die Oper zu gehen, wir wollen uns stattdessen um etwas anderes kümmern, etwas Sinnvolles machen.«

»Und was wäre für euch sinnvoll? Wer hat Kummer, dass ihr euch kümmern wollt?«

»Du weißt, das Hochwasser in Mitteleuropa zieht gerade ab, die schweren Überflutungen gehen langsam zurück. Vielfach waren die Schäden immens. Dämme brachen, mancher Ort wurde von den Schlamm- und Wassermassen regelrecht ertränkt …«

»Das ist mir nicht entgangen«, unterbrach ich. »Worauf willst du hinaus?«

»Also, in der Umgebung von Hamburg lief noch alles recht glimpflich ab, aber wir wissen von einem Elbfischer in der Nähe von Lauenburg, dass er durch die Flutkatastrophe sein ganzes Hab und Gut am Deich verloren hat. Wir haben Kontakt zu ihm aufgenommen.«

»Und?«, fragte ich.

»Statt uns unsere Lackschuhe anzuziehen, möchten wir lieber in Arbeitsklamotten steigen und dem Fischer helfen.«

»Irgendwie ahnte ich schon, dass euch Heldenarien nicht so liegen, eher Heldentaten«, antwortete ich. »Ich bin der Erste, der mit dabei ist. Ich werde die Oper sofort canceln.«

Im Hotel 25hours Hamburg HafenCity, das wie ein Seemannsheim mit Kojen und maritimen Materialien gestaltet war, wurde der Workshop zum Bergfest abgehalten. Alle präsentierten, was sich in Sachen Leitbild in den einzelnen Hotels getan hatte, und es wurde darüber diskutiert, welche Maßnahmen weiterverfolgt werden sollten und welche nicht. Danach zogen wir uns um, holten die Gummistiefel und wetterfesten Hosen hervor. In unseren Autos lagen noch Gerätschaften wie Spaten und Forken, sicherheitshalber hatten wir sie mitgebracht, wer weiß, wozu sie nützlich sein konnten. Als sich alle umgezogen hatten und jeder sein Arbeitsmaterial zusammengesucht hatte, kam der Bus. Nach einer guten Stunde Fahrt erreichten wir das Zuhause des Fischers, jedenfalls das, was davon übrig geblieben war. Auch wenn ich ein Kind des Meeres bin, von klein auf die Kraft der Nordsee habe beobachten können, ist es doch immer wieder beeindruckend zu sehen, was erbarmungslos vordrängende Fluten anrichten können. Der Fischer und seine Familie waren wenigstens bei Freunden untergekommen.

»Toll, dass ihr da seid und mit anfassen wollt«, begrüßte uns Eckhard Panz mit festem Händedruck und einem wettergegerbten Gesicht, die dunkelblonden Haare wurden von einer Elbseglermütze zusammengehalten. »Als die Flut hochging, wollten alle helfen, aber in dem Moment, wo die Gefahr gebannt war und es ums Aufräumen ging, war keiner mehr da.«

Und dann packte unsere bunt gemischte Mannschaft an. Mehrere Tausend Sandsäcke wurden bis zum Einbruch der Dunkelheit – im Hochsommer im Norden erst gegen dreiundzwanzig Uhr – beiseitegeschafft. Wir halfen auch, die schlimmsten und schwersten Trümmer des Fischerhauses abzutragen. So traurig alles war, es war eine einzigartige gemeinsame Erfahrung.

»Dürfen wir beim Arbeiten auch lachen?«, fragte Johann den Fischer entschuldigend, die Leute um ihn herum waren gerade in ein herzhaftes Gelächter ausgebrochen.

Der Fischer griente. »Klar, endlich lacht hier mal wieder jemand, das wurde auch höchste Zeit.«

Gegen Mitternacht fuhren wir zurück. Müde, glücklich, nachdenklich, die einst sauberen Gummistiefel sahen aus wie Reste aus einer Eiszeit, komplett verschlammt. Auch die Hosen hatten einiges abbekommen.

»Das war das Geilste, was ich bislang erlebt habe«, sagte Johann, unserer EDV-Leiter, mit einem Strahlen im Gesicht, als würde er die Nacht ausleuchten wollen.

»Und die Dankbarkeit des Fischers am Schluss«, bemerkte Rita, »das war sensationell. Wie gut es tut, wie toll sich das anfühlt, anderen Menschen zu helfen.«

Jeder stimmte zu.

»Und wer hätte gedacht, dass wir einmal auf diese Art und Weise Seite an Seite gemeinsam im Dreck wühlen, das war schon toll.« Udo hatte das gesagt, die anderen aus dem vormals »erlauchten« Kreis nickten abermals geschlossen. Es hatte nicht nur zu einer Verbundenheit mit dem Fischer geführt, sondern auch zu einer innerhalb der hierarchischen Ebenen im Hotel, die in dieser Branche ja besonders ausgeprägt sind.

Ich war froh, dass die Initiative von den Mitarbeitern ausgegangen war. Sinnvolles Handeln, überlegte ich, während wir glücklich durch die Finsternis fuhren und uns auf unsere Hotelkojen freuten, muss noch viel stärker in unserem Leitbild integriert, ausgebaut werden. Bei Ruanda durfte es nicht bleiben. Weiter gingen meine Gedanken jedoch nicht, langsam machte sich bemerkbar, dass wir stundenlang in die Knie gegangen waren und unsere Arme keine Leichtgewichte getragen hatten.

Ich dachte nur: Ruanda – wie war es überhaupt zu diesem Traum gekommen? Wie hatte er angefangen? Ausgangspunkt war eine Überlegung gewesen: Spenden kann jeder, aber das kann doch nicht alles sein! Es war notwendig, selbst etwas konkret zu tun, so wie wir es jetzt an der Elbe gemacht hatten. Wir hatten gegeben, wir hatten Menschen, die in Not geraten waren, unterstützt. Das war schon sehr viel. Die Idee, in Afrika eine Schule zu bauen, hatte einen vergleichbaren Hintergrund. Und bei allen beiden Projekten, in Ruanda und in Lauenburg, ging es nicht allein um Hilfe. Viel entscheidender war es, Erfahrungen zu sammeln, vielleicht sogar ungewöhnliche Erfahrungen, die zu einem neuen Verhalten führen konnten. Ich konnte auch sagen, es war wichtiger, sich durch Erfahrung seiner selbst und seiner Umwelt bewusster zu werden. Die Schule hatte mit einer Überzeugung von mir zu tun: Wer einmal in Afrika war, würde als anderer Mensch wiederkehren. Viele der Benediktinermönche, die in Afrika auf Mission gewesen waren, hatten mir während meiner Klosteraufenthalte davon erzählt. Afrika gilt als »Wiege der Menschheit«, als Mutterschoß. Von dort breiteten sich vor mehr als zweihunderttausend Jahren der Homo erectus und der moderne Homo sapiens über Asien und Europa aus. Wenn das keine Bedeutung hatte. Afrika, das musste extrem sein, das musste emotional sein. Kein Zweifel.

Afrika, das hatte auch mit meinem eigenen Querdenken zu tun. Und dieses Querdenken hatte mich wiederum zu den Erkenntnissen der Hirnforschung gebracht, insbesondere zu Gerald Hüther. Der Neurobiologe war dem Zusammenwirken von Herz und Hirn nachgegangen, und das hatte mich, nachdem ich davon Kenntnis bekommen hatte, fasziniert. Auf dem Petersberger Forum hatte er 2011 seinem Publikum gesagt: »Unser Hirn wird erweitert, wenn wir es mit Freude und Begeisterung nutzen. Was Sie bewegt, muss unter die Haut gehen, Sie berühren – dann werden emotionale Zentren im Mittelhirn aktiviert, neuroplastische Botenstoffe und damit neue Eiweiße für die Nervenzellen gebildet. Dieser ›Dünger‹ ist das Wichtigste.«

Von Hüther lernte ich, dass in der menschlichen Evolution das Prinzip der Selbstorganisation gelte. Jeder kommt mit einem enormen Potenzial zur Welt, wird geprägt durch seine Umwelt und kann doch jederzeit bis ins hohe Alter durch neue Verhaltensmuster, durch neue »Schaltungen« im Gehirn, dazulernen. Jeder von uns macht zu Beginn seines Lebens im

Mutterleib zwei existenzielle Erfahrungen, die des autonomen und freien Wachsens und die der engen Verbundenheit mit einem Menschen. Die Sehnsüchte, die daraus entstehen, müssen im Leben erfüllt werden, sonst leidet der Mensch – und Ersatzbefriedigungen aller Art werden gesucht. Der bisher auf Ausplünderung der Ressourcen ausgelegten und durchorganisierten Gesellschaft sowie der Politik empfahl Hüther auf diesem Forum, verstärkt auf eine Potenzial-Entfaltungskultur zu setzen: »Die Verantwortlichen können neue Rahmenbedingungen schaffen, die das Gelingen in den Vordergrund rücken. Denn im Gelingen steckt die Erkenntnis, wie es sein könnte. Wir wissen, was Mitarbeiter brauchen, was kranke Menschen brauchen, wie Beziehungen gelingen können, wie das Kuchenbacken gelingen kann.« Behandle die Menschen nicht danach, wie sie sind, sondern danach, wie sie sein könnten, kam es mir in den Sinn.

Ich war einer dieser Verantwortlichen, die er angesprochen hatte, einer, der »neue Rahmenbedingungen« anbieten konnte, wenn er denn nur wollte. Ich bin ja schon dabei, dachte ich, während ich in die Dunkelheit hinaussah. Aber ich wollte noch weiter gehen. Und dieses Weitergehen drehte sich insbesondere um Hüthers Aussage, dass ein Mensch anscheinend besonders dann bereit ist, etwas zu bewegen, wenn er berührt ist. Wenn die Mitarbeiter den Menschen an der Elbe helfen, dann berührt sie das. Dass ihnen dieses Ereignis unter die Haut gegangen war, das hatte ich später noch in vielen anderen Rückmeldungen zu hören bekommen. Deutlich war dadurch geworden, worin deren Sehnsüchte bestanden.

Bislang hatte ich vorrangig unseren Upstalsboom im Blick gehabt, jenen Baum mit den Werten, die als Grundhaltungen unser Denken, Entscheiden und Handeln bewusst oder unbewusst maßgeblich beeinflussen. Wichtig war, dass sie keine

Zwangsveranstaltung waren, auch kein moralisches Gerüst abgaben. Aber ganz klar waren Werte und Sinn unverbrüchlich miteinander verbunden, bildeten eine Einheit, nur hatte ich es so noch nie gesehen. Bislang war ich immer inspiriert worden, mal von dem einen, mal von dem anderen. Dazu gehörte auch jener freie Tag, der allen Mitarbeitern jährlich zusteht, um an ihm etwas Sinnvolles zu tun, etwas, das sie berührt. Bei dieser Entscheidung hatte der Zukunftswissenschaftler und Politik-berater Horst W. Opaschowski Pate gestanden. Von ihm hatte ich die *Das Moses-Prinzip. 10 Gebote des 21. Jahrhunderts* gele-sen, und das neunte Gebot lautete: »Tu nichts auf Kosten an-derer oder zu Lasten nachwachsender Generationen. Sorge nachhaltig dafür, dass das Leben kommender Generationen lebenswert bleibt.« In näherer Ausführung hieß das bei Opa-schowski: Wenn jedes deutsche Unternehmen jedem seiner Mitarbeiter pro Monat einen Tag freigibt, um sich sozial zu engagieren, und das könne auch in der eigenen Familie sein, würde das Gesundheitssystem um mehrere Millionen Euro entlastet werden. Diese Feststellung hatte mich so beindruckt, dass ich nach dem Lesen der Gebote laut sagte: »Dann fangen wir doch mal mit kleinen Schritten damit an.«

Und so bekam jeder Mitarbeiter die Möglichkeit, sich mindestens einen bezahlten Tag pro Jahr freizunehmen, in Einzelfällen auch zwei oder drei, um sich sozial zu engagie-ren. Nach dem Motto »Der Norden tut Gutes«. Vorausset-zung war, dass sich die Mitarbeiter in einer Projektgruppe formierten und sich für ein ihrem Empfinden nach sinnvolles Hilfsprojekt in ihrer Umgebung entschieden. Mir war dabei wichtig, dass die Mitarbeiter ein Auge dafür bekommen, was in ihrem unmittelbaren Umfeld geschieht, und das insbeson-dere unter dem sozialen Aspekt.

Ein erstes Projekt war zum Beispiel, den Kindern aus dem Emder Stadtteil Barenburg einen glücklichen Tag zu bereiten.

Barenburg ist ein Stadtteil von Emden, ein sozialer Brennpunkt, wo viele Kinder unter den schwierigsten Bedingungen leben und froh sein können, wenn ihre Eltern ihnen ein Mittagessen vorsetzen, wenn sie überhaupt Aufmerksamkeit von ihnen bekommen. Viele sind verwahrlost, im Norddeutschen sagen wir auch »verloddert«. Und um diese Kinder ging es nun.

Gemeinsam mit den Mitarbeitern der Unternehmenszentrale und des daneben liegenden Parkhotel buchten wir den Kulturbunker, einen ehemaligen Luftschutzbunker aus dem Zweiten Weltkrieg, der zu einem Stadtteilzentrum umgebaut wurde. Die Mitarbeiter hatten sich verschiedene Dinge ausgedacht. Dazu gehörten Kochen, Tanzen, Singen, Spielen – und es gab einen Kochmützen-Malwettbewerb: Wer malt die schönste Mütze?

Zum Kochmützen-Team zählte auch ein Koch, der bekannt dafür war, dass er zur rauen Sorte Mensch gehörte, bei ihm konnte sinngemäß schon mal ein Topf durch die Gegend fliegen, wenn ihm etwas nicht passte. Er war vom Typ her ein Brecher, der mit seinen Auszubildenden genauso robust umging wie mit dem Fleischklotz, auf dem das Fleisch portioniert wurde. Nun stand er an diesem besagten Tisch, an dem die Kinder ihre bemalten Mützen abgeben sollten. Ein Mädchen von vielleicht zehn, elf Jahren überreichte diesem Chefkoch ihre Mütze.

Mit der für ihn bekannten, grimmig anmutenden Art und Weise schaute er sich diese Mütze an. »Da ist ja gar nichts bemalt«, brummte er.

Das Mädchen sagte nichts, blieb nur stehen und schaute ihn mit großen und vor allem strahlenden Augen an. Ich beobachtete die beiden aus der Nähe. Der Koch drehte schließlich die Mütze um, und plötzlich senkte sich sein Blick. Eine Sekunde verging, eine zweite, eine dritte – nichts passierte.

Doch dann blickte er langsam wieder nach oben, und ich sah, wie sich in seinen Augen Tränen sammelten und seine Unterlippe am Zittern war. Ich war inzwischen so nah an die beiden herangetreten, dass ich erkennen konnte, was das Mädchen gemalt hatte. Nein, sie hatte nichts gemalt, sie hatte auf der Innenseite der Haube, auf dem steifen Papierrand, etwas geschrieben: »Vielen Dank! Das war der schönste Tag in meinem Leben.« Als ich das las, musste ich selbst auch heftig schlucken.

Wie sehr dieses Erlebnis dem Koch unter die Haut gegangen sein muss, zeigte sich anderthalb Jahre später, als mich der Präsident der Industrie- und Handelskammer (IHK) für Ostfriesland und Papenburg im Rahmen einer Vollversammlung ansprach, bei der ich zu Gast war:

»Ich gratuliere Ihnen.«

»Wozu?«, fragte ich.

»Eine Ihrer Auszubildenden hat das beste Ergebnis seit zwanzig Jahren bei uns gemacht, mit neunundneunzig Punkten.«

Es stellte sich heraus, dass die besagte Auszubildende mit dem supertollen Ergebnis im Parkhotel in der Küche gelernt hatte. Anfangs hatte es einige Probleme gegeben, weil sie wohl von jenem Koch ständig rundgemacht worden war. Was hat sich durch das hochemotionale Erlebnis am Projekttag im Verhalten des Kochs doch geändert! Offensichtlich bedurfte es hier des Glücks eines kleinen Mädchens, um Großes zu bewirken.

Aktuell sind es sehr unterschiedliche Institutionen, bei denen sich die Mitarbeiter engagieren. Die Berliner besuchen regelmäßig das Kinderhospiz Sonnenhof, die Mitarbeiter des Landhotel Friesland gehen in die Schulküche einer Grundschule, um dort einen Workshop für gesunde Ernährung zu machen, andere arbeiten bei der Tafel in Emden mit und erleben, wie es ist, bedürftige und hungrige Kinder mit Essen zu versorgen. Nach solchen Tagen kommen sie verändert wieder, sie fangen an zu reflektieren, machen sich Gedanken über sich und das Leben. Meist, nach eigener Auskunft, zu ihrem Vorteil.

Doch gerade der raubeinige Koch war für mich ein Beispiel für das, was ich mit wertschätzender Führung in Verbindung bringe: Sich selbst ins Leben zu bringen und andere ins Leben bringen. *Menschen führen – Leben wecken.* Und das scheint auch zu gelingen, so wie Hüther es erklärt hatte, wenn man etwas für Schwache, Kranke, Hilfsbedürftige tut, kommt man mit sich selbst in Berührung. Und auch in der Regel des heiligen Benedikt, geht es im Zusammenhang mit Führung darum. Im letzten Satz des sogenannten Cellerarkapitels heißt es: »Zur bestimmten Zeit gebe man, was zu geben ist, und erbitte, was zu erbeten ist, damit im Hause Gottes niemand verwirrt oder traurig wird.« Manche finden es abwegig, die Erkenntnisse aus Spiritualität, Positiver Psychologie und der Neurobiologie auf Unternehmen zu übertragen, ich finde es, im Gegenteil, sehr einleuchtend. Und aus diesem Grund betrachte ich Upstalsboom mittlerweile auch als eine Plattform, auf der jeder Mitarbeiter die Chance hat, in eine vielleicht für ihn einzigartige Erfahrung zu kommen. Wir versuchen den Autopiloten abzuschalten und »den Alltag immer wieder zu überraschen«.

Manchmal denke ich darüber nach, was wohl mein Vater zu all den Neuerungen, zu einem Führen nach spirituellen und wissenschaftlichen Erkenntnissen gesagt hätte. Diese Erkenntnisse waren ja nicht gerade betriebswirtschaftliche Erkenntnisse. Aber ich war mir sicher, er hätte es nicht anders gewollt. So jedenfalls sah es meine Mutter Gretchen, die mir die ganze Zeit über den Rücken von betrieblichen Aufgaben freigehalten hatte, die sehr wichtig waren, gemacht werden mussten, aber nicht unbedingt zu den Aufgaben gehörten, die mich inspirierten. Und sie schenkte mir ihr uneingeschränktes Vertrauen, und bei jedem nächsten Schritt, den ich unternahm, gab sie mir das Gefühl von Freiheit und dass es gut wird. »Denk immer an die Devise deines Vaters«, sagte sie. Mein Vater hatte sich dem Dogma: »Sich vom Markt abzuheben, ohne abzuheben, verpflichtet gefühlt.«

Bewusst wurde mir dann auch, was wir da eigentlich tun, als ich Anfang 2015 ein Buch von Anette Fintz zugeschickt bekam. Fintz, ein Coach, war über viele Jahre hinweg in der Entwicklungshilfe tätig und Gründerin des Instituts für Sinnorientierte Beratung (ISOP). Das Werk trug den Titel *Leading by Meaning. Die Generation Maybe Sinn-orientiert führen,* und in ihm setzte sich die Autorin insbesondere mit den Jüngsten in einem Unternehmen auseinander, versehen mit dem Schlagwort *Generation Maybe.* Die *Generation Maybe,* auch als *Generation Y,* als *Netzkids* oder *Digital Natives* bezeichnet, wurde und wird weiterhin in vielen Zeitungsartikeln beschrieben und kritisiert, als problematisch dargestellt, als zu selbst- und karrierebewusst eingeordnet.

Anette Fintz zeichnete aber ein ganz anderes Bild von ihnen, den jüngsten Mitarbeitern in Unternehmen, sie seien weniger an Karriere interessiert als an Jobs, die sie sinnvoll finden – dafür seien sie sogar bereit, das Äußerste zu geben. In der Realität gebe es aber statt sinnvoller Arbeitsplätze vorherrschend prekäre Arbeitsverhältnisse. Die Jungen würden von einer Arbeitswelt berichten, die ihnen ein Maximum an Flexibilität abfordert, aber nicht einmal ein Minimum an Sicherheit bietet. Von Sinn ganz zu schweigen. Fintz machte sich daraufhin auf die Suche, weltweit Unternehmen zu finden, die nach ihrer Vorstellung sinnorientiert führen würden. Drei machte sie insgesamt ausfindig, nicht gerade viel, und darunter war Upstalsboom als Unternehmen, das soziale Projekte in Gang setzt, damit Mitarbeiter Sinn erleben, berührt werden.

Erst in diesem Moment wurde mir klar, wie entscheidend der Ausdruck »Sinnhaftigkeit« bei der Führung von Upstalsboom war, Fintz formulierte es so: »Wer Leistung will, muss Sinn bieten.« Und Sinn wiederum definierte sie folgendermaßen: »Sinn ist nichts Metaphysisches (Übernatürliches), sondern ein (Lebens-)Inhalt, der gewählt werden kann. Daher ist Sinn nicht übertragbar, sondern abhängig von der Person/vom Unternehmen und der jeweiligen Situation.« Martin Kessel, der Schriftsteller, beschrieb es einmal so: »Es ist recht müßig zu fragen, ob das Leben einen Sinn hat oder nicht. Es hat den Sinn, den wir ihm geben. Für welchen Sinn ein Mensch sich entscheidet, bestimmt wesentlich seine Lebensführung.« Dazu auch der Psychiater und Philosoph Karl Jaspers: »Der Mensch wird zu dem, was er ist, durch die Sache, die er zur seinen macht.«

Inzwischen waren seit dem Leitbild-Workshop acht Monate vergangen, und die Mitarbeiter hatten sich mächtig ins Zeug gelegt. Dennoch wagte ich nicht daran zu glauben, dass TOP JOB uns in der von uns angepeilten Form schon jetzt wahrnahm, denn die Hotellerie hatte, wie einer der Mitarbeiter es ja treffend formuliert hatte, aufgrund ein paar weniger schwarzer Schafe nun mal einen schlechten Ruf. Doch genau nach diesen acht Monaten wurden wir von TOP JOB auf Herz und Nieren geprüft. Hieß es mal hier, mal dort, man könnte es vielleicht doch unter die Top 5 schaffen, wagte ich nicht, daran zu glauben. »Es ist schon mal gut, dass wir ein Begriff für sie werden, aber unser Ziel ist auf Jahre ausgelegt. Alles andere sind Hirngespinste.«

»Was kostest überhaupt so eine Schule?«, wurde ich von einem Mitarbeiter gefragt. »Darüber haben Sie noch gar nichts gesagt.«

Das stimmte. »Im Schnitt vierzigtausend Euro«, erwiderte ich, »je nach Wechselkurs.«

»Können wir nicht unabhängig von TOP JOB schon mal anfangen, Geld zu sammeln?« Die Mitarbeiter, die das Gespräch mitverfolgt hatten, stellten diese Frage.

»Natürlich. Und auch ich werde meinen Beitrag dazu leisten.«

Die Auszubilden vom Parkhotel fingen zum Beispiel an, das Trinkgeld, das sie freitags erhielten, abzugeben – alles für die Schule in Ruanda. Ich spendete meine Vortragshonorare. Auch die Gastteilnehmer, die mittleiweile unsere Curricula und Workshops besuchten, um sich für sich selbst oder ihr Unternehmen inspirieren zu lassen, spendeten beträchtliche Summen für unsere Projekte. Außerdem wurden an den einzelnen Hotelrezeptionen Boxen aufgestellt, in die Gäste eine kleine Spende werfen konnten. Beim Einchecken fragten einmal Gäste, Eltern mit einem kleinen Mädchen, wofür denn die Box sei. Die Mitarbeiterin erklärte es den Eltern, die sich dann dazu entschließen konnten, eine Geldspende hineinzulegen. Das kleine Mädchen musste aufmerksam zugehört haben, denn nach einer halben Stunde stand sie erneut am Empfang und streckte ihre leicht verschwitzte Hand der Mitarbeiterin an der Rezeption entgegen, in der ein Euro lag: »Ich wollte mir dafür ein Eis holen«, sagte sie. »Aber die Kinder in Ruanda freuen sich sicher mehr über ihre Schule als ich über das Eis.«

Und dann kam die Nachricht, am 31. März 2014. Wie ein Donnerhall schlug sie in meinen E-Mail-Account ein, mit einer gigantischen Wucht: Wir waren – fast unglaublich – bei TOP JOB unter den Top 5 gelandet. Schwarz auf weiß stand es in der E-Mail, sodass alle sich nicht mehr in den Arm kneifen mussten, um das Gesagte für wahr zu halten: »Upstalsboom Hotel + Freizeit GmbH & Co. KG – Top-Arbeitgeber Hotel & Gastronomie 2014. Die Prüfung des Personalmanagements des oben genannten Unternehmens brachte hervorragende Ergebnisse.« Zu lesen war dies auf der von Prof. Heike Bruch, Institut für Führung und Personalmanagement der Universität St. Gallen, und Wolfgang Clement, Bundeswirtschaftsminister a. D., unterschriebenen Urkunde. Ich war, gelinde gesagt, sprachlos. Damit hatte ich nicht gerechnet. Jedenfalls nicht so schnell. Doch »anders« schien bei uns tatsächlich »besser« zu sein, auch nach außen hin.

Der Traum sollte nun also schneller Wirklichkeit werden als gedacht. Eine Projektgruppe wurde gegründet, mal wieder, und wenige Monate später, im Februar 2015 flog eine Vorhut von sechs Upstalsboomern nach Kigali. Sie sollten selbst entscheiden, wo die Schule gebaut werden sollte. Organisiert hatte die Reise Reiner Meutsch, der sich mit seiner Stiftung Fly & Help auf der ganzen Welt dafür engagiert, dass Kinder eine gute Ausbildung bekommen.

15 | Moin, moin, Ruanda

»Was ist der Geruch fürchterlich! Der macht das alles ja noch unerträglicher, der Atem stockt einem.«

Das dachte nicht nur einer aus der Vorhut, sondern alle, die sich die auf einem Hügel gelegene Völkermord-Gedenkstätte Murambi angeschaut hatten. Dorthin waren sie gekommen, wie sie es sich laut meiner »Bilderreise« mit geschlossenen Augen vorgestellt hatten: Die erste Station war Frankfurt am Main gewesen, dann Brüssel, schließlich die Landung in Kigali und als letzte Station ihrer Reise Murambi.

Die Vorhut hatte sich auch mit dem Völkermord in Ruanda beschäftigt. Er begann 1994, nachdem am 6. April das Flugzeug des damaligen Staatspräsidenten Juvénal Habyarimana beim Landeanflug auf die Hauptstadt Kigali abgeschossen worden war. Das war der Auftakt gewesen, bis heute sind die Drahtzieher unbekannt. Die Hutu bildeten zu dieser Zeit die Mehrheit der Bevölkerung, die Tutsi befanden sich in der Minderheit. Und so rissen fanatische Hutu noch in der Nacht vom 6. April die Macht an sich und lebten ihre Mordlust hemmungslos aus.

In den folgenden hundert Tagen des Völkermords kamen zwei Drittel der Tutsi um, auch Hutu, die nicht verstanden, warum sie auf einmal einen solchen mörderischen Hass auf ihren Nachbarn haben sollten, mit dem sie zuvor jahrelang friedlich zusammengelebt hatten. Heute weiß man, dass das Abschlachten der Menschen nicht ein Blutrausch war, auch kein Werk von Dämonen, sondern eine durchorganisierte Vernichtung elitärer Machtkreise.

Und weil die Situation in diesem Land so schwierig war und die demokratischen Verhältnisse nicht zu den besten gehörten, hatte ich es ausgesucht. Die Vorhut sollte ja nicht nur den Ort besuchen, an dem die Schule entstehen sollte, sondern die beteiligten Mitarbeiter sollten auch etwas über das Land und die Menschen, die dort lebten, erfahren. Fragen sollten gestellt werden wie: »Was brauche ich, um glücklich zu sein?« Der Großteil der Menschen ist dort glücklich, obwohl diese schreckliche Vergangenheit nicht wegzudenken ist. Das Team besuchte eine Kooperative, in der Überlebende der Massaker von beiden »Völkern«, der Hutu und Tutsi, nebeneinandersaßen, meist Frauen, um das Land gemeinsam wiederaufzubauen. Daher lautete eine andere Frage: »Wie schaffen es Menschen, die so viel Rache erlebt und so viele Wunden davongetragen haben, wieder zusammenzufinden?«

In Murambi, einem der furchtbarsten Schauplätze des Völkermords, hatten sich damals vierzig- bis fünfzigtausend Menschen, Tutsi, in den Rohbauten einer Schule in Sicherheit bringen wollen. Hutu-Milizen riegelten die einzelnen Gebäude ab. Zwei Wochen lang hungerten sie die Flüchtlinge aus, dann schlugen sie mit Macheten, Speeren und Knüppeln zu, die Menschen konnten sich, völlig geschwächt, nicht mehr wehren.

»Es war ein einziger Horror«, erzählten die Teilnehmer der Ruanda-Vorhut im Nachhinein. »Und noch heute werden in den umliegenden Feldern Skelette gefunden, weshalb man die Zahl der Toten nicht genau bestimmen kann.«

»Und es gab nicht nur diese Gedenkstätte, alle paar Kilometer tauchte ein *Genocide Memorial* auf, oft in einer Kirche.«

Und natürlich sahen sie sich auch die alte, seit 1965 bestehende Schule in Murambi an, mit tausendachthundertdreiundneunzig Schülern und zweiunddreißig Lehrern. Einer der Lehrer erklärte: »Der Schulweg eines Kindes dauert im Schnitt vier Stunden. Die meisten müssen erst die entgegengesetzte Richtung einschlagen, um sich Wasser zu holen, das sie tagsüber trinken. Doch zweihundert Kinder können trotzdem keinen Unterricht bekommen, die Schulräume reichen nicht aus, und überhaupt fehlt bei uns eine Wasserzisterne.«

Die Aussage des Lehrers brachte die Upstalsboomer dazu, eine Entscheidung zu treffen: »Ja, für diese Schule in Murambi wollen wir uns einsetzen! Und sie fingen augenblicklich mit den Vorbereitungen an, dazu gehörte auch die Überweisung der notwendigen Geldmittel.

»Können wir auch mithelfen?«, fragten die Mitarbeiter bei den örtlichen Behörden.

Leider sei das nicht möglich, bekamen sie zu hören, so bedauerlich es sei, doch die Menschen vor Ort müssten gestärkt werden. »Bauen sie die Schule auf, dann ist das auch ihre Schule, das stärkt den Zusammenhalt – und letztlich ist es auch eine wirtschaftliche Frage. Die Menschen hier brauchen Arbeit.« Keiner brachte einen Einwand hervor, das Gehörte war nur zu gut nachvollziehbar. »Aber wenn dann die Schule fertiggestellt ist«, hieß es am Schluss der Unterredung, »werden Sie die Chance erhalten, bei den letzten Dingen noch mit Hand anzulegen. Ist das ein Deal?«

Zweifellos, das war ein perfekter Deal.

Und dieser musste auch gebührend mit den Schülern und Lehrern gefeiert werden.

Im Februar 2016 waren weitere zwanzig Upstalsboomer in Ruanda und weihten die neuen Schulgebäude einschließlich der Zisterne offiziell ein. Außerdem schauten sie nach einem Platz für eine zweite Schule. Soziale Projekte scheinen ansteckend zu sein.

Aber noch ein anderes Virus breitete sich in dem Unternehmen aus, es hatte seinen Ursprung bei den Mitarbeitern, die bislang die geringste Aufmerksamkeit bekommen hatten: die Auszubildenden.

16 | Tour des Lebens –
auf den Kilimandscharo

»Wie ist eure Situation? Was müsste sich eurer Meinung nach ändern?«

Die Zufriedenheit der Mitarbeiter hatte sich im Unternehmen auffallend verbessert. Ich hatte das Gefühl, dass Upstalsboom sich langsam von einer Galeere zu einem Großsegler entwickelte, einen Großsegler, der das Zeug und die Besatzung dafür hatte, jedes Abenteuer auf den Weltmeeren zu bestehen. Dennoch gab es noch viel zu tun, bis der ganze Glanz unserer Mitarbeiter zum Ausdruck kam.

Hatte ich bei den Führungskräften und auf den mittleren Ebenen schon einiges bewegen können, zum Beispiel die auf der Galeere erforderliche Peitsche abzulegen, ging es nun darum, auch den Auszubildenden die Ketten abzunehmen. Denn diese, wie sich 2014 zeigte, waren noch gänzlich unzufrieden – und das wohl auch zu Recht. Und das nicht nur bei Upstalsboom, sondern in der gesamten Branche. Das war auch nicht weiter verwunderlich. Häufig wurden sie eingesetzt, um Lücken zu schließen, sie wurden wenig darauf vorbereitet, ihre eigene Zukunft zu gestalten – was der eigentliche Sinn einer Ausbildung sein sollte, auch bei uns. Also versammelte ich zum ersten Mal die Youngsters zu einem Workshop, fünfundsechzig waren es insgesamt. Einerseits ging es darum zu erfahren, wie sich die Auszubildenden bei uns fühlen, andererseits hatten wir es uns zur Aufgabe gemacht, die Punkte, die unseren Auszubildenden wichtig geworden waren, in unserem Leitbild zu ergänzen. Denn dazu hatten sie bisher kaum Möglichkeiten gehabt.

Der Tag verlief gut. Ich war begeistert von den jungen Leuten, beeindruckt von dem, wie abgeklärt und selbstreflektiert sie waren. Doch am Abend – ich hatte mich vorher verabschiedet – war das fröhliche Zusammensein offensichtlich aus dem Ruder gelaufen. Wir hatten den Workshop im Upstalsboom Landhotel abgehalten, und als ich am nächsten Morgen zur Rezeption kam, um ihn fortzusetzen, empfing mich die Empfangsmitarbeiterin mit den Worten: »Hast du schon gehört …?«

Nein, hatte ich nicht. Das wurde nun nachgeholt. Die Auszubildenden hätten im Flur gesessen, Alkohol getrunken, überall Biergläser hinterlassen, der Geräuschpegel sei von Stunde zu Stunde lauter geworden. Gäste hatten sich beschwert und so weiter.

»Mmh, wie gehst du jetzt damit um?«, überlegte ich. War das, was gestern entstanden war, plötzlich für die Katz? Am besten ist, dachte ich weiter, du sprichst die ganze Angelegenheit offen an. Entsprechend unserer Devise, mit Menschen zu reden anstatt über sie.

Mit diesem Entschluss betrat ich den Raum, in dem der Workshop stattfinden sollte.

»Guten Morgen«, fing ich an. »Ich habe schon von eurem Verhalten gestern Abend gehört, und ich möchte nun gerne von euch erfahren, was hier los war.«

»Na ja, es wurde wohl ein wenig zu viel Alkohol getrunken …«, sagte Pascal, der eine Ausbildung zum Hotelkaufmann machte. »Und es wurde wohl auch ein wenig zu spät.«

»Ein wenig zu viel, ein wenig zu spät … Dass dadurch Reklamationen von Gästen kamen, hat mich betroffen gemacht. Das ist nicht wertschätzend und aufmerksam. Aus diesem Grund möchte ich, dass ihr bei unserem nächsten Treffen grundsätzlich auf Alkohol verzichtet. Ich hatte gedacht, ihr könnt damit umgehen, wenn wir euch ein Bier genehmigen, aber da habe ich mich wohl geirrt.«

Betroffenheit machte sich breit. Aber nicht nur. Zwei der Auszubildenden standen auf.

»Wir möchten Sie bitten, mit uns vor die Tür zu gehen«, sagte einer von ihnen.

»Gut«, erklärte ich und folgte den beiden jungen Upstalsboomern.

Als die Tür hinter uns geschlossen war, erklärten sie unisono: »Die anderen trifft keine Schuld, die haben sich ordentlich verhalten. Die Reklamationen gehen allein auf unser Konto. Das tut uns wirklich leid, und wir bitten um Verzeihung.«

Sie erläuterten mir auch, dass es nicht so schlimm gewesen wäre, wie es mir dargestellt worden war. Da sei leicht übertrieben worden – was sich im Nachhinein auch als wahr herausstellte.

Zu dritt betraten wir dann erneut den Raum, und da sich die »Täter« geoutet hatten, erübrigte sich meine Entscheidung für den nächsten Azubi-Workshop. Erleichterung machte sich breit.

Offenheit, »trau dich«, ist ein Wert bei Upstalsboom, wichtiger Bestandteil unseres Leitbilds, dem die zwei Auszubildenden gerecht geworden waren. Dem hatte ich jetzt Rechnung getragen, und explosionsartig hob sich die Stimmung wieder. Nicht weil beim nächsten Workshop wieder gefeiert werden durfte – sie hatten erlebt, dass die im Unternehmen erstellten Werte keine leeren Worthülsen waren. Einer der Auszubildenden sagte: »Das war eben toll. Wenn ich zu Dingen stehe, können auch schwierige Situationen eine Chance sein.« Diese Bemerkung fand wiederum ich toll.

Es war nicht von der Hand zu weisen: Es musste etwas für die Auszubildenden in die Wege geleitet werden, etwas, das sie für ihr weiteres Leben gebrauchen konnten. Um sich ihrer selbst bewusst zu werden, konnte ich mit ihnen ins Kloster gehen, wo sie anhand von Übungen in der Stille, mithilfe von Meditation zur Reflexion gelangen konnten. Oder sie konnten sich durch Aktivitäten selbst erfahren, durch ein Handeln, das ihnen vermeintliche Grenzen setzte, die sie aber auch überschreiten konnten. So würden sie in die Lage gebracht werden zu überblicken, was sie überhaupt zu leisten vermochten. Kloster? Wir versuchten es, und so besuchten, wie schon gesagt, fünfzehn unser Auszubildenden Pater Anselm in der Abtei Münsterschwarzach, mit zum Teil beeindruckenden Rückmeldungen. So fasste zum Beispiel Ali, Auszubildender unseres Upstalsboom-Hotels am Strand in Schillig, seine Erkenntnis wie folgt zusammen:

Freiheit
Nichts haben, alles besitzen, so lässt sich die Haltung von Weisen aus allen Religionen, zu allen Zeiten beschreiben. Nur wer sein Herz an nichts Geschaffenes hängt, wer loslassen kann, woran andere hängen, der ist wirklich frei. Gelassen ist ein Mensch, der sein Ego losgelassen und sich in Gott hinein ergeben hat, der ruhig geworden ist in seinem Herzen, weil er sich in den göttlichen Grund hinein hat fallen lassen. Vielen Dank, lieber Bodo, für die Möglichkeit, die du uns geschenkt hast. Lieben Gruß
Ali

Alis Feedback beeindruckte mich zutiefst, und es inspirierte mich noch mehr, nach weiteren Wegen zur Entwicklung unserer Auszubildenden zu suchen. Aktivitäten mit Grenzcharakter? Chancen, über sich hinauszuwachsen? Ja, das schien eine weitere gute Option.

236

Ein Vortrag von Hubert Schwarz in unserem Berliner Hotel führte zu weiteren Konkretisierungen. Schwarz, 1954 geboren, war Extremsportler und erzählte von seinen Touren. Als Triathlet war er zum Extremsport gekommen, und 1991 war ihm als erstem Deutschen die Zielankunft beim härtesten Radmarathon der Welt gelungen, dem *Race Across America* (RAAM). Das Nonstop-Rennen von der West- zur Ostküste der USA führt über eine Strecke von rund fünftausend Kilometern. Vier Jahre später absolvierte er das *Iditabike,* ein Querfeldein-Radrennen im winterlichen Alaska, sowie die West-Ost-Durchquerung Australiens in Rekordzeit. Ab 1997 unternahm er Touren rauf zum Kilimandscharo, zum höchsten Gipfel Afrikas, und das in nur vierundzwanzig Stunden. Aber der gelernte Sozialpädagoge hatte seinen alten Beruf nicht völlig vergessen. In der Folgezeit brachte er auch ältere Menschen, Rentner, auf den Kilimandscharo, und zusammen mit Joey Kelly, einst Mitglied der Band The Kelly Family und selbst Extremsportler (Schwarz war gleichsam sein Ziehvater), radelte er 2003 die Strecke Berlin–Bagdad, insgesamt fünftausend Kilometer, allein für einen guten Zweck: Im Irak sollte mit Sponsorengeld eine Kinder- und Geburtsklinik errichtet werden.

Das war alles sehr faszinierend. Besonders blieb ich während des Vortrags am Bild des an die Wand projizierten Kilimandscharos hängen, Tansanias Nationalstolz, mit dem schneebedeckten Gipfel Kibo auf einer Höhe von 5895 Metern. Schwarz hatte von den Strapazen des Aufstiegs berichtet, von Menschen, die unter der Höhenkrankheit litten, mit Kopfschmerzen, Erbrechen und sich verfärbendem Urin, und das unabhängig vom Alter oder der persönlichen Fitness. Jeden könne es erwischen. Ja, dachte ich, wer da hochgeht, der überwindet seinen inneren Schweinehund. Aber darum geht es ja, korrigierte ich mich, genau darum, diesen inneren

Schweinehund zu überwinden. Gerade in unseren Breitengraden haben wir ja weniger ein Wissensproblem, sondern eher ein Umsetzungsproblem. Und um dem erfolgreich zu begegnen, muss ein enormer Wille im Kopf vorhanden sein. Disziplin gehört dazu, eine sehr wichtige Tugend, wie ja auch Hildegard von Bingen, die Heilige aus dem 12. Jahrhundert, fand. Und diese Tour auch noch mit älteren Menschen zu wagen, das war doch der Wahnsinn.

Zugleich stellte ich mir vor, oder besser: versuchte ich mir vorzustellen, wie es sein könnte, mit jungen Menschen auf den Gipfel zu kraxeln. Menschen, die das ganze Leben noch vor sich haben. Schon für ältere Menschen muss es eine irrsinnige Erfahrung sein, eine solche Leistung zu erbringen und plötzlich auf dem Gipfel zu stehen (nach mehreren Tagen und nicht nach vierundzwanzig Stunden). Doch im Wissen einer eher begrenzten Lebensspanne würde man womöglich die während des Aufstiegs gewonnenen Erkenntnisse nur noch begrenzt für ein gelingendes Leben umsetzen können. Das wäre bei jungen Menschen ganz anders …

Nach dem Vortrag trat ich zu Hubert Schwarz; da ich ihn seit einiger Zeit kannte, duzten wir uns.

»Hubert«, sagte ich, nachdem wir uns begrüßt hatten, »du warst ja mit Rentnern auf dem Kilimandscharo – kannst du dir vorstellen, auch mit Kids aus unserem Unternehmen auf den Berg zu gehen? Vielleicht mit einer Gruppe von rund fünfzehn Auszubildenden?«

Schwarz guckte mich an, als wäre ich von einem Zug überfahren worden. »Bist du verrückt?«, sagte er schließlich. »Das geht nicht. Die sind zu jung. Die sind wie ein Sack voller Flöhe. Was willst du überhaupt mit denen da oben?« Mit diesen Worten drehte er mir den Rücken zu und wandte sich anderen Vortragsbesuchern zu.

Verblüfft über seine Reaktion, blieb ich eine Weile auf der Stelle stellen. Wieso geht das nicht?, überlegte ich. Hubert hatte keine Erklärung gegeben. Wieso gehen ältere Menschen und junge Leute nicht? Einleuchtend fand ich das nicht.

Nach einer Weile kehrte Hubert zurück, ich hatte mich noch immer nicht vom Fleck bewegt.

»Na, erzähl mal«, forderte er mich auf. »Was hat dich denn auf diese irrsinnige Idee gebracht?«

Und schon sprudelte es aus mir heraus, als hätte ich nur auf diesen Moment gewartet. »Den Berg sehe ich als Sinnbild fürs Leben. Er ist ein ganz hohes Ziel, im wahrsten Sinn des Wortes. Ich bereite mich darauf vor, gehe das mental durch. Dann treffe ich meine Maßnahmen und mache mich auf den Weg, den Berg hinauf. Wie ich eben von dir erfahren habe, gibt es beim Kilimandscharo vier Klimazonen. Je höher ich komme, desto dünner wird die Luft, desto anstrengender wird es. Irgendwann habe ich es dann geschafft, ich bin auf dem Gipfel. Aber nicht nur auf dem Gipfel des Berges, sondern auch auf dem Gipfel meiner Gefühle. Plötzlich erlebe ich, wie es sich anfühlt, wenn ich für mich selbst Verantwortung übernommen habe. Und wenn das junge Menschen erleben« – eindringlich blickte ich Hubert an, ich musste ihn überzeugen –, »wird es sie gewiss für den Rest ihres Lebens prägen. Da bin ich mir sicher.« Und nicht erst, wenn sie oben auf dem Gipfel stehen, dachte ich im Stillen, sondern von dem Tag an, an dem sie die Entscheidung getroffen haben, diesen Weg zu gehen.

»Ich weiß, dass du ins Kloster gehst – du solltest Prediger werden.« Hubert lachte, und ich musste an Claudias Worte vom Pastor denken, die sie mir immer mal gern mit einem Augenzwinkern auf den Weg gibt. »Es klingt nämlich ziemlich gut, was du da sagst. Du könntest mich überredet haben …«

»Aber warum hast du vorhin so ablehnend reagiert?«, wollte ich nun unbedingt von ihm erfahren.

Hubert fuhr sich durchs Haar. »Junge Leute sind meist schwer zu führen. Ältere Menschen wissen aufgrund ihrer Erfahrungen, nenne es Weisheit, ihre körperlichen Kräfte einzuteilen. Die hüpfen nicht hier und da herum, sondern gehen eine solche Herausforderung ruhig an. Sie haben Respekt vor dem Berg, und diesen Respekt habe ich bei jungen Menschen noch nicht so erlebt. Die sind da doch etwas leichtfertig. Und so etwas ist gefährlich am Kilimandscharo, er wird nicht umsonst der am meisten unterschätzte Berg genannt.«

»Aber selbst wenn ihnen ihre eigene Leichtfertigkeit bei einer solchen Tour erst klar wird, wäre das doch ein Gewinn.« Ich ließ nicht locker.

»Bodo, ich werde mal darüber nachdenken. Ist das okay für dich?«

Das war es.

Einige Zeit später rief er tatsächlich an und gab grünes Licht: »Komm, wir machen das. Ich will sehen, ob das klappt.«

Grob skizzierten wir das Projekt und überschlugen die Kosten – das Azubi-Kili-Projekt schien auf einmal Wirklichkeit zu werden.

Im Januar 2015 luden wir dann die fünfundsechzig Auszubildenden zu einem weiteren Workshop ein. Hubert Schwarz wurde vorgestellt, er sprach über Disziplin und Erfolg, bis es ihnen aus den Ohren kam, machte also auf die ganz harte Schule. Schließlich zeigte er ihnen Fotos. Vom Kilimandscharo, insbesondere aber auch von Menschen, die sich in einer Höhe jenseits der fünftausend Meter bewegten, die grün und gelb im Gesicht waren, vom Spucken und Kotzen, denen es extrem schlecht ging. Die Azubis sollten sich vorstellen, was Höhenausgleich, Akklimatisieren, Höhenkrankheit und potenzielle Lungenödeme bedeuten. Wir zeigten ihnen wirklich hässliche Bilder. Ebenso wurden die sanitären Bedingungen angesprochen, die spartanisch zu nennen und weder frauengerecht noch männergerecht waren, und nur wenig menschengerecht. Ziel dieser Präsentation war es, den Auszubildenden eine kaum überwind- und vorstellbare Herausforderung aufzutischen. Schließlich sagten wir, dass wir den Berg als eine Wahnsinnschance sehen, eine außergewöhnliche und lebensverändernde Erfahrung zu machen. Natürlich erzählte ich ihnen auch von meiner Vision von glücklichen Menschen.

»Wer den Berg geschafft hat«, erklärte ich, »dem wird vieles im Leben leichter fallen. Wer den inneren Schweinehund überwindet und sich auf den Berg vorbereitet, wird auch im weiteren Leben nicht mehr so viele Probleme haben, dem eigenen Schweinehund zu unterliegen und ihn triumphieren zu lassen. Er wird stattdessen in der Lage sein, ihm einen Maulkorb zu verpassen.«

Eine Weile ließ ich das Gesagte wirken, dann fragte ich: »Wer von euch kann sich spontan vorstellen, mit uns rauf auf den Kilimandscharo zu gehen?«

Große Unruhe brach aus. Hin und her wurde diskutiert. Dreiviertel aus der Runde meldeten sich.

»Überlegt euch das in Ruhe, ihr habt zwei Wochen Zeit zu überlegen, ob ihr die Tour wirklich machen wollt. Teilt mir das in dieser Zeit schriftlich mit, via Facebook, E-Mail oder über XING, ist mir völlig egal, Hauptsache, eure Bewerbung erreicht mich.« Der Einsendeschluss war der 26. Januar, mein Geburtstag. Gut zu merken.

Fünfzehn Azubis meldeten sich am Ende rechtzeitig an. Es trudelten zwei, drei Tage später noch einige Bewerbungen ein, aber die wurden nicht mehr berücksichtigt. Nächstes Mal in time, das war der erste Schritt, der gelernt wurde.

Die eingetroffenen Bewerbungen las ich in Ruhe durch, einige von ihnen waren sehr berührend. Kai, ein Kochlehrling aus Emden, schrieb:

Moin, Moin
Als Erstes bedanke ich mich für die zwei Tage, die wir in Kühlungsborn verbringen durften. Die Vorträge haben mich teilweise in den Stuhl gedrückt und gefesselt. Ihr Enkel sitzt auf Ihrem Schoß und Sie erzählen Geschichten, die Sie erlebt haben. Sie haben sich ein wunderschönes und beruhigendes Ziel gesetzt. Doch leider kann man nicht immer eine lustige oder schöne Geschichte erzählen. Unternehmen Sie mit mir eine Zeitreise und überlegen Sie, was Ihre erste Erinnerung ist. War das ein positiver oder negativer Moment? Ich persönlich finde es immer sehr interessant, wie weit ein Mensch zurückdenken kann.
Meine erste Erinnerung kommt natürlich aus der Kindheit. Ich wurde gerade vier Jahre alt und meine Schwester Martina war sechs. Meine Familie und ich wohnten in einem kleinen Dorf namens Osterhusen. Martina stand im Flur und hat bitterlich geweint. Meine Mutter hat sich im Badezimmer eingeschlossen. Ich verstand nicht, warum niemand Martina beruhigte, wie sonst auch, wenn einer von uns beiden geweint hat.
Mein Dad kam mit zwei großen Kartons in der Hand in den Flur gestampft. Er knallte die Haustür von außen zu. Ich konnte meine Mutter weinen hören. Ich saß auf der Treppe und habe gewartet. Ich weiß selber nicht, worauf. Seitdem habe ich ihn, meinen Vater nicht mehr gesehen. Leider ist das schon das Ende der Geschichte. Weiter kann ich leider nicht zurückdenken.
Jetzt, wo ich älter bin und es halbwegs verstehen kann, hatte ich vor, meinem Dad einen Brief zu schicken und zu versuchen, mich mit ihm zu treffen, da ich viele Fragen habe. Die Hürde, den Brief zu

verschicken, habe ich bis jetzt noch nicht geschafft. Vielleicht habe ich
Angst oder bin einfach glücklich, auch ohne ihn. Doch die Fragen
häufen sich.
Mein Ziel ist es, einen Brief zu verschicken, und der Weg dorthin
geht über den Kilimandscharo.
Geben Sie meiner Geschichte ein Happy End.
MfG
Kai Meyer

Ich fand Kais Geschichte unglaublich, sofort war klar, dass er
mit nach Tansania musste.

Eine andere Auszubildende aus dem Upstalsboom Landhotel Friesland meinte, sie hätte schon viel über den Berg gelesen, es sei ihr Traum, zu einer solchen Tour eingeladen zu
werden. Ihre Eltern, die mehr mit sich selbst beschäftigt seien
als mit ihr, hätten gesagt, sie solle das mal lieber lassen, sie
würde es eh nicht schaffen, dort hochzukommen. Als ich das
las, musste ich innehalten. Da war er wieder, der Generatio-
nenkonflikt. Wo Kinder zur Kopie ihrer Eltern werden, weil
sie sich selbst nichts zutrauten, trauten sie auch ihren Kindern
nichts zu. Dem wollte ich entgegenwirken, die junge Frau
musste unbedingt aus dem Schatten ihrer Eltern heraustreten.

Eine dritte Bewerberin, Franzi, schrieb, sie sei zweiundzwanzig und adipös. »Ich weiß, dass ich mit hundertsiebzig
Zentimetern und fast hundertdreißig Kilogramm überge-
wichtig bin, und ich hab schon so viel versucht, dagegen etwas zu unternehmen, bislang ist mir das nicht gelungen. Ich
leide sehr darunter, da mich häufig auch mein Umfeld spüren
lässt, wie es mich sieht. Die Besteigung des Kilimandscharo ist
für mich die Chance meines Lebens.«

Als ich die fünfzehn Bewerber zu unserem zweimal im
Jahr stattfindenden Leitbild- und Strategie-Workshop einlud,
stellte sich Franzi vor über einhundert Upstalsboomern hin

und sagte: »Schaut mich an« – und sie sah selbst an sich herunter –, »ich weiß, dass ich dreimal so viel tun muss wie alle anderen, aber ich werde es schaffen.« Mich beeindruckte ihr Auftreten, so manch eine Führungskraft war nicht dazu in der Lage, eine solche Äußerung von sich zu geben. Da geht eine Führungskraft in den Schuhen einer zweiundzwanzigjährigen Auszubildenden, dachte ich – jedenfalls was die Aspekte des Mutes oder der Demut betraf. Denn die Demut ist der Mut, in die Tiefen seiner selbst hinabzusteigen und seinem Schatten ins Gesicht zu schauen. Und weiter: Hey, wir packen das Unmögliche, und wenn wir es packen, werden auch andere den inneren Schweinehund überwinden. Und wenn man nur den Wunsch hat, so sportlich auszusehen wie Arnold Schwarzenegger (das war auch ein Azubi-Traum).

Drei Bewerber schieden aus gesundheitlichen Gründen aus oder auch, weil uns ihr Motiv nicht klar wurde, oder weil sie ihren inneren Schweinehund während der sich anschließenden Vorbereitungsphase nicht überwinden konnten. Im Vorfeld hatten wir einen Gesundheitscheck angeordnet, bestimmte gesundheitliche Voraussetzungen mussten erfüllt werden, um überhaupt mit dem begleitenden Training anzufangen. Es machte keinen Sinn, wenn entsprechende Probleme erst beim Aufstieg ans Licht gekommen wären. Franzi aber hatte den Gesundheitstest bestanden. Und an der Fitness konnten wir ja arbeiten.

Danach erhielten die Teilnehmer des Kili-Projekts ihre Trainingspläne. Wer zu viel Gewicht auf die Waage brachte, durfte nicht gleich mit Sport beginnen. Derjenige musste erst einmal seine Ernährung umstellen, um den Stoffwechsel wieder in Gang zu bringen. Franzi verlor innerhalb von sechs Wochen zwölf Kilo, allein dadurch, dass sie sich an ihren für sie persönlich ausgearbeiteten Ernährungsplan hielt. Sie blühte auf, wie auch alle anderen, die angefangen hatten, Sport zu treiben. Sie pushten sich gegenseitig, hielten Kontakt (sie arbeiteten ja in verschiedenen Häusern). Und sie wurden von einem Filmteam begleitet, das war eine Idee von Hubert Schwarz und mir, denn hielten wir das Projekt fest, konnten wir auch andere motivieren – und das mussten nicht nur Upstalsboomer sein. Einmal kam Kristian, der Regisseur, auf mich zu, mit Tränen in den Augen: »Das sind so unfassbare Geschichten, die ich von den jungen Leuten zu hören bekomme. Einer hat erzählt, dass er das Projekt nicht für sich macht, sondern für seine Mutter, die sich selbst umgebracht hat, und für seinen Vater, der daran zerbrochen ist. Das ist alles so beeindruckend, was hier gerade geschieht.«

Ich konnte ihm nur zustimmen – und dachte daran, wie viele Führungskräfte aus den Unternehmen Azubis als egozentrische und dumme Generation abstempelten, die sofort Verantwortung hat, aber nichts dafür tun will. Was für Vorurteile dort bestanden! Mit diesen Vorurteilen im Kopf wird auch entsprechend mit den jungen Menschen umgegangen. Da wirft sich der Schatten einer ganzen Generation auf die nächste Generation. Die Kili-Truppe bewies aber das Gegenteil dessen, was die Voreingenommenen propagierten.

Es gab auch eine weitere Resonanz, eine aus der Öffentlichkeit, nicht unbeteiligt daran war Hubert Schwarz selbst. Fernsehredakteure riefen an und fragten: »Was macht ihr denn da Verrücktes?« Frank Schambor, der »Morgenmän Franky« vom privaten Hörfunksender ffn, eine Kultfigur am Mikrofon, hundertachtundachtzig Zentimeter groß und weit über hundert Kilogramm schwer, sagte, nachdem ich ihn zufällig bei uns im Hotel getroffen hatte und ihn ansprach, er würde gern mitkommen, wobei er zugestand, nicht sicher zu sein, ob er bis zum Zeitpunkt des Aufstiegs fit genug wäre. Sollte er dann nicht fit genug sein, würde Moderationskollege Axel Einemann einspringen, der sei ein ausgesprochener Wanderer, insbesondere im Watt. Na ja, Niedersachsen bietet nicht gerade schneebedeckte Fünftausender (der höchste Berg ist der Wurmberg im Harz mit 971 Metern). Ina Tenz, Programmdirektorin von Radio ffn, und ihr Team fanden die Tour jedenfalls grandios, und auch Franky sah in den jungen Upstalsboomern ein Vorbild für eine ganze Generation aus Niedersachen und Mecklenburg-Vorpommern (aus beiden Bundesländern stammten die Azubis). Denn an ihnen könne man zeigen, dass da was geht. Ich war über diese Aussage überrascht, aber es stimmte: Auch Azubis konnten Vorbilder sein. Und Vorbilder, so meine Meinung, sind nicht eine, sondern die einzige Möglichkeit, etwas zu bewegen. So wie auch das Gesehene meist entscheidender ist als das Gehörte (Franky und Axel von der ffn-Morningshow machen da natürlich eine großartige Ausnahme, bei den beiden geht auch das Gesprochene unter die Haut).

Mehrere Fernsehsender boten wiederum an, zur Primetime von dem Kili-Projekt zu berichten. Sie wollten die einzigartige Entwicklungschance eines jungen Menschen, der als Vorbild für viele aus der jungen Generation auf einer solchen medialen Plattform in Erscheinung treten konnte, zeigen. Dafür brauchte es eine Investition im mittleren vierstelligen Bereich pro Person. Werbeetats von Unternehmen, die nur eine ansatzweise ähnliche Breitenwirkung erzielen wollen, liegen da schnell im siebenstelligen Bereich.

Um Missverständnissen vorzubeugen: Eine solche mediale Wirkung war von uns weder geplant noch erwartet worden. Der einzige Grund, warum es zu dem Kili-Projekt kam, war, die Potenziale der jüngeren Mitarbeiter zu entfalten. Sie sollten selbst in Erfahrung bringen, was tatsächlich in ihnen steckt. Das war der Ausgangspunkt. Und das galt für alles, was auf dem »Upstalsboom-Weg« entstanden ist oder aus ihm hervorging. Und so war auch die immer größer werdende

Aufmerksamkeit auf das, was wir da tun, nur ein mittelbarer Effekt. Die Vision, sie war einfach da. Götz Werner, Gründer von dm-drogerie markt und Verteidiger eines Grundeinkommens, mit dem ich im Rahmen der Bayreuther Dialoge 2015 gemeinsam auf der Bühne zum Thema »Nützlicher Mensch, menschlicher Nutzen« referieren durfte, brachte es für mich auf den Punkt: »Kümmere dich um die Menschen, dann kümmern sich die Ergebnisse um sich selbst.«

Bislang hatten sich die Azubis, abgesehen von der aus dem Hubert-Schwarz-Zentrum gesteuerten, allerdings sehr intensiven Trainingsbetreuung, weitestgehend eigenständig auf das Kili-Projekt vorbereitet. Sie hatten noch kein wirkliches Gefühl dafür, was sie eigentlich erwartete, das sollte nun anders werden, und zwar mit einem Probelauf, einem Aufstieg auf die Zugspitze.

Ende September 2015, an einem Donnerstagabend, trafen wir uns im Trainingscenter von Hubert in Nürnberg, nun wurde es auf einmal konkret. Alle waren angereist, auch Axel Einemann von ffn – Morgenmän Franky hatte es doch nicht geschafft, so fit zu sein, um an einem solchen Aufstieg teilzunehmen; es hätte mich auch gewundert, wenn es anders gewesen wäre, denn es kam noch ein Bänderriss dazwischen. Eine Lektorin war ebenfalls dabei, denn wir wollten für und mit den Teilnehmern ein Buch schreiben. Alle Beteiligten sollten sich darüber Gedanken machen: Wo komme ich her, wo stehe ich jetzt, was macht diese Herausforderung mit mir und welche Auswirkungen hat sie auf mich? Mit dem Buch wollte ich den Azubis die Möglichkeit geben, über sich selbst nachzudenken und selbst zu Autoren ihres »Lebensbuchs« zu werden, insbesondere für ihr zukünftiges Leben. Genauso, wie ich es für mich im Kloster getan hatte. Auch ging es darum, anderen Menschen zu zeigen, welche Entwicklungen bei

Menschen möglich sind, wenn man an sie glaubt und ihnen ermöglicht, ihre Grenzen auszutesten.

Der Freitagmorgen begann mit einem gemeinsamen Frühstück, danach wurde ein weiterer Gesundheits- und Fitnesscheck gemacht – keiner fiel durch, alle hatten gute Ergebnisse, auch Franzi, die übergewichtige junge Frau. Sie hatte inzwischen sechzehn Kilo abgenommen. Nach der Auswertung ging es darum, sich Schuhe und Anoraks auszusuchen. Es wurde auf einmal so real, dass viele Tränen flossen. Jedem wurde gewahr, dass das hier kein Spiel war, sondern wir ihnen wirklich zutrauten, dass sie es packten. Fast alle sagten: »Wir haben wieder angefangen, an uns zu glauben.« Das Schlimme an dieser Aussage war, so fand ich, dass die meisten von ihnen den Glauben an sich selbst in der Schulzeit verloren hatten, und es berührte mich zu sehen, wie die jungen Menschen langsam wieder in ihre Kraft kamen.

Ganz klar wollte ich auch mit hinauf auf die Zugspitze, mit 2962 Metern immerhin der höchste Berg Deutschlands. Seit März 2015 hatte ich hart trainiert, sowohl körperlich als auch geistig. Beim Geistigen war die Meditation schon lange zu meinem Begleiter geworden, körperlich orientierte ich mich weiter an Mark Lauren, dem ehemaligen US-Elitesoldaten, und seinem Programm: *Fit ohne Geräte,* das sich aufgrund dieses Projekts wie ein Virus im gesamten Unternehmen verbreitete, von den Auszubildenden hin zu den anderen Mitarbeitern. So viel zum Thema Azubis als Vorbild …

Am nächsten Tag ging es im Bus frühmorgens los nach Garmisch-Partenkirchen, wir hatten die Zweitagestour gewählt, die lange Tour durch die Partnachklamm, eine über siebenhundert Meter lange Talsohle. Zwei Bergführer begleiteten uns, dazu unser Trainer Sebastian – es sollte ja keine Unternehmung mit Risiko werden. Den Einstieg fanden wir über die Partnachklamm auf einer Höhe von achthundert Metern, die erste Etappe umfasste erst einmal dreizehn, vierzehn Kilometer. Es ging darum, die neuen Schuhe einzulaufen.

Einer der Bergführer sagte: »Hört zu, ihr habt neue Klamotten an, und ich möchte, dass ihr, wenn etwas im Schuh drückt, mir Bescheid gebt. Dann tape ich das. Es geht hier darum, dass wir gemeinsam hochgehen. Wenn ihr nicht den Mut habt zuzugeben, wenn euch der Schuh drückt, weil ihr glaubt, euch zu blamieren, oder wenn ihr meint, hier den harten Max spielen zu müssen, dann wird das zur Folge haben, dass wir nicht als Team den Gipfel erreichen. Denn aus dem kleinen Schmerz wird ein großer Schmerz, und irgendwann könnt ihr dann gar nicht mehr laufen. Also, beim kleinsten Anzeichen sofort melden.«

Für mich war das eine ganz wichtige Ansage, die ich sofort aufs Unternehmen projizierte. Es wird so viel totgeschwiegen, gerade kleine Dinge erleiden dieses Schicksal, doch aus den kleinen Problemen können schnell große Probleme werden, die ein Gesamtziel in einem Team, in einem Unternehmen gefährden können. Wow, dachte ich, da hab ich, bevor es überhaupt richtig losgegangen ist, schon eine Wahnsinnslehre zu hören bekommen. Es zählt einfach im Leben, auch den geringsten Sachen Beachtung zu schenken – und nicht nur den Waggons voller Erbsen.

Und dann starteten wir. Nach der beeindruckenden Partnachklamm gab es noch viel zu sehen, aber trotz aller Begeisterung für die für einen Friesen einzigartige Bergkulisse mussten wir alle paar Meter anhalten, weil jemand seine Schuhe auszog und die Bergführer abwechselnd tapten. Jeder hatte Verständnis dafür, die Lehre des Bergführers war angekommen.

Schließlich erreichten wir die Reintal-Hütte, in der wir übernachten wollten. Hier gab es vier große Schlafsäle, in jedem Raum konnten dreißig Leute untergebracht werden.

Alles wirkte ziemlich gedrängt, die Matratzenauflagen waren durchgehende Bretter, aber niemand hatte Berührungsängste. Eher schweißte uns die Enge zusammen, wir lernten uns auf diese Weise besser kennen.

Am zweiten Tag am Berg zogen dichte Wolken auf. Zum Teil konnten wir nicht weiter als zehn Meter gucken. Und der Bergführer gab uns noch eine weitere Lehre mit auf den Weg: »So, passt auf, die Technik im schwierigen und steilen Gelände kann sich jeder merken. Es gibt dafür eine einfache Aussage: kleine Schritte, große Freuden, große Schritte, kleine Freuden. Große Schritte sind viel zu anstrengend, da braucht ihr viel zu viel Muskelkraft. Bei kleinen Schritten bleibt ihr in der Bewegung, im Fluss. Sucht euch einen Weg, achtet aufeinander, schaut genau hin, wohin es euch führt.« Abermals eine Lehre, die auch für die persönliche Entwicklung oder den Unternehmensalltag interessant war.

So arbeiteten wir uns mit kleinen Schritten nach oben, nach einigen Zwischenstationen und reichlich Schnee hatten wir es bald geschafft, einzig eine Strecke musste überwunden werden, eine recht steile, mit Drahtseilen zum Klettern. Sehen konnten wir nichts, denn die Wolkendecke verhüllte alles. Immer wieder hörte ich von den Azubis Äußerungen wie: »Was läuft hier eigentlich ab? Was machen wir hier überhaupt?« Es waren aber keine Ausrufe der Resignation, niemand äußerte den Wunsch aufzuhören, es waren Ausrufe des Sich-selbst-bewusst-Werdens.

Der Gipfel war nun nah, nur noch ein paar Meter. Wir gingen in einer Reihe, ich bildete den Schluss. Und plötzlich brach die Sonne durch den Nebel, es war ein unglaubliches Gefühl, plötzlich oben zu stehen. Euphorie war bei allen zu spüren.

»Das ist unglaublich«, sagte Lynn mit zitternder Stimme.

»Das hat eben so richtig geflasht«, meinte Nathalie und zeigte mit dem Daumen nach oben.

Und Franzi, mit leuchtenden Augen: »Megageil war das, die beste Tour meines Lebens.«

Uns einigte das Gefühl, alle lagen sich vor Freude, Erleichterung und Überwältigung in den Armen. In diesem Moment war jeder dazu in der Lage, trotz aller Erschöpfung, Bäume auszureißen. Marie-Charleen hatte ich vor der Zugspitztour einmal recht beschaulich durchs Hotel gehen sehen, jetzt stand da ein Mensch mit einem zukünftig anmutigen Gang vor mir, die Schultern zurück, ein Strahlen im Gesicht. Marie-Charleen war in diesem Moment fünf Zentimeter gewachsen. Alle waren gewachsen. Und dieser Gang, dieses Strahlen hielten auch an, als sie wieder zurück in ihrem Hotel war und sich um die Gäste kümmerte. Die haben seitdem viel Freude an ihr. Marc, der Direktor, sagte mir auch, dass er dieses Mädchen nicht mehr wiedererkenne.

Später traute sich Lynn auf einem Workshop zum Thema »Der innere Schweinehund in mir und im Unternehmen« ganz spontan, vor hundertzwanzig Leuten eine Gitarre zur Hand zu nehmen und gemeinsam mit ihrer Kollegin Janine zu singen. Gänsehaut pur. Hinterher sagte sie: »Ich wollte schon immer mal auf der Bühne stehen und vor vielen Leuten Gitarre spielen, und nachdem ich auf dem Gipfel war, hatte ich keine Hemmungen mehr. Und so habe ich das Motto unseres Workshops direkt in die Tat umgesetzt. War super.«

Nach dem Kilimandscharo-Erlebnis wird es kaum anders sein. Diese jungen Erwachsenen werden sich enorm entfalten.

Viele fragten sich natürlich: Warum macht das der Janssen? Was ist der Grund dafür? Ist er in seiner Klosterzeit altruistisch geworden? Oder warum investiert er so viel in die persönliche Entwicklung seiner Azubis? Für mich ist das eine Frage der Haltung und der Verhältnismäßigkeit. Was ist diese Investition in einen einzelnen Menschen, wenn ich dadurch einen Impuls gebe, der extrem lebensförderlich sein kann? Was sind, so frage ich als Unternehmer weiter, diese Investitionen, wenn sich daraus etwas ergibt, was sich ohne diesen Einsatz nicht ergeben hätte? Durch diesen Impuls kann sich der Lebensweg eines Menschen in eine für ihn und somit für alle Menschen, die ihn zukünftig umgeben, sehr gute Richtung entwickeln. Er kann dadurch befähigt werden, aus dem eigenen und dem Schatten der vorherigen Generation, dem der Eltern, Trainer, Lehrer oder anderer Personen, herauszutreten und die eigenen Potenziale voll zu entfalten.

Einen tollen Spruch habe ich gelesen, von dem ich glaube, dass er auf unsere Azubis von dem Tag an, an dem wir auf dem Gipfel des Kilimandscharo standen, besonders zutrifft. »An dem Tag, an dem du die volle Verantwortung für dich selbst übernimmst, an dem Tag, an dem du aufhörst, Entschuldigungen zu suchen – an diesem Tag beginnt dein Leben.« Ein Mensch kann sich dadurch frei entfalten, was sonst in dem Maße vielleicht nicht passiert wäre. Was bedeutet diese Investition? Nichts. Das mag altruistisch sein, wenn ich damit meiner Haltung, meiner Vision von glücklichen Menschen gerecht werde. Doch meine Vision ist nicht nur selbstlos und uneigennützig, es kommt auf das rechte Maß an. Ich habe die Erfahrung gemacht, dass ich, je mehr ich gebe, umso mehr zurückbekomme. Und es spielt keine Rolle, worum es dabei geht. Das Prinzip bleibt. Und ich habe eine Verantwortung. Und was die Azubis angeht: In einer Familie ist es doch ebenso, dass die Jüngsten die größte Aufmerksamkeit erfahren. Und wieso ist das wohl so? Es geht darum, unsere, und dazu gehört auch meine, Zukunft sicher und gut zu gestalten.

»WhatsApp, Kumpel?« – darum ging es nicht beim Kili-Projekt. Die Azubis quälten sich im Vorfeld, da wurde geächzt und gestöhnt. Trotz Saharahitze von sechsunddreißig Grad Celsius gingen sie auch in den Sommermonaten 2015 zum

Sport, mit eiserner Disziplin wurde der Ernährungsplan eingehalten. So manche Entbehrung nahmen sie in Kauf. Verantwortung zu haben, das lernten sie, hieß auch, manchmal Schmerzen oder Entbehrungen zu erleiden. Erfolg erhielt für sie eine völlig andere Qualität. Erfolg wurde zu dem, was folgte, das war schon jetzt mehr Selbstbewusstsein, Selbsterkenntnis, aber auch körperliche Fitness. Zum Erfolg gehörte auch, dass jeder damit rechnete, auf dem Weg zum Gipfel scheitern zu können und auf halber Strecke abbrechen zu müssen. Das Gipfelerlebnis war nicht garantiert, selbst wenn die körperlichen Voraussetzungen gegeben und durch die Besteigung der Zugspitze bekräftigt worden waren. Doch eine mögliche Höhenkrankheit oder andere Bedingungen machten den Aufstieg unberechenbar. Eine Erkenntnis, die daraus für die Azubis entstand: Es gibt Dinge, die liegen nicht in meiner Hand. Damit muss ich umgehen können, und auch darin liegt ein Wert.

17 | Die Seehotel-Story

»Führung ist Dienstleistung und kein Privileg.« Dieser zweite Satz, der mir seit meinen Klosteraufenthalten nicht aus dem Kopf gehen wollte, wurde ebenfalls wieder und wieder von mir hinterfragt. Wenn Führung Dienstleistung ist, so überlegte ich, worin besteht dann diese Dienstleistung, diese dienende Leistung, die ich anderen Menschen zuteilwerden lasse? Eine Antwort, die ich letztlich fand, lautete: ihnen glaubhaft zu machen, dass sie etwas können. An sie zu glauben.

Yvonne saß im Februar 2013 bei mir im Büro, eine braunhaarige Studentin, die ihre Bachelorarbeit zum Thema *Corporate Happiness im Unternehmen Upstalsboom* geschrieben hatte und dafür mit einem »Sehr gut« benotet worden war.

»Herr Janssen, haben Sie einen Job für mich?«, fragte sie.

Im Stillen dachte ich: Im Augenblick ist alles gut und im Werden, die Zahl der Bewerber, die einen Job bei uns suchen, steigt wieder, die größte Unruhe im Unternehmen hatte sich gelegt. Eine passende Verwendung für Yvonne fiel mir beim besten Willen nicht ein. Doch dann kam mir etwas in den Sinn. Laut sagte ich: »Ich habe da eine Idee, das könnte was für Sie sein.«

Im Herbst 2012 hatte ich auf der Nordseeinsel Borkum ein Hotel dichtgemacht, das Seehotel. Die Entscheidung traf ich, weil es zum einen ein kleines Haus war und nicht mehr zu unseren sonstigen Hotels passte, die sich in einer anderen Größenordnung bewegten, zum anderen hatte ich es vergeigt. Schlicht und einfach hatte ich dort schlecht gemanagt, es schlecht geführt, was auch immer. Den damaligen Hoteldirektor hatte ich versucht, in meine neue Gedankenwelt einzubinden, das aber hatte nicht funktioniert – kein Wunder, er hatte einen prägenden militärischen Hintergrund gehabt. Er hatte meine Ansprachen und Fragen im Stuhlkreis nicht verstanden, und so war alles im Chaos geendet. Und es war wirklich ein Chaos gewesen, sonst hätte ich das Hotel nicht geschlossen. Aber das Haus belastete zuletzt das gesamte Unternehmen.

Mein Plan war, es zu verkaufen oder zu Ferienwohnungen umzubauen. Beide Möglichkeiten verwarf ich jedoch. Zwei Käufer interessierten sich für das Hotel, doch in letzter Minute stimmte ich dem Verkauf nicht zu. Ich hing an dem Haus, es war das erste, das wir zurückgekauft hatten. Deshalb hing ich an ihm und war zu weich, um mich von ihm zu trennen und es in fremde Hände zu geben. Und die Sache mit den Ferienwohnungen fand ich sehr attraktiv, wohl aber die Gemeinde auf Borkum nicht, und so erteilte sie mir für den Umbau keine Genehmigung. Nun stand es da auf der Insel, leer, und harrte eines Entschlusses. Nun schien sich eine neue Möglichkeit in ganz anderer Gestalt anzubahnen.

»Und wie sieht Ihre Idee aus?«, fragte Yvonne Klein interessiert nach.

»Können Sie sich vorstellen, auf Borkum ein Hotel zu eröffnen und zu führen, erst einmal so in den Sommermonaten als Ferienjob?«

»Ein Hotel eröffnen und führen als Ferienjob?« Yvonne Klein schaute mich an, als hätte sie sich verhört.

»Genau. Wäre das für Sie denkbar?«

Nachdem sie ihre Sprache wiedergefunden hatte, sagte sie: »Bevor ich eine solche Entscheidung treffen kann, muss ich wissen, was Ihnen da konkret vorschwebt.«

»Ja, gerne. Sie eröffnen das Hotel als Saisonbetrieb, von April bis Oktober, und ist die Saison vorbei, schließen Sie es wieder. Das ist optimal, jedenfalls besser, als das Haus das ganze Jahr über unbewohnt zu lassen.«

Yvonne Klein schluckte. »Ich würde gern darüber nachdenken.«

»Tun Sie das.«

Nach zwei Wochen rief sie mich an: »Herr Janssen, ich finde, das ist ein herausfordernder, aber auch ein sehr interessanter Ferienjob, aber meine Zusage kann ich nur an ein paar Bedingungen knüpfen.«

»Und die wären?«

»Ich habe Stärken und ich habe Schwächen. Und bei meinen Schwächen brauche ich jemanden an meiner Seite, der sie kompensiert, der mich unterstützt.«

»Was sind denn das für Schwächen?«

»Das betrifft die Buchhaltung und die Arbeiten im Backoffice. Ich habe zwar eine Ausbildung zur Hotelkauffrau, doch während des Studiums viel Routine verloren.«

»Hilfe können Sie bekommen. Unser Hoteldirektor Dennis Schweikard ist sehr stark in diesen Themen. Er kann Sie auch in anderen Dingen von Emden aus mit seinem Team unterstützen, denn er kennt das Seehotel aus dem Effeff, vor Jahren war er selbst dafür verantwortlich.«

Ein Seufzer war am anderen Ende der Leitung zu hören, dann gestand Yvonne Klein: »Ich habe aber noch eine weitere Schwäche. Ich habe keine praktische Gastronomieerfahrung. Ich habe nicht die geringste Ahnung, wie man Restaurants führt, Köchen Anweisungen erteilt oder ihnen eine Linie vorgibt.«

»Auch kein Problem«, erklärte ich. »Dann wird das Restaurant erst gar nicht in Betrieb genommen. Vormals war das Haus zwar ein Vollhotel, aber wir können daraus auch ein

Garni-Hotel machen, also nur Übernachtung und Frühstück anbieten. Wäre das für Sie in Ordnung?«

»Das würden Sie tun?«

»Wenn Sie erfolgreich sein wollen, brauchen Sie für sich optimale Rahmenbedingungen. Meine Aufgabe besteht darin, alles dafür zu tun, dass Sie im Seehotel auf Borkum erfolgreich sein können.«

»Unglaublich, dann bin ich dabei.«

Als Nächstes lernte sie Direktor Dennis Schweikard kennen, und in den folgenden sechs Wochen suchte sich Yvonne Klein ihr Team zusammen, mit dem sie das Haus auf Borkum schließlich als Garni-Hotel im April eröffnete. Kompromisslos brachte sie sich ein, war dankbar für jede Unterstützung – und am Ende der Saison konnte sie das beste Ergebnis in der dreißigjährigen Geschichte des Hauses vorweisen, nicht nur wirtschaftlich betrachtet, sondern auch bei der Mitarbeiter- und vor allem der Gästezufriedenheit. Ich war mehr als begeistert.

In meiner Freude rief ich ihren Professor an, Burkhard Freiherr von Freyberg: »Ihre Studentin hat das Hotel so klasse gemanagt, haben Sie noch mehr davon?«

»Oh ja«, erwiderte der Professor. »Zweihundert, und zwar jedes Semester.«

»Das sind ja beste Voraussetzungen.« Weiter fragte ich: »Können Sie sich vorstellen, dass ich Ihnen ein Hotel sponsere?«

»Was möchten Sie, Herr Janssen?«

»Ich will Ihnen, das heißt Ihrer Hochschule, ein Hotel sponsern. Das Haus auf Borkum wurde von Ihrer Studentin so hervorragend betrieben, was kann es Besseres geben, als wenn in der nächsten Saison wieder Studenten kommen und es bewirtschaften? Sie können es für sich als Labor betrachten. Sie haben dadurch die Chance, Dinge auszuprobieren, das Hotel weiterzuentwickeln und aus dem Haus etwas Zukunftsweisendes zu machen, ganz im Sinne der Wissenschaft.«

Es war zu spüren, dass der Professor am anderen Ende der Leitung konzentriert zuhörte. Schließlich sagte er: »Das klingt sehr spannend, doch ich kann das nicht allein beschließen, dazu muss ich den Dekan sprechen.«

Das Gespräch mit dem Fachbereichsleiter der Hochschule musste kurze Zeit später erfolgt sein, denn nur einige Tage später rief mich Yvonne Kleins Professor zurück. Danach dauerte es abermals nicht lange, bis sich fünfundzwanzig Studenten einschließlich Burkhard von Freyberg und Axel Gruner, einem weiteren Professor, auf den Weg nach Borkum machten. Sie guckten sich alles an und erarbeiteten ein Konzept, das sie Dennis und mir vorstellten. Es fußte weitgehend auf Synergien von Wissenschaft und Wirtschaft, und einige Studenten wollten versuchen, das Haus im Rahmen ihres Pflichtpraktikums weitgehend allein zu betreiben.

Im März 2014 zogen dann drei Studenten, unter der Leitung von Yvonne Klein, in das kleine Hotel ein und führten das Haus in Eigenregie; sie suchten sich nur einen Partner für die Reinigung. Und das wirtschaftliche Ergebnis am Ende der Saison? Es lag noch weit über dem, was im letzten Jahr eingefahren worden war. Unfassbar. Und was die Zufriedenheit der Gäste betraf – so viel positives Feedback hatte es in den Jahren zuvor auch noch nie gegeben, und das, obwohl das Haus in einem noch nicht renovierten Zustand war. Die Studenten waren begeistert.

Ich erinnere mich, wie Florian, mit einem Surfbrett unter dem Arm geklemmt, bei mir auf der Matte stand.

»Hey, geht's dir gut?«, fragte ich.

Die Frage war überflüssig, seine Augen leuchteten wie Autoscheinwerfer. »Das war supergeil.« Dann erzählte er, was die Zeit auf Borkum so schön gemacht hatte. Er hatte sich selbst einbringen können, hatte Verantwortung gehabt, die Konsequenzen seines Handelns tragen müssen, er war Teil eines Ganzen gewesen, und er konnte an seinen Aufgaben wachsen.

2015, im Jahr darauf, ging es weiter, mit neuen Studenten und einem weiterentwickelten Konzept. Das ehemalige Restaurant wurde in einen sogenannten *Living Room* umfunktioniert, seine Bewirtschaftung erfolgte auf Vertrauensbasis. Ausgestattet mit Kühlschränken, konnten Gäste sich einen Käse- oder Wurstteller nehmen und/oder eine Flasche Wein – ganz wie zu Hause. Sie schrieben nur auf, was sie konsumiert hatten, dazu die jeweilige Zimmernummer. Das war eine andere Form, es sich in einem Ferienhotel gut gehen zu lassen.

Zuvor hatte ich die Ansage gemacht: »Alles, was ihr in dem Haus erwirtschaftet, könnt ihr wieder investieren.«

»Und das meinst du ernst?«

»Sicher. Hatte ich nicht mal von einem Labor gesprochen?«

»Du willst da wirklich keine Gewinne rausziehen?«

»Du meinst, ob ich mich mit dem Haus auf Borkum bereichern will?«

»Genau, das wollen doch alle Unternehmer.«

»Na ja, vielleicht bin ich nicht alle. Und Besitz ist auch nicht alles. Mein ›Mehrwert‹ liegt woanders, die für mich wichtigsten Dinge kann ich für Geld nicht kaufen.« Und mit einem Augenzwinkern fügte ich hinzu: »Ich sammle keine Reichtümer oder Statussymbole, ich sammle Geschichten.«

Ich habe das Gefühl, dass das Besinnen auf Werte und das Menschliche in vielen Unternehmen noch zu kurz kommt. In diesem Zusammenhang äußerte Pater Anselm einmal den Satz »Werte machen ein Unternehmen wertvoll«. Auch den Menschen die Angst zu nehmen – etwas, was im Nachgang meiner Entführung für mich von immer größerer Bedeutung wurde, kommt zu kurz. In einer Art »Neujahrsansprache«

sagte ich deshalb einmal gegenüber den Mitarbeitern: »Ich wünsche euch allen, dass ihr Fehler macht und ihr reichlich Probleme zu bewältigen bekommt ...«

Das Team sah mich verblüfft an, bis einer der Versammelten nachfragte: »Wie meinst du das? Das musst du uns schon genauer erklären.«

Das ließ ich mir nicht zweimal sagen. »Nur wenn wir Fehler machen, lernen wir. Und auch wenn ich vor einem Problem stehe und diesem nicht ausweiche, sondern mich ihm stelle, dann ist das eine riesige Wachstumschance. Es ist keine Schande hinzufallen, es ist nur eine Schande, liegen zu bleiben oder sich vor der Herausforderung zu verstecken. Versucht euch daran zu erinnern, wie ein Kind laufen lernt. Wie oft fällt es hin, wie oft steht es wieder auf? Ohne das Hinfallen gäbe es kein Aufstehen und ohne Aufstehen gäbe es kein Laufen.«

Ein solches Denken hilft auch, wenn es mal richtig schwierig wird. Nicht selten tun mir Bedenkenträger kund, sollte Upstalsboom doch mal wieder in Schwierigkeiten geraten, dann würde sich schon zeigen, dass meine altruistischen Leitsätze nur Fassade wären, dann würde ich reumütig zu den traditionellen und egoistischen Unternehmensführungsmethoden zurückkehren. Ich glaube nicht, dass ich jemals zu diesem Nach-mir-die-Sintflut-Verhalten zurückkehre. Mit meiner Entführung saß ich bereits am Grunde eines Ozeans, und seitdem bleibe ich beim Anblick einer Pfütze etwas gelassener. Seitdem ich mir bewusst bin, wofür ich hier bin, bilden Wirtschaftlichkeit und Konsum nicht mehr den Sinn meines Handelns, sondern nur die Basis meiner Existenz. Ich habe für mich die Erfahrung machen dürfen, dass Altruismus die Grundlage für Glück und Egoismus die Basis für Leid ist. Ich habe mein persönliches Glück, aber auch die Grundlagen meiner Existenz vom Erfolg des Unternehmens abgekoppelt.

Für mich ist Upstalsboom eine einzigartige, aber nicht die einzige Plattform zur Verwirklichung meiner Vision. Und wenn es die Situation einmal erfordert, werde ich versuchen, mich nicht wieder zu verbiegen, sondern werde mein einzigartiges Team dazu ermutigen, gemeinsam mit mir Lösungen zu finden und das Unternehmen aus den Schwierigkeiten zu manövrieren.

Wir hatten diese Schwierigkeiten bereits, und jedes Mal haben die Mitarbeiter couragiert angepackt, egal ob es sich dabei um den nicht unserer Kultur entsprechenden Führungsstil eines unserer Direktoren handelte oder aber um ein operatives Vakuum, nachdem ein Unternehmer eine nahezu vollständige Führungscrew mit Geld und Status weggelockt hatte. Die Mitarbeiter hat die eine wie auch die andere Situation zusammengeschweißt. In dem einen Fall führte das dazu, dass einzelne Mitarbeiter über sich hinauswuchsen, indem sie sich für ihr Team gegenüber dem Direktor starkmachten. In der weiteren Folge führte die von uns in dem Hotel gemachte Erfahrung sogar dazu, dass Mitarbeiter sich erstmalig in unserer Geschichte ihren nächsten Direktor selbst aussuchen durften und er damit sofort den Nimbus des Vorgesetzten verlor und eine ganze Mannschaft hinter sich wusste. In dem anderen Hotel führte das dazu, dass das verbliebene Hotelteam das Haus noch deutlicher nach vorne brachte, als es zuvor schon der Fall war. »Jetzt erst recht«, war in jeder Ecke des Hauses zu hören, und alle wuchsen über sich hinaus.

Allein der Gedanke an ein Team, das sich bewusst darüber ist, wofür es sich einsetzt, in dem eine große Verbundenheit besteht, in dem jeder seine Stärken kennt und auch genau weiß, wie er sie sinnvoll einsetzen kann, lässt mich den vielen Herausforderungen bei hoher Achtsamkeit gelassener entgegensehen.

Für mich habe ich die Entscheidung getroffen, den Menschen und dem Leben zu dienen. Als Unternehmer kann ich meinen Teil dazu beitragen, dass auch Mitarbeiter für sich die Grundlagen der für sie sinnvollen Entscheidungen finden. Ist ein Kloster eine Stätte, um Ganzheitlichkeit zu erfahren und zu leben, so kann auch ein Unternehmen im auf die Wirtschaft übertragenen Sinn eine solche Stätte sein. Und es ist gerade der Mittelstand, der auf die Entwicklung einer ganzen Gesellschaft einen maßgeblichen Einfluss hat.

Ganzheitlichkeit in Unternehmen beinhaltet auch, nicht nur in Hierarchien oder Abteilungen zu denken, sondern in Arbeitsgruppen, in denen Mitgestaltung, Verbundenheit und persönliches Wachstum von zentraler Bedeutung sind. Wichtige Meetings und Workshops sind bei uns nicht mehr nur Führungskräften vorbehalten, vom Auszubildenden über den Facharbeiter können alle daran teilnehmen. Jeder kann sich einbringen. Alle Mitarbeiter sind Mit- und Vorausdenker, wenn sie den Sinn ihres Handelns verinnerlicht haben, die Ziele kennen und wissen, worum es geht. Wir haben sogar angefangen, nicht nur *Wildcards* für interessierte Unternehmer auszuteilen, sondern auch für Familienangehörige unserer Mitarbeiter, sodass sie bei unseren großen Strategie- und Leitbild-Workshops mitmachen können. Denn die Gefahr unserer sich immer stärker entwickelnden Upstalsboom-Kultur besteht darin, dass das Unternehmen zur Familie wird und zu Hause nur noch Arbeit wartet. Das gilt es zu vermeiden. Mir ist es wichtig, alle einzubeziehen. Denn fühlen sich die Menschen dazugehörig, dann werden aus Gästen – von denen wir in der Hotellerie leben – Fans, und auch aus Mitarbeitern, die wir für die Hotellerie brauchen, werden Fans. Ein Fan verzeiht, ein Gast nicht, und ein Mitarbeiter auch nur bedingt.

18 | Neue Gesinnung statt neuer Managementmethoden

In der Vergangenheit passte sich der Mensch der Wirtschaft an, ließ sich von ihr verbiegen, getrieben von dem Wunsch, »der Wirtschaft«, als wäre sie eine Person mit Bedürfnissen, gerecht zu werden. Es wurde strikt das umgesetzt, was für das jeweilige Unternehmen wichtig war. Die Angestellten wurden morgens an-gestellt und abends wieder ab-gestellt. Die eigenen Bedürfnisse und das, was einem selbst wichtig war, wurden dabei hintangestellt. In der Zukunft wird es so nicht mehr laufen. Die Unternehmen werden sich so aufstellen, dass Menschen, die für sie arbeiten, das umsetzen, was ihnen persönlich bedeutsam ist, und nur mittelbar werden sie den Zwecken der Firmen dienen. Unternehmen, die eine Plattform bieten, die die Entfaltung der individuellen Potenziale gewährleistet und ihren Mitarbeitern die Chance gibt, auch im Unternehmensalltag das zu leben, was ihnen als Mensch wichtig ist, werden das Vertrauen der Menschen erhalten und sicher in die Zukunft schauen können. Die Voraussetzung dafür ist, dass sich der Mitarbeiter seines persönlichen Leitbilds bewusst ist, dass er weiß, was ihm Spaß macht, was ihm leichtfällt, was ihm schwerfällt. Je bewusster er sich seiner selbst wird, desto freier wird er auch, desto weniger abhängig, insbesondere von der Meinung anderer.

Noch vor wenigen Jahren war Upstalsboom ein Unternehmen wie jedes andere, dazu da, um Gewinne zu maximieren, die Zitrone sozusagen auszuquetschen. Der Zweck war der Profit, das Mittel der Mensch, egal ob als Kunde oder Mitarbeiter. Nicht zu vergessen die Natur. Prozesse effizient zu gestalten, Kosten zu reduzieren und den Mitarbeiter als Funktion zu deklarieren, allein darum ging es. Wertschöpfung durch Wertschätzung hielt auch ich für eine Illusion, bis ich meine »Klostererkenntnis« hatte. Eine, die mir aufzeigte, dass es möglich ist, dass Menschen der Gesellschaft und Menschen der Wirtschaft sich mit einem gegenseitigen Respekt begegnen können. Und es nicht nur wollen, sondern auch tun. Ein Abgleich, den ich mir jeden Tag mit der Beantwortung der Frage »Bin ich heute meinen Mitmenschen mit Respekt begegnet?« vor Augen führen kann.

Meiner Erkenntnis ist eine Krise vorausgegangen. Eigentlich zwei, die Entführung und die Mitarbeiterbefragung. Heute bin ich dankbar für Krisen, für jede Krise und insbesondere für die meiner Entführung. Denn Krisen sind für mich zu Wegbereitern eines glücklichen Lebens und des Erfolgs geworden. Aus Krisen entstanden Reflexionen, ein Infragestellen dessen, was wir auf Erden treiben, was wir bisher so gemacht haben. Letzten Endes waren die Krisen die Impulse für eine Weiterentwicklung.

Erstaunlich ist, dass es bei meinen beiden Krisen eine Parallele gibt, die sich in einer gewissen Oberflächlichkeit ausdrückt. Vor der Entführung hatte ich mich von Äußerlichkeiten abhängig gemacht, vom Materiellen, von Geld, schönen Autos und tollen Wohnungen. Bei der unternehmerischen Krise, die an meine Person geknüpft war, aber letztlich eine Krise unserer gesamten Wirtschaft war und ist, besteht die Oberflächlichkeit in einer perfekten Außendarstellung und in einem kurzfristigen, möglichst hohen Profit. Insofern ist eine Differenzierung zwischen einem Unternehmen und einer Persönlichkeit letztlich nichtig. Je höher die Schnittmenge zwischen den Dingen ist, die mich persönlich begeistern und auch für ein Unternehmen wichtig sind, desto höher ist der Grad der Begeisterung aller Beteiligten. Und das ist ein wesentlicher Faktor für Erfolg. Meiner Wahrnehmung nach geht es weg von einem Entweder-oder und hin zu einem Sowohl-als-auch«. Nicht anders in der Wirtschaft. So geht es zum Beispiel um die Gestaltung unserer Lebenszeit und nicht um die Differenzierung von Arbeits- und Freizeit. Es geht um den Menschen an sich und nicht um die Differenzierung nach Geschlecht, Herkunft oder Generation. Diese Haltung war es dann wohl auch, weshalb wir im Rahmen des TOP-JOB-Wettbewerbs von der *Cosmopolitan* unverhofft zum besten Arbeitgeber für Frauen ernannt worden sind.

Ähnlich sieht eine andere Entwicklung aus, die vom Sollen zum Wollen. Denn wenn die Menschen das machen können, was sie wollen, und nicht das, was sie sollen, dann entwickeln sie eine unglaublich hohe Bereitschaft. Bis zu meiner Krise haben die Upstalsboomer größtenteils das getan, was sie sollen. Typische Aussagen waren: »Ja, das ist doch so gewünscht!« Oder: »Das soll doch so gemacht werden!« Entwickelt ein Unternehmer die Voraussetzung dafür, dass die Mitarbeiter das machen können, was sie wollen, was sie wirklich wollen, dann entsteht in einem Unternehmen diese Energie, die wir auch immer mehr in unseren Upstalsboom-Häusern erleben. Für mich liegen Führungsaufgaben von heute darin, sich auf die Menschen in einem Unternehmen zu konzentrieren, Voraussetzungen dafür zu schaffen, dass ihnen der Sinn ihres Handelns bewusster wird, und sie mit passenden Rahmenbedingungen dazu zu ermächtigen, ihre Stärken für genau dieses sinnhafte Handeln einbringen zu können. So entsteht auch Kreativität, und genau diese Kreativität in einer angstfreien Umgebung ist am Ende eine Art Garantie für die »Enkeltauglichkeit« eines Unternehmens.

Nach meiner Wahrnehmung ist gerade die Angst in deutschen Unternehmen weitverbreitet. Aus Angst vor den Konsequenzen manipulieren manche Manager wohl oder übel ihre Software, anstatt der Führung mitzuteilen, dass die vielleicht zu hohen Budgetvorgaben nicht eingehalten werden können. Es wird auch kaum etwas getan, um in vielen Unternehmen die Angst zu minimieren. Eher im Gegenteil. Ängstliche Menschen lassen sich leichter beherrschen und für die Zwecke des Unternehmens ausnutzen. Aus diesem Grund wird Unsicherheit unbewusst, zum Teil sogar bewusst geschürt, denn selbstbewusste Mitarbeiter würden ja schwache Führungskräfte entlarven, die dadurch ihre Macht verlieren würden. Macht, die sie brauchen, um sich das zu bewahren, von dem sie glauben, dass es sie glücklich macht. Ein Teufelskreis, und vor allem sehr kurzfristig gedacht.

Ich erinnere nur an die erste Aussage des Bergführers, mit der er alle ermahnte, sofort mitzuteilen, wenn etwas im wahrsten Sinne des Wortes nicht passt. Auch im Unternehmen geht es um eine Art »Körpergefühl«. Wenn ich mir als Mensch einen Nagel in den Fuß trete, dann signalisiert mir das mein Körper sofort, und ich kann handeln und Schlimmeres wird verhindert. In einer angstgeprägten Unternehmenskultur kann dieses Gefühl nicht entstehen, weil es aus Angst schlichtweg keinen Transfer der Information »Schmerz« gibt. Für uns war dieses Thema im Jahr 2015 so essenziell, dass wir einen extrem starken Fokus darauf gelegt haben.

Ich bin davon überzeugt, dass sich in Zukunft mehr Menschen und mit ihnen auch mehr Unternehmen in diese Richtung entwickeln werden – bedingt durch sich schnell verändernde Märkte, die ein Maximum an Kreativität, Flexibilität, Innovation und »Körpergefühl« fordern. Da muss der Geschäftsführer keine persönliche Krise erlebt haben, sondern einfach nur verstehen, dass in Zukunft auf Wissen und Intransparenz beruhende Macht auf Sand gebaut ist und es darum gehen wird, so viele Menschen wie möglich im Unternehmen zu ermächtigen, sie zu be- statt zu entgeistern, sie zu er- statt zu entmutigen. Dann erst sind die Weichen für langfristigen Erfolg gestellt.

Ich weiß nicht, wer oder was mir auf meinem Weg noch begegnet, aber vom Gefühl her bin ich mir in den letzten Jahren meiner selbst ein großes Stück nähergekommen. Das Meer, das ich vor meiner Haustür habe, betrachte ich als Sinnbild für ein unerschöpfliches Potenzial, das es zu erschließen und zu entfalten gilt. Und es ist nicht die Galeere, die mich diese großartige Freiheit erschließen lässt, eher ist es das Segelschiff. Ich fühle mich, als hätte ich genau hierauf eine Reise angetreten, eine Reise, die mich hinausträgt, hinaus zu vielen Abenteuern, jedes einzelne gut genug, um daran zu wachsen.

Als Unternehmer sehe ich meine Aufgabe darin, Mitarbeiter zu ermutigen, sich ebenfalls auf eine Reise, auf ihre Abenteuerreise zu begeben, auf der sie die Gestalter ihres Lebens werden, auf der sie sich ihrem Ideal entsprechend entfalten können, und zwar frei von Angst, Druck und Kontrolle. Und zwar im Team. Honoriere ich als Unternehmer nur die Heldentaten Einzelner, forciere ich den Egoismus. Neid und Missgunst entstehen – und dadurch wird Führung verhindert. Dort aber, wo sich Menschen an einer gemeinsamen und sinnvollen Sache ausrichten, entsteht Zugehörigkeit. Ein archaisches Grundbedürfnis des Menschen.

Erachten Menschen unser Tun und wofür wir uns einsetzen als sinnvoll, entscheiden sie sich bei einem vergleichbaren Hotel, bei einem vergleichbaren Arbeitsplatz für uns. Weil etwas in ihrem Sinne geschieht. Ein solches sehr eindrucksvolles Erlebnis hatte ich auf einer Versammlung der Ferienwohnungseigentümer (die Ferienwohnungen gehören nicht

Upstalsboom, sie werden nur von uns gemanagt). Kurz vor der Versammlung hatte ich eine Idee, wie soziales Engagement auch auf den Bereich der Ferienwohnungen ausgedehnt werden konnte. Bei dem Treffen trug ich diese Idee dann auch vor:

»Können Sie sich vorstellen, Ihre Ferienwohnung im November für einen guten Zweck zur Verfügung zu stellen?«

»Wofür denn? Worin besteht der gute Zweck?«

»In Berlin begleiten Upstalsboom-Mitarbeiter ein Kinderhospiz – was halten Sie davon, wenn Sie den Kindern, für die es gesundheitlich noch machbar ist, einen letzten Urlaub ermöglichen, zusammen mit ihren Eltern? Sie brauchen dafür nur Ihre Wohnung zur Verfügung stellen, für alles andere kommen wir auf.«

Der Applaus war groß, alle stimmten zu, keiner musste zu dieser Entscheidung überredet werden. Auch wenn wir diese Aktion bisher noch nicht umgesetzt haben, wurde deutlich: Fans sind sofort dabei, diskutieren nicht lange herum.

Auf einer weiteren Gesellschafterversammlung, dieses Mal der unseres Hotels Ostseestrand in Heringsdorf auf Usedom, wurde 2015 zum zweiten Mal in Folge aus dem Beirats- und Shareholder-Kreis der Antrag gestellt, den Mitarbeitern des Hauses eine Extrazahlung zukommen zulassen. Die Gesellschafter waren und sind schlichtweg begeistert von dem, wofür sich das Hotelteam um ihren Direktor Udo Krause einsetzt und was daraus entstehen kann. So sehr, dass sie aufgrund der Extrazahlung mittelbar sogar auf einen Teil ihrer Ausschüttung verzichten. Als ich das erleben durfte, stand mir das Wasser in den Augen. Die gleichen Menschen, die mir acht Jahre zuvor die Hölle heiß gemacht hatten, waren gar nicht die, für die ich sie damals gehalten hatte.

Fans, Menschen, die ich gar nicht kenne, kontaktieren mich völlig selbstverständlich über Facebook: »Hallo Bodo, wir haben gehört, was ihr macht – wir finden das toll. Wir haben uns ein paar Ferienwohnungen an der Nordsee gekauft und wir möchten, dass ihr die Vermietung regelt.«

Ich glaube, dass das die Folgen sinnorientierter Führung und Entscheidungen sind. Sie zeigen mir, dass wir Upstalsboomer offensichtlich Bedürfnisse und Sehnsüchte geweckt haben, derer sich viele vielleicht nicht bewusst waren oder noch nicht sind. Dabei versuchen wir das, was uns wichtig ist, zu beschreiben und auf Bewertung und Moralisierung zu verzichten, auch wenn uns das nicht immer gelingt. Denn auch darin liegt eine tiefe Wurzel großen Übels.

Mir haben die letzten Jahre gezeigt, dass der Sinn die Klammer der für mich wesentlich gewordenen sechs Führungsfragen ist, sei es, um mich selbst zu führen oder aber andere zu führen. Wenn es darum geht, sich selbst zu führen, dann geht es um die Klärung folgender Fragen:

- Was ist für mich wirklich wesentlich? Warum bin ich hier? Was haben andere davon, dass es mich gibt?
- Was ist mein Talent? Wo liegen meine Stärken?
- Was bereitet mir Freude? Welches Handeln erfüllt mich?

Bei dem Führen anderer geht es dann um die Antwort auf drei weitere Fragen:

- Wie kann ich es Mitarbeitern ermöglichen mitzugestalten?
- Was kann ich dafür tun, dass Verbundenheit entsteht?
- Was kann ich dazu beitragen, dass sich die Mitarbeiter ihrer Persönlichkeit entsprechend entwickeln können und wachsen können?

Die Ausrichtung erfolgt dann, wenn es optimal läuft, über den Sinn dessen, wofür wir uns einsetzen, oder aber über die Formulierung von Zielen, wobei die Kraft zur Erreichung dieser mit deren Realisierung vorübergehend erlischt. Es braucht dann wieder neue Ziele, und das kann zu einer Abhängigkeit und einem nur vorübergehenden Glücksgefühl führen. Die Halbwertszeit der Befriedigung nach einer Zielerreichung ist sehr begrenzt. Bei einer Orientierung am Sinn ist sie allgegenwärtig und damit unbegrenzt.

Durch den bewusst gewordenen Sinn entsteht diese unglaubliche Energie. Je stärker das Bewusstsein des Einzelnen ist, dass das, was er tut, etwas Sinnvolles ist, desto stärker treten andere Dinge in den Hintergrund. Das sinnvolle Tun ist die Kraft, die wir besonders im Mittelstand brauchen, aber auch haben. Wie ich bereits erwähnte, sind Wirtschaft und Konsum nicht mehr der Sinn unseres Handelns, sie sind einzig die Basis unserer Existenz. Der Sinn unseres Handelns liegt woanders, wo auch immer jeder Einzelne ihn für sich sieht. Bei mir und immer mehr Upstalsboomern ist es der Anblick eines glücklichen Menschen. Und wir freuen uns über jeden Gleichgesinnten.

Ich glaube, dass es dabei wichtig ist, zu verstehen, dass das, worüber ich spreche, meinem persönlichen Ideal entspricht und dass der Alltag mir immer wieder meine Grenzen aufzeigt. Es gibt das operative Geschäft, in dem nicht alles Friede, Freude, Eierkuchen ist. Aber dennoch hat jeder von uns täglich die Chance, sich seinem Ideal entsprechend zu verhalten, wenn er es denn kennt – und von keinem pauschalen Lösungsansatz ausgeht.

Eine Mitarbeiterin, eine Bartenderin, gab mir zu verstehen: »Bodo, ich muss mich mal umorientieren. Ich habe ein Angebot von einem anderen Hotel erhalten, da bekomme ich im Monat auch fünfhundert Euro mehr.« Fünfhundert Euro war viel Geld, ich konnte die Entscheidung der Barkeeperin nachvollziehen. »Ich wollte mich aber noch für die schöne Zeit bei dir bedanken, ich werde sie nie vergessen. Doch jetzt kommt etwas Neues für mich.«

Ich wünschte ihr viel Glück und bedankte mich meinerseits für die vier Jahre bei uns in Kühlungsborn.

Es dauerte nur drei Tage, da stand sie bei ihrem ehemaligen Hoteldirektor wieder vor der Tür und fragte: »Darf ich zurückkommen? Es gefällt mir in dem anderen Hotel nicht, es ist mir auch egal, ob ich die fünfhundert Euro mehr habe oder nicht. Ich werde dort nicht glücklich, das weiß ich schon nach so kurzer Zeit. Das Klima dort rechtfertigt keine Bezahlung auf dieser Welt.«

Ich war froh, als ich hörte, dass die Bartenderin wieder zu uns zurückgekommen ist.

Der Upstalsboom-Weg ist ein Weg, der nie enden wird. Für uns ist er das unternehmerische Sinnbild für das, was bei einem Menschen der Lebensweg ist. Auf beiden Wegen liegt der Schlüssel zum Glück in einem Leitbild, denn das beinhaltet den Geist und das Wissen darüber, wohin die Reise geht und wofür ich mich auf den Weg mache. Wenn ich das weiß, habe ich das Gefühl, dass mich nichts mehr aufhalten kann. In dem Moment, wo mir dieses Leitbild klar ist, beginne ich, mich intrinsisch zu bewegen, von innen heraus, und die Erwartung anderer an mich und mein bisher darauf abgestelltes Verhalten verlieren an Kraft. Ich handle und werde nicht mehr gehandelt. Und aus dem intrinsischen Handeln ist bei uns im Unternehmen auch eine Art intrinsisches Marketing entstanden. Wir brauchen, wie gesagt, kein Geld mehr für groß angelegte Marketingkampagnen in die Hand zu nehmen. Das Marketing entsteht durch das, was wir tun. Im letzten Jahr verzehnfachten wir unsere Bekanntheit – besonders dadurch, dass wir das umgesetzt haben, was uns wichtig ist.

Jedes Jahr ist in Studien nachzulesen, dass einige Konzerne mehr Geld ins Marketing stecken als in die Weiterentwicklung ihrer Produkte. Aber nicht nur das: Sie werden sogar zu Strafen in Milliardenhöhe wegen unerlaubten Marketings verdonnert, ohne dass sie sich davon beeindrucken lassen. Längst sind diese Strafen in ihr Budget integriert. Da frage ich mich, was für eine Form von Wirtschaften das ist. Ein Nutzen ist für mich daraus nicht erkennbar. Denn wenn ich einen wirklichen Nutzen stifte, brauche ich nicht so viele Mittel in die Werbung zu investieren.

Die Zahlen, Daten und Fakten habe ich natürlich nicht komplett aus meinem Fokus gestrichen, sie sind sehr nützlich für solche Feststellungen: Steigerung der Mitarbeiterzufriedenheit auf 80 Prozent, Senkung der durchschnittlichen Krankheitsquote von acht Prozent auf unter drei Prozent, Steigerung der Bewerbungen um 500 Prozent, Steigerung der Weiterempfehlungsrate unser Gäste auf 98 Prozent, Verdopplung der Umsätze innerhalb von drei Jahren bei überproportionaler Steigerung der Produktivität. Im dritten Jahr in Folge gehören wir zu den Top 4 der Umsatzplus-Macher der Branche. Nach Bekanntwerden des Upstalsboom-Weges in der Öffentlichkeit wurde Upstalsboom von der Politik, Wirtschaft, Wissenschaft und den Medien vielfach ausgezeichnet. Deutscher Mittelstands-Summit: 5. Platz TOP JOB (Kategorie fünfhundert bis fünftausend Mitarbeiter) und Sonderpreis Fokus Frauen, Focus Toparbeitgeber: 1. Platz (Branche Gastronomie & Tourismus), Hospitality HR Award: 1. Platz Kategorie Hotelketten 2013, Kununu (beliebteste Hotelkette Deutschlands), Finalist Querdenker Award 2013 (Kategorie Arbeitgeber), Gewinner Querdenker Award 2014 et cetera Hinzu kamen weltweite Medienpreise und Filmauszeichnungen.

Für mich gibt es keinen Zweifel: Glückliche Menschen leisten mehr, und das nicht, weil sie sollen, sondern weil sie wollen. Doch wenn Unternchmen das Glück ihrer Mitarbeiter wieder nur zum Zweck für noch höhere Gewinne betrachten, dann brauchen sie sich gar nicht erst auf den Weg machen. Die Mitarbeiter bemerken das, und dann ist das Kind sehr schnell in den Brunnen gefallen. Schön ist allerdings zu sehen, dass durch dieses dem Menschen dienende Verhalten ein Sog entsteht, von dem sich auch viele andere Unternehmer und Unternehmen anstecken lassen.

Upstalsboom hat heute für eine immer größer werdende Anzahl an Menschen und Unternehmen Vorbildcharakter, so
sehen es zum Beispiel auch Gerald Hüther und Sebastian
Purps-Pardigol. Der renommierte Hirnforscher und der ver-
sierte Coach hatten eine gemeinsame Idee, die sie auch in
die Tat umsetzten. Sie gründeten die Initiative »Kulturwandel
in Unternehmen & Organisationen«, Ziel ist es, laut der gemeinsamen Website, »Unternehmer, Führungskräfte und
Mitarbeiter zu inspirieren, einen Kulturwandel zu beginnen
oder einen begonnenen Wandel noch bewusster zu gestalten«. Im Rahmen dieser Initiative kürten sie in Europas
deutschsprachigem Raum »Unternehmen des Gelingens«,
also Betriebe, in denen ihrer Ansicht nach der Kulturwandel geglückt ist. Insgesamt machten sie nur acht Unternehmen und Institutionen aus: Eckes-Granini Deutschland, die
Deutsche Kammerphilharmonie Bremen, Phoenix Contact,
Fujitsu Semiconductor Europe, dm-drogerie markt, Weleda,
Hammerschmid Maschinenbau – und Upstalsboom. Mit der
Begründung, dass bei uns das »Glück im Unternehmen« liegen würde.

Hoffentlich bleibt es dort noch lange. Aber ich bin zuver-
sichtlich. Zeigt sich mal eine dunkle Wolke, denke ich an den
Brief, den ich von Mitarbeitern unserer Upstalsboom Hotel-
residenz & SPA im mecklenburgischen Kühlungsborn 2014,
zu meinem vierzigsten Geburtstag, erhielt. Oft lese ich ihn auch
zum Abschluss meiner Vorträge vor, denn er drückt wunder-
bar aus, was Führungserfolg für mich bedeutet, was also einer
Führung auf menschlicher Ebene folgen kann:

Lieber Herr Janssen,
ganz herzliche Geburtstagsgrüße aus Kühlungsborn. Wir freuen uns
schon jetzt auf all die Ideen, die wir gemeinsam verwirklichen. Auf
all die Gespräche, die wir gemeinsam führen, und all die Momente,

die wir gemeinsam erleben. Einmal werden Sie in Ihrem Ohrensessel sitzen und Ihren Enkelkindern eine Geschichte erzählen – eine Geschichte von glücklichen Menschen.

Es gibt Tage, an denen einfach mal ganz herrlich und liebevoll Danke gesagt wird:

Danke für die vielen Gedanken, die lange nicht gedacht wurden und achtsam und behutsam wieder geweckt werden.

Danke für die vielen Anregungen und gelebten Momente mit uns allen.

Danke Ihnen für den Mut und das Vertrauen in uns, und danke auch für die Verantwortung, die wir mit Ihnen übernehmen können.

Danke für jedes offene und herzliche Wort und für viele Anekdoten, die Sie erzählen und wir mit Ihnen erleben.

Danke für Ihre freundliche und besonnene Art, mit der Sie uns immer begegnen, und für dieses immer offene und sanfte Lächeln. Es steckt wirklich an.

Danke, dass wir auf Sie zählen können.

Danke für den Spiegel, den Sie uns manchmal vorhalten.

Und danke für die neuen Eindrücke.

Herzliche Grüße aus Kühlungsborn sendet Ihnen die Kreativgruppe Gerd, Nadine, Christin, Kira und Stephanie

Dieser Brief schließt einen Kreis, insbesondere mit dem vorletzten Satz: »Danke für den Spiegel, den Sie uns manchmal vorhalten.« Im Jahr 2010 hatten die Mitarbeiter mir einen Spiegel vorgehalten, als sie mich, ihren Chef, loswerden wollten – und jetzt ist dieses Vorhalten nicht mehr einseitig, denn wir dürfen uns nun gegenseitig im Spiegel betrachten.

Der Dank war meinem Gefühl nach von Herzen gekommen, ein Sinnbild dafür, was entstehen kann, wenn Menschen gemeinsam etwas anpacken, ohne dass der Einzelne sich dafür aufgibt. Wenn wir Menschen nicht brechen und sie mit Antworten vor vollendete Tatsachen stellen, sondern ihnen

Fragen mit auf den Weg geben und sie dadurch zu ermutigen mitzugestalten. Bernd Gaukler brachte es einmal so auf den Punkt: »Die Arbeit ist die gleiche geblieben, aber die Haltung, mit der wir sie angehen, hat sich geändert.«

Das Abenteuer geht weiter

Über die Vergangenheit hatte ich viel mit den Mitarbeitern gesprochen, auch über die Gegenwart. Und nun war es an der Zeit, noch intensiver die Zukunft anzugehen. Kilimandscharo, Ruanda, der Norden tut Gutes – sicher, das war auch Zukunft, aber das betraf nur eine bestimmte Anzahl von Mitarbeitern, es war genauso wichtig, alle Teams im Blick zu behalten.

Sicher kann es auch helfen, mit dreißig Mitarbeitern aus dem Servicebereich in die USA zu fliegen, um den amerikanischen Servicestandard kennenzulernen. Auf dem Papier können wir das nicht, es geht um das Erleben. Damit wäre dann ein weiterer Kreis von Mitarbeitern angesprochen, der aber eben nur einen Ausschnitt des Unternehmens darstellt und nicht alle. Was uns nicht davon abhalten wird, darüber nachzudenken, mit einem Team in die Staaten oder sonst wohin zu fliegen. Um noch mehr Menschen im Unternehmen anzusprechen, braucht es noch etwas anderes. Weitere Bilder.

Auf unserem letzten Leitbild- und Strategie-Workshop beschrieb ich zum Abschluss ein Bild, welches ich immer wieder vor Augen habe: Wir stehen auf einer Bühne, vor uns ein Publikum von zwei- bis dreitausend Menschen, vielleicht sogar noch mehr. Auf dieser Bühne präsentieren wir den Upstalsboom-Weg in Form einer Multivisionsshow, mit einem kleinen Theaterstück, Liedern, Filmen und Vorträgen. Die Protagonisten dieser Show sind Upstalsboomer, unsere Mitarbeiter sowie die Menschen, die uns bei all unseren Abenteuern begleitet und unterstützt haben, auch die in Ruanda oder auf dem Kilimandscharo. Auf dieser Bühne zelebrieren wir ein riesiges Fest zum Thema neue Führung, und die Upstalsboomer selbst sind die Rockstars, die sich für mehr Menschlichkeit in Unternehmen starkmachen.

»Haltet schon jetzt eure Augen offen, und zwar täglich und überall«, sagte ich weiter, »für das, was wir performen, brauchen wir Geschichten, die unter die Haut gehen, Geschichten die wir im Umgang mit anderen Menschen erlebt haben, Geschichten des Gelingens, die wir erzählen werden. Worum wird es gehen? Was wollen die Menschen hören, wonach sehnen sie sich? Was wollen sie sehen? Was wollen sie fühlen?« Schließlich bedankte ich mich bei den Mitarbeitern: »Durch euch kann ich meine Vision täglich leben, können wir uns gemeinsam für das einsetzen, was immer mehr Menschen als sinnvoll erachten.« Schließlich gab ich ihnen zu verstehen, dass sie für mich wie Engel seien. Ich spielte einen Film ab, auf dem die Mitarbeiter zu sehen waren, unterlegt mit einem Song von Robbie Williams: »Angels«. In diesem Lied fragt Robbie, ob sie, die Engel, wissen, wohin wir Menschen gehen werden, wenn wir alt und grau sind. Die Antwort gibt er selbst: Die Engel geben Schutz, egal ob man das Richtige oder Falsche tut, letztlich spürt man durch sie, was den Einzelnen zum Menschen macht. Wie wir miteinander umgehen.

Dieser Song, gepaart mit den filmischen Porträts vieler Upstalsboomer, ließ keinen der anwesenden Mitarbeiter kalt. Schon gar nicht, als die Namen der Engel auf der Leinwand auftauchten, es waren die Namen aller sechshundertfünfzig Mitarbeiter. Die Anwesenden erhoben sich von ihren Stühlen, viele hatten Tränen in den Augen, es waren ungemein emotionale Minuten. Dieses Lied und die Namen der Mitarbeiter, die sich im Abspann langsam zu einem Baum formierten, brachen sämtliche Dämme. Vor mir standen in diesem Moment glückliche Menschen. Viele. Und für mich gibt es nichts Bedeutsameres als der Anblick eines glücklichen Menschen.

Druck, Macht und Kontrolle, wer braucht das schon als Führungsinstrument? Nur unentwickelte Führungspersönlichkeiten. »Wer alles kontrollieren will, dem gerät das ganze Leben außer Kontrolle«, höre ich noch heute Pater Anselm sagen. Bei der Führung geht es in der Zukunft einzig und allein um Menschen. Um Menschen, die keine Jasager mehr sein wollen, keine Mitläufer, Menschen die mitdenken und sich weniger gefallen lassen, die sich beschweren, wenn es mal nicht so rundläuft, und die, wo immer es sinnvoll erscheint, Initiative ergreifen.

Unser Erfolg basiert auf Werten wie Achtsamkeit, Wertschätzung und Vertrauen. Gerade in unserer Branche haben wir die Erfahrung gemacht, dass zum Beispiel das Anbieten von Unterstützung als Geringschätzen der eigenen Kompetenz empfunden wird. In dieser Situation erfordert der Aufbau des Selbstbewusstseins der betroffenen Person viel Aufmerksamkeit.

Bei uns geht es nicht um richtig oder falsch, um gut oder schlecht, sondern darum, einander zu respektieren, Erfahrungen zu sammeln, gemeinsam zu wachsen und sinnvolle Ziele zu erreichen. Und es geht um Liebe, bedingungslose Liebe, und mit ihr um das rechte Maß zwischen dem, was uns als Menschen verbindet, und dem, was wir als Individuum an Freiheit brauchen.

Und genau das wollte ich auch Ihnen mitteilen.

Literarische Begleiter

Assländer, Friedrich, und Grün, Anselm: Spirituell führen. Münsterschwarzach 2006

Assländer, Friedrich, und Grün, Anselm: Spirituell Zeit gestalten. Münsterschwarzach 2008

Assländer, Friedrich, und Grün, Anselm: Spirituell arbeiten. Münsterschwarzach 2010

Blanchard, Ken, und Bowles, Sheldon: Gung Ho! Wie Sie jedes Team in Höchstform bringen. Reinbek 2003

Chade-Meng, Tan: Search Inside Yourself. München 2015

Dalai Lama: Führen, gestalten, bewegen. Frankfurt am Main/ New York 2008

Dalai Lama: Rückkehr zur Menschlichkeit. Köln 2013

Fintz, Anette: Leading by Meaning. Die Generation Maybe Sinn-orientiert führen. Wiesbaden 2014

Fournier, Cay von: Die 10 Gebote für ein gesundes Unternehmen. Frankfurt am Main/New York 2010

Fournier, Cay von: Unternehmerenergie. Die Praxis der Unternehmensführung. Offenbach am Main 2011

Fuchs, Jürgen: Das Bilderbuch für Manager. Frankfurt am Main 2010

Grün, Anselm: Menschen führen – Leben wecken. München 2006

Grün, Anselm: Quellen innerer Kraft. Freiburg im Breisgau 2007

Grün, Anselm: Trau deiner Kraft. München 2011

Grün, Anselm: Die Kunst, das rechte Maß zu finden. München 2014

Grün, Anselm, und Robben, Ramona: Grenzen setzen – Grenzen achten. Freiburg im Breisgau 2007

Haas, Oliver: Corporate Happiness als Führungssystem. Berlin 2014

Hüther, Gerald: Was wir sind und was wir sein könnten. Frankfurt am Main 2013

Hüther, Gerald: Die Freiheit ist ein Kind der Liebe. Freiburg im Breisgau 2012

Hüther, Gerald, und Hauser, Uli: Jedes Kind ist hoch begabt. München 2013

Kast, Bas: Wie der Bauch dem Kopf beim Denken hilft. Frankfurt am Main 2009

Klein, Stefan: Einfach glücklich. Reinbek 2004

Klein, Stefan: Zeit. Der Stoff, aus dem das Leben ist. Frankfurt am Main 2008

Klein, Stefan: Der Sinn des Gebens. Frankfurt am Main 2010

Kornfield, Jack: Meditation für Anfänger. Göttingen 2007

Kothes, Paul J.: Dein Job ist es, frei zu sein. Bielefeld 2005

Lauren, Mark: Fit ohne Geräte. Die 90-Tage Challenge. München 2014

Lenoir, Frédéric: Über das Glück. Eine philosophische Reise. München 2015

Pattakos, Alex: Gefangene unserer Gedanken. Wien 2005

Peck, M. Scott: Der wunderbare Weg. Bertelsmann 1986

Purps-Pardigol, Sebastian: Führen mit Hirn. Frankfurt am Main 2015

Salzburger Äbtekonferenz: Die Regel des heiligen Benedikt. Salzburg 1992

Scheurl-Defersdorf, Mechthild R.: Deutlich reden, wirksam handeln. Kindern zeigen, wie Leben geht. Freiburg im Breisgau 2000

Scheurl-Defersdorf, Mechthild R.: In der Sprache liegt die Kraft. Klar reden, besser leben! Freiburg im Breisgau 2008

Scheurl-Defersdorf, Mechthild R.: Frischer Wind für die Partnerschaft. Besser miteinander reden. Freiburg im Breisgau 2009

Shan Han: Achtsamkeit. München 2013

Srelecky, John: Das Café am Rande der Welt. München 2007

Secretan, Lance H. K.: Inspirieren statt motivieren! Bielefeld 2006

Tolle, Eckhart: Die Kraft der Gegenwart. Bielefeld 2000

Traufetter, Gerald: Intuition. Die Weisheit der Gefühle. Reinbek 2007

Wielens, Hans: Führen und Meditieren. Frankfurt am Main 2003

Film-Links

Der Upstalsboom Weg
(www.youtube.com/watch?v=culjElgNTmw)

Tour des Lebens
(www.youtube.com/watch?v=G6ZvJ1hNYM8)

Die stille Revolution – Trailer
(www.youtube.com/watch?v=Q6xCdWbn7VQ)

Upstalsboom bedeutet für mich
(www.youtube.com/watch?v=MoAiEwffcKA&app=
desktop#action=share)

Alle Filme entstanden mit Unterstützung von
GRÜNFILM MEDIENPRODUKTION München.